ターゲテッド・キリング

標的殺害とアメリカの苦悩

Sugimoto Hiroshi
杉本宏［著］

現代書館

ターゲテッド・キリング＊目次

まえがき

　ターゲテッド・キリング（標的殺害）とは、国家が安全保障上の脅威と見なす人物を特定し、狙い討ちにすることを指す。国家による無差別・大量殺害と対義の関係にある、といえる。

　「法の支配」が貫徹している民主主義国家において、権力側に許される合法で正当な国家殺害は、基本的には、法の適正手続きを経たうえでの死刑執行と、戦争での敵兵殺害に限られる。死刑制度を廃止した欧州連合（ＥＵ）諸国では、後者のみとなる。アメリカの場合、合衆国憲法（修正５条）は、死刑と戦時の殺害以外の手段で何人も生命を奪われることはないと定めている。

　この本が照射する標的殺害は、そのどちらでもない。本書は、ＣＩＡの諜報員らが戦場以外で「非公然活動」の一環として行う国家殺害に光を当てる。米国政府が影で糸を引いていることを分からないように工作して行う謀殺、つまり、闇討ちである。

　米中枢を襲い、世界を震撼させた二〇〇一年の９・11同時多発テロ以降、アメリカは、このタイプの戦術をイスラム過激派のテロリスト相手に頻繁に行使するようになった。暗殺まがいという内外の批判に対し、米国政府は、真っ向から反論する。

　しかしながら、テロリストに対する非公然の標的殺害は、当のアメリカ人の間でも、さまざまな倫理的葛藤を引き起こす。その本質に接近するうえで有益だと思われるのが、プラトンが『国家』（2

巻3節）のなかで正義について考察する際に持ち出した「ギュゲスの指輪」の話である。[1]
ある日、羊飼いのギュゲスが洞窟で不思議な力を持つ指輪を見つけた。玉受けを内側に回すと透明人間になり、外側に回すと姿を見せるようになる。ギュゲスは、この指輪をつけて宮殿に忍び込み、王妃と通じ、妃と共謀して王を殺害し、王権をわがものとしたのだ。姿を消す力を手に入れると、正義を守っている人も不徳な人も同じように不正をはたらいてしまう考えを抱く人もいるであろう。

非公然の標的殺害は、この魔法の指輪をつけて殺害するようなものだ。相手に姿を見せないで殺害する力を手にすると、反撃されたり、処罰されたりすることを心配しなくて済む。いとも簡単に法を破り、暗殺に手を染めてしまう。周りいる人々の巻き添え死に責任を負う必要もなくなる。人権や説明責任を軽視ないし無視しがちになる。所詮、それが人間の本性かもしれない。とはいえ、大抵の人は、同時に、透明人間になる力に割り切れない思いを抱くに違いない。その力を借りて闇討ちにすることに嫌悪感を覚える人もいるだろう。何でもしたい放題のことができるからといって、必ずしもそうすべきだということにはならないという考えを抱く人もいるであろう。

この本は、このような標的殺害を世界中で行う能力を手にした超大国・アメリカの懊悩を描く。9・11後の対テロ戦争で活用されるようになった、ＣＩＡによる無人機攻撃や特殊部隊の非公然作戦は、実効性の観点では他を圧倒しても、さまざまな法的、道義的ジレンマを突きつける。下手をすれば、毒を以て毒を制することになる。そうなれば、民主主義を基盤とする国の性格（character）をねじ曲げかねない。そう怯えて不安に苛まれるアメリカ人もいる。

私の偏見かもしれないが、いま、日本人が思い描くアメリカ像は極端に歪んでいるように見える。

単純化を恐れずに言えば、落ち目なのに、いまも例外的な力と徳を併せ持つと思い上がり、独善的な単独行動に走る「驕れる大国」というイメージなのではないか。巷では、アメリカに反感を示す言説か、おもねる言説しか流布していないようだ。「アメリカ第一」を追求し、歯に衣着せぬ物言いで感情を露わにするトランプ大統領の登場と無関係ではないだろう。

しかし、実は、アメリカには民主主義の大国、リーダーであるがゆえの苦悩と称賛への渇望がある。千辛万苦する姿も理解しなければ、同盟相手の実像に迫ることはできない。パートナーと真の対話をすることはできないと思う。この点に留意しながら、対テロ戦争の戦術である標的殺害の民主的統制をめぐる諸問題を考察することが本書の狙いである。アメリカは、雑多で多様な国柄である。この一冊で、そのすべてを語り尽くすことはできないが、アメリカの「闘う民主主義」の一端を理解するための手がかりは提供できたのではないかと思う。

対テロを大義名分に掲げた標的殺害は、アメリカの「専売特許」ではない。イスラエルやロシアの諜報機関なども多用している。欧州では、英国がシリアで、IS（イスラム国）の英国人メンバーに対し無人機攻撃を続けている。フランスもマリなどで、この「影の戦術」を行使している。イラク軍にISの仏人メンバーを殺害するよう依頼したとも報じられる。このような現実にもかかわらず、本書が分析対象をアメリカの対テロ標的殺害に限定するのは、二つの理由による。

一つには、テロリストに限れば、諜報機関による標的殺害は、法的にも道義的にも許されるという規範が生成され、グローバルに拡散していく過程に対テロ戦争を主導したアメリカが大きな影響を及ぼしていると思われるからだ。各国の政府レベルでは、アメリカの標的殺害を積極的に容認するまでには至らないが、黙認する傾向が顕著である。表立って自国の立場を表明しないことが、自国のカウンターテロリズム政策に都合がよいのだと推察される。

二つ目の理由は、分析に必要な資料へのオープンアクセスと関連している。情報公開の先進国であるアメリカの場合、情（諜）報機関に絡む機微な資料でも原則、入手可能である。もちろん、新しい時代ほど原資料は限られるが、9・11後でも人権・法曹団体や報道機関による情報公開訴訟によって公開された公文書もある。本書は、可能な限り、ホワイトハウス、CIA、国防総省、国務省、司法省などの公文書や当局者の発言記録を利用した。議会での証言や裁判記録、ジャーナリストの調査報道等にも目を通した。インテリジェンスの秘密のベールに包まれ、実像がよく見えないテーマだけに、巻末には注をつけ、出所をできるだけ明示した。

私は、もともと外報部の記者であり、9・11のときは、ワシントン総局の記者としてブッシュ政権の対応を追いかけていた。しかし、この本では、要人インタビューや現場取材などジャーナリズムの手法は採らなかった。むしろ、標的殺害とは何かを探究する安全保障の学術研究書を目指した。執筆のきっかけは、国際安全保障学会の定例研究会で標的殺害に関する発表の機会を得た二〇一一年秋に遡る。その際に受けた知的刺激をバネに、このテーマについて本格的に取り組みたくなった。関連領域は広い。事実を整理し、先行研究を批判的に読み、試行錯誤を繰り返しながら、日本では馴染みの薄い「影の戦術」の核心にできるだけ接近しようと努めた。

本書の構成は、以下の通りである。

第1章で、アメリカがポスト9・11の世界で多用している標的殺害を振り返り、イスラム過激派のテロ集団との間で密かに進行している「影の戦争」の輪郭を描く。ここで、私の問題意識がより鮮明になると思う。第2章から第4章までが本書の基礎部を成す。第2章で、分析を進めるための諸概念を提供する。標的殺害と非公然活動の定義づけ、標的殺害と暗殺との差異化を図り、米国内法制の観点から標的殺害の類型化を試みる。そのうえで、第3章でアメリカにおける対テロ標的殺害の歴史を振り返り、歴代政権にタブー視されてきた暗殺が合法で正当な標的殺害と見なされるようになった経緯をたどる。第4章では、国際法から見た標的殺害の合法性について考察する。米国政府の主張と国際社会の主張を対比してみる。

応用編の第5章と第6章で、本書の中心的議論を展開する。ここで扱うのは、主に、オバマ政権下で急増した対テロ標的殺害である。第5章は、パキスタンやイエメンなどでの無人機攻撃をとりあげ、「命を懸けない戦争」の実効性と道義性を分析する。第6章は、米軍特殊部隊が二〇一一年五月にパキスタンで実行したビンラーディン殺害作戦を事例にとり、正戦論の観点から「オバマの正義」について考える。終章では、オバマ政権2期8年を振り返り、オバマ大統領の標的殺害政策の長短を採点する。そのうえで、さらに視野を広げ、アメリカの標的殺害が日本に投げかけているものについても論じ、日本のあるべき国際テロ対策を提言する。

なお、本書で頻出するのが殺害に関連する言葉と数字だ。テロリズムに理はないが、不快に思う読者もいるだろう。米政権の価値判断、認識を内包していると思い、そのまま使ったことを断っておく。分析に必要な社会科学の用語や数字である場合があることも付け加えておく。

対テロ標的殺害は、オバマ前政権と同様にトランプ政権も多用している。ベトナム戦争を超え、米史上最長になった対テロ戦争が続く限り、この戦術は重宝がられるだろう。なぜなのか、そして何をもたらすのか。私の視点と分析、解釈がさらなる探究のきっかけになれば幸いである。

（1）プラトン『国家』（上）藤沢令夫訳（岩波書店、一九七九年）、一〇七〜一一〇頁。

第1章 影の戦争

アメリカはその国内政治やアメリカ自身の人道的で多元的かつ寛容な理念のゆえに、世界の帝国にはなりえない。（中略）したがって、帰ってきた帝王的大統領は、イラクで見事に必要のない戦争を戦っているように、引き続き事態を混乱させ続けるだけであろう。となれば、あとは民主主義の無二の美徳――自らを正す能力――がいつの日か、発揮されるのを待つばかりである。

アーサー・シュレジンガー Jr.著『アメリカ大統領と戦争』(1)

1. 影の戦争の戦術――政府の正体を明かさない標的殺害

狙い討ち――「テロリストの標的殺害」の事例

アメリカ対テロ集団の「影の戦争」がポスト9・11の世界で密かに進行している。米軍がイラク、シリア、アフガニスタンでドンパチやっている裏で、CIA（米中央情報局）の秘密工作班や米軍特殊部隊の隠密行動班がイスラム過激派のテロリストを相手に、闇の中で準軍事（paramilitary）作戦を進めている。

そこで多用されているのが、一般に「標的殺害」（targeted killing）と呼ばれる戦術である。標的殺害とは、平たく言えば、国家機関が安全保障上の脅威と見なす個人を特定・選別し、追跡して狙い討ちにすることである。米国政府は9・11以降、この戦術をカウンターテロリズムに適用し、イスラム過激派の国際テロ組織「アルカイダ」とその関連集団やIS（イスラム国）等の指導者と幹部を「無き者にする」ことで、テロ・ネットワークの弱体化、壊滅を図ろうとしている。

アメリカが活用している「テロリストの標的殺害」（以下、対テロ標的殺害と略）に焦点を当て、日本では看過されがちな「影の戦争」の本質に迫っていこう。まずは、この不気味な戦術が使われ、世界の注目を集めた事例をいくつか挙げてみる。

（1）アルマスリ抹殺

二〇一七年二月二六日、シリア北西部のイドリブ県。ＣＩＡの無人機から発射された空対地ヘルファイア・ミサイルが走行中の乗用車に命中し、運転していたアルカイダの幹部アブ・アルハイリ・アルマスリ（Abu al-khayr al-Masri）が抹殺された。

エジプト籍のアルマスリは、約六年前に米軍によって殺害されたアルカイダの首領・オサマ・ビンラーディン（Osama Bin Laden）の娘婿で、アルカイダの実質ナンバー2としてアルカイダ本体とその関連テロ集団との調整役や資金調達を担っていた。

米主要メディアの報道によれば、トランプ（Donald J. Trump）政権は二〇一七年一月二〇日の政権発足からほどなく、無人機攻撃を行う権限をＣＩＡに付与した。この授権によって、ＣＩＡはオバマ前政権時代のように、攻撃の度に大統領の判断を仰ぐ必要はなくなり、自分たちの裁量で臨機応変に殺害できるようになった。ちなみに、ＣＩＡは三月二日にも、パキスタンでは九カ月ぶりの国境付近の村への無人機攻撃を再開し、アフガンの反政府勢力タリバーンの司令官二人を殺害している。

（2）ジェロニモ殺害

二〇一一年五月二日未明、パキスタンの首都イスラマバード北郊五〇キロのアボタバード。アルマスリの義父で、米国政府が9・11同時多発テロ以降、十年近く行方を追ってきたアルカイダの首領、ビンラーディンが米海軍特殊部隊の必殺チームによって殺害された。

このチームは、米軍がその存在すら公式に認めない〝特命班〟だ。二機のヘリに分乗した二三人の隊員が市街地にあるジェロニモ（ビンラーディンのコード名）の隠れ家を強襲、銃撃戦の末に首領ら五人を殺害し、アフガンの米軍基地に全員無事帰還した。

作戦名「海神《ネプチューン》の槍」（Spear of Neptune）。その統括責任者は、米軍を統括する国防長官ではなかった。オバマ（Barack H. Obama）大統領から殺害の命を受けたパネッタ（Leon E. Panetta）CIA長官が米軍に殺害を「委託」し、ワシントンのCIA本部で作戦全体を指揮したのだ。つまり、動員された隊員たちは、カメレオンのように身分を軍人からCIA工作員に変えて任務を遂行したのである。

大統領は作戦終了後、全米の国民向けにテレビ演説を行い、約二カ月前から作戦実施の機会を本格的に窺っていたことを公表し、ビンラーディン殺害を「アルカイダ打倒の努力の中で最大の成果」と位置づけ、「ついに正義は貫かれた」と強調した。

（3）「米国産の聖戦士」殺害

海神の槍作戦から約五カ月後の九月三〇日、イエメン・ジャウフ州の町カチェフ近くの砂漠地帯。「アラビア半島のアルカイダ」（AQAP）の幹部、アウラキ（Anwar al-Awlaki）師がCIAの無人機攻撃によって殺害された。最新型の無人機リーパー（死神）から発射されたミサイルが、アウラキ師ら五人が乗ったトラックに命中した。

アウラキ師は、ニューメキシコ州生まれのイエメン系米国人。この標的殺害は、米国政府が南北戦争後、裁判抜きで自国民を敵兵として殺害した初めてのケースといわれている。アウラキ師は、ネットを駆使して欧米の若者に過激思想を流暢な英語で説教する「アメリカ産まれの聖戦士」として影響力を発揮していた。二〇〇九年一一月にテキサス州の陸軍基地で銃を乱射し、一三人を殺害した男や、翌月のアムステルダム発デトロイト行き旅客機爆破未遂事件で捕まった男たちとも接触があったことは知られていたが、師の影響力は死後も衰えていなかった。

それを見せつけたのが、二〇一五年一月に世界を震撼させたパリの週刊風刺新聞「シャルリー・エブド」襲撃事件だ。編集長ら一二人を殺害した末に射殺されたアルジェリア系フランス人の兄弟も生前のアウラキ師の説教に感化されていた。襲撃はアウラキ師殺害に対する報復だ、と兄弟が現場で叫んでいたとの目撃証言もある。兄は籠城先の新聞社内でのテレビ局との電話インタビューで、かつてアウラキ師とイエメンで接触し、AQAPからテロ資金の援助を受けていたと語っている。

息子の名前がホワイトハウスの殺害リストに載っていることを知ったアウラキ師の父親は二〇一〇年に殺害執行の差し止め訴訟を起こしたが、無視された形である。

（4）メスード殺害

二〇一三年一一月一日、パキスタン部族地域の一つである北ワジリスタンの町・ミランシャ。米国政府がビンラーディン亡きあとのイスラム過激派の強力なリーダーになるのではと恐れていた、パキスタン・タリバーン運動（TPP）の指導者ハキムッラー・メスード（Hakimullah Mehsud）司令官がCIAの無人機によって殺害された。少なくとも四基の空対地ミサイルが隠れ家めがけて発射された。

TPPは二〇一二年、二年後にノーベル平和賞を受賞したパキスタン出身の少女、マララ・ユスフザイ（Malala Yousafzai）さん（当時一五歳）を銃撃したことで悪名を馳せていた。メスードは、二〇〇九年一二月にアフガンのホースト州にあるＣＩＡの基地で起きた自爆テロへの関与を疑われていた。約五カ月後、ニューヨークのタイムズスクエア爆破未遂事件で逮捕されたパキスタン系米国人の男にテロの訓練を施したともいわれており、彼の所在情報に五〇〇万ドルの懸賞金がかけられていた。

ホワイトハウスのヘイデン（Caitlin Hayden）報道官（国家安全保障会議担当）は、米国政府の関与について言及を避けた。ＣＩＡの仕業かどうか肯定も否定もしないというこれまでどおりの紋切り型の対応だ。ただ、「もし彼の死亡報道が真実ならば、ＴＰＰにとって深刻な損失になるだろう」と含みを残した。

冒頭の四つの事例は、アメリカが行っている対テロ標的殺害のなかでも、非公式で非正規な実力部隊の暴力をこっそり活用する戦法の典型例だ。米国による対テロ標的殺害には、二つの形態がある。一つは、正規の米軍が国防長官の命令指揮系統の下で、アフガンやイラク、シリアの戦争地帯（war zone）で通常の軍事行動の一環として正々堂々と実行する殺害で、本書では「公然型の標的殺害」と呼ぶ。

イスラム国の打倒を目指すトランプ政権は発足直後から、このタイプの標的殺害をシリアやイラク、イエメンの一部において多用している。オバマ前政権下では、アフガンでタリバーンのメンバーやＩＳのシンパに対して頻繁に行使された。

もう一つの形態は、文民（civilian）機関であるＣＩＡの秘密工作班や米軍特殊部隊の特務班が、パキスタンやイエメン、ソマリア、リビアなどの非戦争地帯（non-war zone）で、インテリジェンス活動の一つである非公然活動（covert action）のベールに包んで隠密裡に行う「非公然型の標的殺害」である。オバマ前政権が二期八年を通して実施した非公然型の対テロ標的殺害は、計約五四〇件と推定される。その前のブッシュ政権時代（二期）の約一〇倍の規模にまで膨らんだとみられる。(2)

公然型と非公然型の根本的な違いは、米国政府の関与を隠匿するか否かにある。同じ標的殺害でも、本書でクローズアップしたいのは、後者の非公然型のほうである。非公然型の対テロ標的殺害とは、どのような戦術なのか。それを規制する法的、道義的なルールはあるのか。以下では、「影の戦術」の重要な諸側面を考察し、それが常態化しつつある二一世紀の「影の戦争」の本質に迫る手がかりを提供したい。

本書が扱うのは、主にオバマ政権時代の影の戦術である。ブッシュ政権時代に始められた非公然型の対テロ標的殺害を引き継ぎ、さらにエスカレートさせていったからである。とりわけ、オバマは無人機攻撃を多用したため、「ドローン大統領」と揶揄される。オバマは、なぜ、不透明な非公然型を活用したのだろうか。どのように正当化し、説明責任を果たそうとしたのか。トランプ新大統領の誕生で一区切りがついたのを機に、オバマ政権の取り組みを多角的にレビューしてみる。

確固たるインテリジェンスの制度が整っているとは言い難い日本では、非公然活動とその民主的統制に対する理解は他の主要国に比べ遅れている。非公然型の標的殺害は看過されがちで、メディアでも公然型との違いを意識せずに一緒くたに扱う傾向が見受けられる。学問の場でも概して関心は低く、非公然型に正面から光を当てた研究は見当たらないのが現状である。日本のあるべきインテリジェンスを検討するうえでも、「影の戦争」についての理解は焦眉の急だと思われる。

暗殺と紙一重の非公然型

非公然活動は、機密活動（secret or clandestine activities）とは似て非なる。

国防総省の区分に従えば、機密活動で秘密にしなければならないのは活動そのもので、米国政府の主体的関与ではない[3]。例えば、秘密に進めていた作戦がメディアに漏れ、作戦の存在自体は認めるが、その詳細は敵を利するので厳秘を貫くというケースが挙げられる。これに対し、非公然活動では、対外活動のスポンサーが米国政府であることが明らかになるとまずいのだ。テロリストが何者かに殺された、という作戦の結果だけは報道されるかもしれない。ＣＩＡとしてもテロ集団に何らかのメッセージを伝えたいので、報道されることを望むことすらあるだろう。しかし、米国政府が背後で糸を引いていることだけは秘中の秘で、決して漏れてはならないのだ。

仮に米国政府の関与と責任を海外で問われても、もっともらしく否定できるように活動するには、「米国の顔」をいわば「覆面」でカバーし、「米国の指紋と足跡」を残さないように秘密工作を施す必要がある。たとえ作戦が失敗し、ＣＩＡ工作員が捕まって拷問を受けたとしても、政府は知らん顔を通す。記者会見や裁判では、政府の関与を肯定も否定もしないという対応（米国法の専門用語を使えば、国家安全保障情報のグローマー応答拒否）が一般的だ。ビンラーディン殺害では、作戦終了後にオバマ大統領が「成果」を発表するという異例の道を選んだが、９・11対米テロの首謀者を「始末」した手柄を政治的にアピールしたかったのだろう。通常は、メスード殺害のように殺害後も非公然の縛りをかけるのが常套だ。

さて、非公然型の対テロ標的殺害の問題点を明確にするため、公然型の標的殺害と対比してみよう。公然型の実行主体である正規の米軍は、「殺しのライセンス」を持って軍事活動に従事する職業集団（プロフェッショナル）である。米軍兵士（soldier）は軍服を着て武器を公然と携行し、「アメリカ合衆国に仕えている」ことを隠さない。戦場で敵兵を殺しても訴追されない免責特権や捕虜としての待遇を受ける権利を有する一方、一九四九年のジュネーブ条約を中心とする国際人道法の遵守を義務づけられている。戦闘員と民間人の「区別原則」などのルールを徹底的に教え込まれ、違法行為の疑いがあれば、統一軍事法典に基づき軍法会議が開かれることになっている。兵士は、殺人鬼（キラー）ではない。恐るべき致死力を持つが故に、「守るべき行動規範」（honor code）が一段と厳しいのは至極当然といえよう。

もう一つ重要なことは、殺害の権限や手続き、指揮命令系統が比較的透明なことだ。それらを定めた法令は当然としても、指揮官や現場の兵士が参照すべき作戦ドクトリンから戦場での軍事提要まで文書で一般に公開されており、その透明度は半端ではない。したがって、こうした民主国の軍規を維持する限り、米軍は非公然活動には適さない。米軍は機密作戦を展開することはあるが、非公然活動にまで手を染めないというのが国防総省の公式見解である。(4) 仮にメディアに漏れた場合、作戦の詳細はともかく、米軍の関与と責任まで隠しはしないというのだ。

一方、非公然型の標的殺害の実行主体は、身分と所属を隠して暗暗裡に事を運ぶ「影の軍団」だ。具体的には、CIAの場合、特殊活動局（special activity division）に正規採用された準軍事活動要員だけでなく、グリーンバジャー（green badger）と呼ばれる民間契約要員も含まれる。後者は、米軍特殊部隊や警察特殊部隊（ＳＷＡＴ）のＯＢらから成る「現代の傭兵」で、民間軍事警備会社（ＰＭＣ）が主な供給源となっている。前言を翻すようだが、非公然活動を行わないと「宣言」している米軍でも、非正規の特殊部隊の場合は、身元を隠して非公然のブラックな隠密作戦を行う少人数の特務チームが世界中で暗躍している。

こうした影の軍団は、国際人道法などのルールを遵守しているのだろうか。正規の米軍とは異なり、殺害の権限と手続きは極めて不透明で、標的リストがどのような基準に基づいて作成されているのかも曖昧である。危険人物の名前を特定しないで、居場所や年齢、ライフスタイルのパターンだけから判断する特性攻撃（signature strike）を実施しているともいわれる。ＣＩＡの無人機攻撃で多くの民間人が巻き添えで死んでいるとの批判は絶えないが、米国政府の責任はうやむやだ。このため、米国内外の人権・法曹団体から「暗殺」、「裁判抜きの略式処刑」といった批判が噴出している。

米国による対テロ標的殺害の実態を調査した国連人権理事会のアルストン（Philip Alston）特別報告者は、公然型と非公然型の標的殺害を次のように対比した。

> ＣＩＡによる標的殺害は官公職務上の秘密に包まれているため、国際社会は、いつ、どのようにＣＩＡに殺害の権限が付与されたのか知る由もない。殺害対象の基準や合法性の担保、民間人が違法に殺された場合の措置なども。（中略）それらは国防総省の慣行と好対照だ。米軍は決して完璧とは言えないが、公に対する説明責任をそれなりに果たしている。[5]

2．二つのパラダイム・チェンジ

そんな非公然作戦に米国を駆り立てたのが9・11の衝撃である。非国家のテロ集団が国家並みの暴力を持つことを超大国に見せつけたのだ。それまでアメリカ人が当然視してきた米本土の安全（homeland security）が根底から揺らいでしまった。「二一世紀のパールハーバー」といわれる対米奇襲攻撃は、発生とほぼ同時に、米国政府内で二つのパラダイム・チェンジ（思考・認識枠組みの大転換）を引き起こした。

画期的な対テロ戦争宣言

二〇〇一年九月一二日午前一一時前、ホワイトハウスの「閣議の間」。前日の9・11にどう対処すべきかを検討していた国家安全保障会議の様子がテレビに写し出された。

濃紺のスーツにストライプのネクタイという姿で、大きな楕円形の机の上で手を組んでいるブッシュ（George W. Bush）大統領。その周りをチェイニー（Richard Cheney）副大統領、ラムズフェルド（Donald H. Rumsfeld）国防長官、ライス（Condoleeza Rice）大統領補佐官ら政権中枢の面々が囲んでいる。

米国の最高指導者である大統領が国民の前に姿を見せたのは前夜の八時ごろが最後だった。だから、大統領が何を言うのか、まさに全米が息を呑んで注目していた。

「昨日行われた用意周到なおぞましい行為は、単なるテロ行為ではない。戦争行為だ」

こうブッシュは断言し、「我われは、かつての敵とは異なる敵に直面している。この敵を征服するため、アメリカ合衆国はあらゆる資源を投入する」と力強く宣言した。(6) 麻薬や貧困、非行など「社会悪との戦争」といった文脈で「戦争」という言葉を使っているのではない。政治家がよく使うレトリックではない。本気だ。大統領が正式に開戦を宣言し、正真正銘の戦争に突入するのはまさに時間の問題だ。そう誰しもが予感した。

それから八日後の九月二〇日、ブッシュは議会上下両院の合同会議で、アルカイダによる「戦争行為」に対し、「対テロ戦争」を宣言し、その第一弾としてアルカイダとそれをかくまっていたアフガンのタリバーン政権に「最後通牒」を突きつけた。(7)

あの忌まわしい9・11テロを戦争行為と捉え、戦争で応じるというブッシュの決断は、当時の世界の「常識」を覆す画期的な決定だった。テロ対策のパラダイム・チェンジを自ら世界に宣言したといえる。それまで米国政府は、テロを「犯罪行為」と見なし、警察・司法当局が中心になってテロ容疑者を逮捕・起訴し、有罪判決に持ち込むことに鎬《しのぎ》を削っていた。刑事裁判で立件するため、証言を引き出し、証拠を固めることに追われていたのだ。

米議会の9・11調査委員会の報告書によれば、一九九八年の時点で当時のテネット（George J. Tenet）ＣＩＡ長官が「米国はアルカイダと戦争状態にある」との警告を情報コミュニティーに流し、アルカイダ壊滅のための檄を飛ばしたが、誰も本気にしなかった。(8)

米軍にしても、巡航ミサイルでアフガンとスーダンのアルカイダ関連施設を叩いたことはあるが、あくまでも平時の軍事行動という位置づけだった。国防総省のテロ対策の主眼は、駐留米軍の警護、拘束したテロ容疑者の移送に置かれていた。「テロは犯罪」という意識が米国政府内でいかに根強かったかを物語っている。

ブッシュ宣言の核心は、こうした法執行一辺倒のアプローチに「ノー」を突きつけたことにある。ブッシュは、「9・11でテロリズムに対する法執行アプローチが失敗したことは明白になった」と回顧している。(9) 平時から戦時の枠組みに移行すれば、敵であるテロリストの殺害に躊躇する必要はない。いまやテロリストは容疑者ではなく、「敵戦闘員」なのだ。敵を発見次第、狙撃しても構わない。戦争だから当然と言えば、それまでだが、テロリストの殺害をためらっていた9・11以前の状況とは様変わりだ。当時のファイス（Douglas J.Feith）国防次官はブッシュの決断について、「実に画期的な決定だった。9・11に対し戦争で応じることを決めたとき、大統領は長年培った政策から大胆にも過激なまでに逸脱しようとしていたのだ」と称賛している。(10)

大統領の一筆で暗殺から自衛へ

もう一つのパラダイム・チェンジは、米国政府内における非公然型の対テロ標的殺害についての認識をめぐり起きた。それにまつわりついていた違法な暗殺という疑念は払拭され、合法的な自衛手段として重宝がられるようになったのだ。いまやテロは戦争行為なのだから、米軍による公然の対テロ標的殺害は自衛策だという解釈は理解できなくはない。しかし、それを飛び越し、非公然型の殺害まで自衛の範疇に入ってしまった。この点に9・11のインパクトの激しさがあるといえよう。

9・11以前は、非公然にテロリストを殺害することには、暗殺という負のイメージがこびりついていた。一九六〇年代のカストロ（Fidel Castro）キューバ議長ら反米政権の要人を狙った一連の暗殺未遂が、七〇年代半ばに米議会の調査委員会（チャーチ委員会）で明らかになり、大々的なスキャンダルに発展したことが響いていた。さらに、クリントン（William J. Clinton）政権のリノ（Janet Reno）司法長官は、ビンラーディンの殺害は違法だという見方をCIA幹部に何度も伝えていた。冒険を犯し、暗殺の共謀罪で訴追されることを恐れたCIA職員が標的殺害に怖じ気づいたのは至極当然だろう。

今から思えば、嘘のようだが、一九九〇年代のCIAは、標的殺害の計画を練ることすら憚られた。アフガンの反アルカイダ勢力によるビンラーディンの捕捉・逮捕、米側への引き渡しを画策し、その過程でビンラーディンらが抵抗し、銃撃戦が起きて死んでしまうことを願っていた。クリントン大統領からCIAに付与された権限は、ビンラーディンの捕捉を前提にしていた。その一線を超えると、違法な暗殺と解釈されるリスクが大きい、と職員の上から下までが理解していた。テネットCIA長官は、当時の状況について、次のように回想録に記している。

> わが国は、たいていCIAの秘密活動を軍事力の公然使用とは全く異なるものとみなしてきた。（中略）9・11以前にCIAに付与された権限のほぼすべては、UBL（ウサマ・ビンラーディン）の暗殺は許されることではないし、受け入れられないという点で明白だった。(11)

すべてはブッシュ大統領の一筆（with a stroke of a pen）で一変してしまった。

二〇〇一年九月一七日、ブッシュは、大統領事実認定（presidential finding）と呼ばれる文書に署名した。対テロ標的殺害を計画・実行する権限をCIAに一括委託し、「テロリスト狩り」にゴーサインを出したのだ。CIAは、標的殺害の度に大統領の許可を求める必要はなくなり、CIA長官が作戦の「最高指揮官」になった。この文書は今も機密扱いだが、ブッシュはじめ多くの関係者がその存在を認めている。報道では、「一九四七年のCIA発足以来、最も包括的な必殺諜報作戦」を認可し、ビンラーディン殺害やテロ・ネットワークの壊滅に必要な権限を列挙しているという[12]。

非公然活動の桎梏が解き放たれた途端、CIAの準軍事作戦班はあっという間に、民間契約要員も含め一〇〇人規模に膨らんだ。三日後、準軍事作戦チームを率いてウズベキスタンから旧ソ連製のヘリでアフガンに潜入したCIA工作班のシュローエン（Gary Schroen）班長によると、前日にCIA本部で上司のブラック（Coffer Black）対テロセンター長から受けた命令は、「オサマ・ビンラーディンとやつの周りいる幹部連中を見つけ出し、殺害すること」だった。

「やつらを捕まえるのではなく、殺して欲しい。大統領に話し、完全な同意を得ている。ビンラーディンの首をドライアイス入りの箱に詰めて持ち帰り、大統領に見せると約束したのだから」。こう告げられたシュローエンは言葉を失った。三一年のCIA勤務を通して、周りの事情に配慮しないで単刀直入に「誰かを捕捉するのではなく、殺せと命令されたのは、このときが初めてだった」からだ[13]。

3．拡大する影の戦場

対テロ戦争の転換点——二〇〇二年一一月、イエメン

「大統領の一筆」の凄さを思い知らされたのが、ＣＩＡが二〇〇二年一一月三日にイエメンで実行した標的殺害だった。

ＣＩＡの無人機プレデター（predator）が首都サヌア東方の砂漠地帯を走っていたトヨタのＳＵＶめがけて、ヘルファイア空対地ミサイルを発射、乗車していたアルカイダの幹部、アブ・アリ・アルハレシ（Abu Ali al-Harithi）ら六人が死亡した。アルハレシは二〇〇〇年のアデン沖での米艦コール爆破事件の容疑者で、行方を追っていたイエメンの治安機関が何度も取り逃がした「危険人物」だった。

画像・音声情報を扱う米国の国家安全保障局（ＮＳＡ）が、アルハレシがかけた携帯電話の通話を傍受、隣国ジブチから飛び立ったプレデターをＣＩＡ要員が米国内の基地から遠隔操作で殺した。テネット長官がバージニア州ラングレーのＣＩＡ本部で、プレデターに搭載されたカメラから流れるＳＵＶのライブ映像を見ながら、最終的な殺害のゴーサインを出した。

実は、長官とイエメンのサレハ（Ali Abdullah Saleh）大統領は事前に、米国がイエメン領内で非公然の対テロ標的殺害を行うことに合意していた。イエメン側は米国の関与を否認するため、ＳＵＶの

燃料タンクが事故で爆発したとか、地雷に触れたといった、もっともらしい説明を用意していたという。米国の仕業だと国民に分かると、反米感情が「主権侵害」を許した政府への抗議運動へと飛び火しかねないと用心したようだ。

三年後に公開されたハリウッド映画「シリアナ」のクライマックス場面を想起させるようなエピソードだが、この標的殺害は9・11以降、CIAがアフガン以外で初めて実行したケースで、対テロ戦争がついにグローバルに拡大したことを印象づけた。

それまでのアメリカの主戦場・アフガンでは、CIAのシュローエン班長率いるチーム、暗号名「Jawbreaker」（岩石粉砕機）などの準軍事作戦班が潜入し、後続の米軍特殊部隊と連携して地元の北部同盟を空爆支援した結果、約二カ月後にはタリバーン政権は崩壊した。その後、ビンラーディンらをパキスタン国境沿いの山岳地帯のトラボラに追い詰め、アルカイダ掃討作戦を展開したが、米軍が地上軍の投入を躊躇したため、「大魚」を取り逃がしてしまった。逃げたアルカイダの幹部らはパキスタンやイエメンなどで密かに再結集の動きを見せていた。

急増する対テロ標的殺害

アルハレシ殺害後、CIAはイエメンに加え、パキスタン、ソマリアの「テロリストの聖地」で無人機攻撃と特殊部隊による夜襲を頻繁に行うようになった。ブッシュ政権の対テロ政策に批判的だったオバマ大統領は、イラクからの米軍撤収に踏み切り、アフガン駐留米軍の縮小・撤収にめどをつけた。CIAによる強要尋問（拷問）の中止、アフガンや東欧諸国、タイなどに置かれたCIA秘密基地の閉鎖も約束した。ところが、こうした動きとは対照的に、非公然型の対テロ標的殺害だけはエスカレートさせていった。とりわけ、一期目に頻繁に行使され、パキスタンでの無人機攻撃は二〇一〇年にピークを迎えた。その後は減少傾向を示したが、その代わりイエメンで増え、二〇一五年頃からはソマリアで急増した。

ＣＩＡは無人機攻撃だけではなく、アフガン人から成る準軍事部隊も標的殺害に活用するようになった。自前で養成した三千人規模の「対テロ追跡チーム」(Counterterrorism Pursuit Team)は、アフガン内だけでなく、パキスタン側へ越境してタリバーンやアルカイダ勢力の隠れ家を夜襲し、メンバーを捕捉・殺害した。この部隊の存在は、ワシントン・ポスト紙のウッドワード(Bob Woodward)編集主幹の著書で明るみに出たが[14]、ウィキリークスが入手し、二〇一〇年に暴露した米軍の作戦報告書でも、ＣＩＡを指すと見られる「ＯＧＡ(他の政府機関)」勢力によるアフガンとパキスタンにおける夜襲の実態が具体的に記されている[15]。

ＣＩＡは計画だけで実行されたことはなかったと主張するが、自前の隠密コマンドチームを各国に派遣してアルカイダ幹部を追跡し、捕捉・殺害する計画も練っていた。当時のパネッタ長官が二〇〇九年六月二四日、上下両院の特別情報委員会で「緊急の状況説明」を行い、その直前に自分は計画を知り、即、中止を命じたことを明らかにしている。その詳細は藪の中だが、米国政府の元高官は米誌に対し、一九七二年のミュンヘン五輪開催中にイスラエルのアスリート一一人がパレスチナの過激派「黒い九月」に殺害された後に、イスラエルが断行した報復作戦に類似していると語っている[16]。それは、イスラエルの諜報機関「モサド」の暗殺チームを欧州に送り、テロに関与したとされるパレスチナの関係者を一人ひとり殺害した隠密作戦で、スピルバーグ監督の映画「ミュンヘン」の題材にもなった。

一方、米軍特殊部隊による対テロ標的殺害も一段と強化された。9・11以前は特殊部隊が対テロ作戦に投入されることは希だった。しかし、9・11直後の初動対応でCIAに対テロ作戦の主導権を奪われたラムズフェルド国防長官がその活用を提唱した。二〇一六年三月時点で、特殊作戦司令軍（SOCOM）のプレゼンスは世界八〇カ国に及ぶ。傘下の統合特殊作戦軍（JSOC）には、ビンラーディン殺害作戦を実行した海軍シールズの「チーム6」や陸軍デルタフォースなど各軍特殊部隊の精鋭が集められており、非公然のブラックな作戦にも手を染めている。

二〇〇九年四月にソマリア沖で米船籍の貨物船「マースク・アラバマ」号が海賊に襲われ、船長が人質として拘束された。オバマ大統領は、船長救出作戦でシールズが果たした役割に感銘を受け、JSOCを強化し、対テロ戦で特殊部隊を活用するようになったといわれている。その件数は定かでないが、タスクフォース373と呼ばれる秘密部隊が二〇〇七年ごろからアフガンでほぼ毎夜、夜襲を繰り返していたことがウィキリークスの入手した米軍の作戦報告書などに書かれている。限りなくブラックに近い特務班が、ソマリアやリビアなどでアルカイダの関連組織アルシャバブの幹部を狙った標的殺害を行っていることも知られている[17]。

なお、CIAとJSOCは二〇一四年以降、シリアにおいて共同で武装無人機を飛ばし、ISのメンバーを殺害している。二〇一五年八月には、ネットでイスラム過激思想を吹き込み、活動家をリクルートしていた英国籍の男を狙い討ちにした、と伝えられる。

こうした影の戦術が多用される背景には、警察と軍だけではテロに必ずしも有効に対処できないという米国政府の判断がある。9・11以前のようにテロリストの捕捉・逮捕、起訴を目指す法執行アプローチに固執すれば、現地政府に法執行の意思と能力があるのかという問題に突き当たる。国境を越えて暗躍するテロリストを有罪に持ち込むだけの証拠を集められるのか。裁判がテロ集団側の「宣伝」の場になりかねないという懸念もつきまとう。一方、民間人の間に隠れ、自爆テロを決行する過激派には、戦車や師団を動員する通常戦の戦術にも限界がある。米兵の犠牲だけでなく、民間人への付随的損害（collateral damage）が増す恐れもある。米軍特殊部隊にしても、パキスタンなどで公然の作戦を展開すれば、主権侵害の批判が巻き起こり、反米感情の激化を狙うテロ集団の思う壺だろう。

そこで白羽の矢が立ったのが影の戦術だ。とりわけ、無人機を使う標的殺害は命中精度が高く、効率的に「テロリストの聖域」を崩すことができる。しかも巡航ミサイルに比べ安価で、米側犠牲者はゼロ。地上軍の投入を嫌うイラク戦争後の米国内世論と当時の国防費削減のトレンドを勘案すると、アメリカの政策決定者にとっては、それは魅力的な「スマート戦術」と映った。非公然活動なので、失敗や事故があっても世論の非難を回避しやすいので、なおさらそうだ。オバマ政権が二〇一二年一月に公表した軍事戦略の文書は、アルカイダと関連テロ集団の打倒に向け、「革新的で低コスト、小さな足跡（small-footprint）しか残さないアプローチ」を打ち出した。(18)

しかし、この戦術は、マイナス面も深刻である。第一に、いかに非公然型の標的殺害が効率的であっても、民間人の巻き添えによる犠牲は避けられない。英国の非営利メディア団体「調査報道局」(Bureau of Investigative Journalism）によると、オバマ政権がパキスタンで行った無人機攻撃（三七五件）だけでも、民間人の犠牲者数は二五七〜六三四人と推定される。このうち、六六人〜七八人が子どもだ。イエメンでは（一六二件）、一三三〜一七〇（子ども約三五人含む）が亡くなったと見られる[19]。

第二に、影の戦術は、民主主義に求められる「説明責任」（アカンタビリティー）を著しく欠く。非公然活動であるため、どのような基準で標的を選び、政府内でどのような承認手続きを踏んでいるのか、どのような交戦規定を参照して殺害を実施しているかが極めて不透明である。結局、どこが戦場で戦場でないのかを決めているは行政府だ。標的殺害で影響を受ける利害関係者（ステークホールダー）――有権者や納税者としての米国民、多くの連邦議員、関係国政府や国連、巻き添えで亡くなった民間人犠牲者の遺族らは、蚊帳の外に置かれている。情報開示が制限されているため、この戦術の是非を米国民は十分に判断できない。公的な熟議を俎上に載せる道は事実上閉鎖されており、権力の誤用と濫用のリスクは大きい。

4．グローバル時代の私戦？

世界中どこでも戦場になる闇の空間

それでは、影の戦術を駆使する「影の戦争」とは、一体、どのようなタイプの戦争なのだろうか。それを考察するうえで、ＣＩＡによるイエメンでのアルハレシ殺害から二日後の二〇〇二年一一月五日に行われた記者ブリーフィングが示唆に富む。当時のフライシャー（Ali. Fleischer）大統領報道官は、無人機を使った標的殺害そのものについてのコメントは避けつつも、大統領がすでに行った重要演説を補足する形で次のように説明した。

大統領はすでにアメリカ国民にこう言っている。これは、一つの特定の戦場で戦う伝統的な戦争とは異なる戦争だ。目に見えない影の戦争（shadowy war）の戦場は、従来の戦場とは異なり、特定の政治的境界線にとらわれない。（中略）大統領はこうも言っているはずだ。しばしば、最善策は巧みな攻撃（good offense）だとも。[20]

このフライシャー発言は、影の戦争が国際人道法などのルールを前提にした従来の戦争観では推しはかれない戦争であることを浮き彫りにしている。第一に、影の戦争の米側実行主体はユニフォームを着た軍人ではなく、身分と所属を隠すＣＩＡの工作員と特殊部隊の隠密行動班だ。ブッシュ大統領は、二〇〇一年九月の議会演説でこう述べていた。「米国民は、我われがかつて経験したことのないような長期戦を覚悟すべきだ。それは、テレビで目にすることができる激しい攻撃の場合もあるし、目には見えないが、切れ目のない秘密の非公然作戦（covert operations）の場合もある」と。[21]

大統領が公の場で「非公然」という言葉を口にするのは異例中の異例である。テロリストに対しては、誰の仕業か分からないように闇討ちにすることもあり得ると言っているに等しい。そんな物騒な作戦を大統領は臆せず口にしたのだ。

第二に、影の戦争では、「先制・予防攻撃」が常態（ノーマル）だ。テロリストに対する最善の防衛は攻撃なり。ブッシュ大統領が二〇〇二年六月一日、ウェストポイントの陸軍士官大学校で行った演説は、単刀直入に先制攻撃の必要性を説いている。

対テロ戦争は、受け身の防衛だけでは勝てない。戦いを敵地へと進め、敵の計画を打ち破らなければならない。最悪の脅威は、それが生まれる前に対処しなければならない。（中略）我われの自由と暮らしを守るために必要ならば、先制行為をとる用意が求められる。[22]

敵の攻撃を座して待っていたら、最悪の事態を招いてしまう。テロ集団には抑止は通用しない、先手必勝なのだと宣言したのだ。ここで留意すべきは、ブッシュのいう先制攻撃（preemptive strike）は、「予防攻撃」（preventive strike）を含む幅広い概念だということである。

先制攻撃は通常、差し迫った脅威に直面して、相手より先に叩くことを意味する。他方、今は急迫した脅威に直面していなくても、このまま放置すれば、将来、必ずや最悪の脅威に結実するとの確信から事前に攻撃するのが予防攻撃だ。イエメンでの標的殺害は、典型的な予防攻撃だと言える。アルハレシは、その時点でテロを実行しようとしていたわけではない。人里離れた砂漠地帯を車で走っていただけだ。この機を逃せば、将来、仲間と対米テロを仕掛けるに違いないとの判断が働いたと推察される。

影の戦争の第三の特徴は、戦場の概念が拡大し、特定の地理的空間を超え、脱国家（transnational）化してきたということだ。銃前と銃後の区別や国境線はぼやけ、世界のどこでも潜在的な戦場になりやすい。テロへの対処能力が欠如している破綻国家や内戦地帯の場合、ことさらそうだ。アメリカが戦争地帯と見るアフガンやイラクの戦火が非戦争地帯のパキスタンやイエメン、ソマリア、さらにはシリアの一部にまで飛び火している、と言ってもよいだろう。地理的空間を超え、サイバー空間でもすでにアメリカ対テロリストの戦いは熾烈を極める。

問題は、戦場の脱国家化を規制するルールが十分に整っていない、ということだ。国際人道法は、国家間戦争（国際武力紛争）か内戦（非国際武力紛争）の規制を念頭に置いており、アルカイダのような非国家の武装勢力が越境拡散する脱国家的な私戦の規制には限界がある。ＣＩＡが非戦争地帯に潜入し、非公然型の標的殺害を行使することを国際的に規制する法的ルールも存在しないのが実情である。

そもそも、アメリカとテロリストでは、妥協の余地がないため、お互いの利害に基づく「暗黙の了解」は成立しにくい。冷戦史で知られるイェール大学のガディス（John Lewis Gaddis）教授は、ブッシュ・ドクトリンをこう要約している。「米国はテロリストがどこにいようとも、見つけ出し、支援するレジームとともに排除する、ということだ。その際、主権尊重はもはや十分ではない。プレーヤーがルールを理解し、尊重するゲームならば分かるが、この新しいゲームにはルールがまったくない」と。[23]

イデオロギーや体制の違いから激しく対立した米ソでも、たとえ建前でも主権尊重などのルールを重視した。敵味方のスパイ同士でも互いの行動を規制する暫定的な「暗黙の了解」がしばしば成立した。しかし、相手がテロリストでは、たとえ暗黙でも、共通ルールを醸成することは至難の業である。

もとより、犯罪者であるテロリストを国家の機関員と法的、道義的に同等に扱うことはできない。

仁義なき戦い

以上の特徴を総合すると、「影の戦争」の輪郭が浮かび上がる。

テロリストとCIAや特殊部隊の工作員を「忍者」とすれば、世界中至る所で忍者同士が国境を股にかけて隠密行動を行い、先手必勝をモットーに「先制攻撃」を繰り返す――そんな「仁義なき戦い」が影の戦争ではないか。そのとき気づかなかったが、振り返ってみると、平穏な自分の周りの日常で「忍者」同士の暗闘が繰り広げられていた、という映画まがいの話も現実味を帯びてきた。

日本でも、三沢の米軍基地内にある通信施設がアフガンやパキスタンでの対テロ標的殺害に必要な通信傍受に一役買っていることは知られているが、同じ同盟国のドイツでは、殺害の企てまで進んでいた。二〇〇九年にピューリッツァー賞を受賞したニューヨーク・タイムズ紙のマゼッティ（Mark Mazzetti）記者が関係者にインタビューして書いた著書によれば、CIAは二〇〇一年九月の大統領認定を受け、ヒットチームをつくり、ドイツに住むテロリストの殺害まで検討していた。[24]

敵味方の「忍者」は、ある意味で似たもの同士だ。

「伝統的な指揮命令系に従わず、ユニフォームも着用しないし、武器も公然と携行しない。攻撃する国の国境沿いに兵を集結させることもない」[25]。オバマ政権のブレナン（John O. Brennan）大統領補佐官（後のCIA長官）は二〇一一年九月の演説で、こうアルカイダについて述べたが、同じことがアメリカの影の軍団についても言えそうだ。

国際法上、文民であるCIA工作員に交戦資格はない。スパイが軍人のまねをして敵対行為へ参加して捕まっても、捕虜の待遇や、敵兵を殺害しても起訴されない免責特権など国際法上の保護は受けられない。敵対行為への参加自体は禁止されていないが、その場で敵に殺されたり、捕まって裁判で死刑判決を受けたりしても仕方がない。

米軍関係者を含む多くの専門家は、米国政府が言うようにアルカイダが「不法戦闘員」ならば、CIA工作員もそれに限りなく近いと批判する。「アメリカの責任を隠して、責任の所在が分からないように殺害すれば、アメリカの作戦はテロリストの手口とそう変わらなくなる」とフーバー研究所のバーコウィッツ（Bruce Berkowitz）研究員は嘆く[26]。米国政府は、「カタギ」の制服を脱ぐと宣言したようなものだ。暴力団撲滅を大義名分に、警察が「ヤクザ」と同じことをするのに等しいのではないか。

境界線のない古くて新しい戦争

一六四八年のウェストファリア条約で画される近代以降の戦争は、国内で暴力の正統な独占者となった主権国家同士の対称的な構図を基本にしている。内戦やゲリラ戦もあったが、正規軍同士が互いに公的な暴力をぶつけ合う通常戦（conventional war）が主流だった。

その特徴は、戦争の「顔」が比較的はっきりしていることだ。戦争と犯罪、戦時と平時、戦闘員と非戦闘員、戦闘地域と非戦闘地域、前線と後方（銃後）の区別は明瞭だ[27]。こうした区別を意識的に設けることで、いったん始まった残虐な戦争を規制するルール（jus in bello）も国際人道法の形で積み上げられてきた。

さて、敵味方の「忍者」が自爆テロと標的殺害を繰り返す影の戦争である。基本的には、アルカイダを中心とする非国家武装集団の私的暴力とアメリカという国家の公的暴力がぶつかり合う非対称型の紛争（混合戦）と捉えることができる。ただし、アルカイダの私的暴力に対し、アメリカも「現代の傭兵」を含む「影の軍団」という非公式な実力組織の暴力を非公然にこっそり活用しており、私戦の様相が色濃い。「目には目を」の対応でミイラとりがミイラにならないことを願うばかりである。

この種の戦争では、従来戦の区別はメルトダウンし、グレーゾーン（灰色領域）が目立つ。戦争の顔はのっぺりしており、戦争と内乱、蜂起、暴動・略奪の区別は極めて曖昧だ。9・11テロの映像を見て、戦争なのか犯罪なのか、どっちつかずのファジーな感覚を覚えた人は多いに違いない。アメリカが戦争だから、と言って多用している対テロ標的殺害も犯罪性（criminality）の様相は拭い去れない。

標的殺害は、予期的自衛（anticipatory self-defense）を含む自衛戦争の戦術であり、懲罰や復讐を目的としていないというのが米国政府の公式見解である。しかし、それを額面どおり受けとめられるのか。戦争であるならば、標的は罪の重さや過去の犯罪行為の重大性ではなく、法的地位（敵戦闘員）を基準に選ばれるはずだ。

しかし、「生死を問わず、ビンラーディンを裁きにかける」（ブッシュ）、「テロ行為は必ず懲罰を伴う」（オバマ）といった大統領の発言を聞くと、標的殺害は、国際的な法執行（警察）活動の戦術のようでもある。米国政府から見れば、ターゲットは違法行為を働いた「悪人」でもある。そんな悪人が咎められない無法地帯が世界にある以上、アメリカが遠征して武力行使で討つのは当然であるという感覚が米政権内にあることは否めない。「法の支配」原則を貫くアメリカでも、法を遵守する意思のない者は法の保護に値しないという意識は流れている。

では、こうした「影の戦争」に直面したオバマは、どのように非公然型の対テロ標的殺害を正当化したのだろうか。

ヨーロッパ中世から近世にかけて発達した正戦論を援用したのではないか、というのが筆者の見方だ。少なくとも、オバマの正当化の言動を、当時の正戦論との類比で理解することは可能である。オバマは、二〇〇九年一二月のノーベル平和賞受賞演説などで、自分が正戦論者であることを明らかにしている。政権幹部もオバマが「聖アウグスティヌスやトマス・アクィネスの学徒である」と認める。「国際法の父」と称されるグロティウス（Hugo Grotius）の概念を使えば[28]、アメリカにとって、対テロ戦争は犯罪者に対する懲罰戦争の一種である、と筆者は思うようになった。自然法学派の代表であるグロティウスは、私戦を含む戦争の正当事由の一つに刑罰を挙げ、自然法を著しく侵害する行為を犯した者に対し、正当戦争を行うことができると説いた。

もちろん、四世紀前と現代の国際関係を単純に比較することができないことは承知している。しかし、アメリカの正戦思想には、「グロティウスの伝統」が健在だといわれる[29]。二一世紀の影の戦争は、案外、古くて新しい戦争なのではないか。

第2章

標的殺害《ターゲテッド・キリング》の制度枠組み

合衆国憲法の起草者たちは、かつてイングランドの国王に帰属した対外問題に関する権力の多くを議会に割り当てた。この権限配分こそ、まさにアメリカの民主・立憲制の要である。公然か非公然かを問わず、武力紛争の決定が議会から抜け落ちると、自治（self-government）と人民主権の原則が傷つく。（中略）起草者たちは、行政府による戦争の危険性を予期し、警告を発した。共和政体の政府においては、主権は人民と彼らが選ぶ個々の公選者にある。

ルイス・フィッシャー(1)

1. 標的殺害の概念規定

標的殺害の民主的統制

民主国において、国家が独占する暴力を管理するのは通常、警察など法執行機関と軍である。ところが、第1章で概観したように、米国政府は非公式の実力組織を活用し、他国の領土内で「非公然型の対テロ標的殺害」を頻繁に行使している。それでは、その際、「影の軍団」は、一体、誰のどのような権限に服し、どんな認可手続きを踏んでいるのだろうか。これが、この章の主な課題である。

アメリカには、非公然型の標的殺害といえども、それを実行する際に大統領らが遵守しなければならない制定法上の「行動規範」(code of conduct) が存在する。この規範には、非公然活動を行うのに必要な手続きと権限などが示されている。民主主義のグローバル・リーダーを自認するアメリカにおいて、このような国内法は存在することさえ奇妙に映るかもしれないが、視点を変えれば、影の軍団による非公然の暴力を民主的にコントロールする仕組みが法制化されているとも言える。

ただし、それが十分に機能しているかは別の問題である。現在の行動規範は、9・11以前に制定された一九九一会計年度インテリジェンス授権法の非公然活動に関する条項を権源にしているからだ。同法の成立過程で、大統領と連邦議会との間に成立したデリケートな共通了解は、対テロ戦争の勃発で新たな挑戦を受けている。

標的殺害との関連で着目すべきは、9・11以降、公然型と非公然型の作戦が「収斂」するようになった、ということである。これまで見てきたように、情報収集・分析を主務とするＣＩＡが頻繁に無人機攻撃を行ったり、公然の軍事作戦を本来任務とする米軍でも特殊部隊がＣＩＡの「十八番《おはこ》」である影の作戦を仕掛けたりしている。ＣＩＡと米軍の共同作戦も増えている。その中には、ビンラーディン殺害作戦のように、一時的にせよ、米軍人がＣＩＡ工作員になりすまして殺害するケースも含まれる。

その結果、現実には非公然活動と公然（軍事）活動の境界はぼやけ、現存の制定法上の行動規範と齟齬が生じている。とりわけ、非公然活動の担い手と軍事活動との違いなどの理解について、これまで行政府と立法府との間で積み上げられてきた了解は崩れかねない。すでに両部門の間に軋轢が生まれている。例えば、米軍の特殊部隊が公然の軍事作戦と称しながら、非公然活動に限りなく近い作戦を行っているが、これは当時の了解を逸脱している、と議会側は反発している。

以下では、非公然型の標的殺害を規制する米制定法上の行動規範について考察する。説明の便宜上、公然型の制定法上の規範についても紙幅を割き、両者の特徴を対比する。そのうえで、ポスト９・11の傾向である非公然型と公然型の収斂が議会による行政監視（oversight）に及ぼす影響について検討する。まず本題に入る前に、先行研究を一瞥し、「標的殺害とは何か」、「非公然活動とは何か」を明確にする。

論争的な言葉

targeted killing（標的殺害）という言葉は、手もとの英辞典や国防総省の軍事用語集を引いても見当たらない。ざっくり言えば、時事英語の部類に属するといえる。英字メディアでの用法を管見する限り、特定の個人に狙いを定めた殺害を幅広く指すようである。この言葉が用いられる文脈も、戦争や内戦からテロ、国内犯罪まで多岐にわたる。ギャング同士の抗争の文脈で使われることすらある。

しかし、targeted killing の使用頻度が英字メディアで急増した二〇〇〇年以降に着目すると、国家権力が介在する殺害という文脈で使われるケースが目立つ。その場合、標的殺害という言葉は、違法、不当、騙し討ちという意味合いの強い「暗殺」(assassination)と可換的に使われることが多く、発言者の立場によって評価が大きく分かれる。標的殺害という言葉は、論争性を帯びた言葉だといえよう。

肯定的立場の代表格はイスラエル政府だ。二〇〇〇年九月に始まった第二次インティファーダを受け、標的殺害を政府の正当な戦術と公言し、ガザなどの占領地で公然と行使している。ちなみに、イスラエルの最高裁は二〇〇六年一二月、政府の対テロ標的殺害に合法判断を下した(2)。一方、国際的な人権団体ヒューマン・ライツ・ウォッチやアムネスティ・インターナショナルなどは、標的殺害を事実上の「暗殺」、「超法規的殺人」などと批判している。要するに、標的殺害という言葉の評価は、いまだ国際的に定着しておらず、肯定派と否定派が国連人権理事会などの場で国際的に広く受け入れてもらおうと「言説の政治」を展開しているのだ。

そんな中、歴代米政権は、標的殺害という言葉を公式に使うことを避けてきた。ブッシュ政権時代のラムズフェルド国防長官によれば、この言葉には「不幸なことに、殺したくてしょうがないという含意がある」そうだ。二〇一三年二月にリークされた司法省の内部文書(3)には、標的殺害という言葉が登場するが、オバマ政権は外向けには、「標的攻撃」（targeted strike）で統一した。

無人機による非公然型の標的殺害については、一期目のオバマ政権はブッシュ前政権同様、その行使を公の場で認めようとはしなかった。ホワイトハウスで報道官を務めたギブス（Robert Gibbs）氏は、「上層部から公然と認めるなと言われた」と当時を回顧している。(4) しかし、二〇一一年後半から政権幹部が次々に演説で、パキスタンやイエメンでの無人機攻撃を仮定の話として正当化するようになった。

その大きな理由として、同年九月に「アラビア半島のアルカイダ」の幹部でニューメキシコ州生まれのイエメン系米国人、アンワー・アウラキ師がＣＩＡの無人機によってイエメン北部で殺害されたことが挙げられる。アウラキ師の父親が殺害前に米国政府を相手に米連邦地裁に殺害の差し止め訴訟を起こしたため、外国人テロリストだけでなく、アメリカ人も標的になり得ることの是非が米国内で論議を呼んだ。

米国政府が公式の場において、初めてアフガン以外における無人機攻撃を認めたのは二〇一二年四月のことである。当時のブレナン大統領補佐官（後にＣＩＡ長官）が演説で、「熱い戦場以外」（outside hot battlefields）で、「アルカイダの特定のテロリストに対し、無人機をしばしば使って標的攻撃を実行している」と言明した。(5) とはいえ、米国政府は、実行主体がＣＩＡであると明言したことはない。

標的殺害をめぐる国際的な論争からも一定の距離を置いたままだ。この問題が国際的に政治化することを避けようとしているように見える。国連人権理事会のヘインズ（Christof Heyns）特別報告者は、二〇一二年三月の報告書で「米国政府は、他国の領土において標的殺害を間断なく行っている」と断定し、その法的根拠や手続きについて米国政府に何度も質したが、「納得のいく応答をまったくしていない[6]」と呆れた。

二〇一四年三月には、国連人権理事会は無人機攻撃の透明性と説明責任を求める決議案を賛成多数で採択したが、米国政府は採択に反対した。パキスタン提出の草案の検討段階から米国は討議に不参加を貫いた。国務省のサキ（Jane Psaki）報道官は、「我われは、人権理事会がこの武器運搬（weapon delivery）システムだけを討議するのにふさわしい場だとは思わない」と弁明した。ちなみに、日本と韓国、英国など五カ国も米国と歩調を合わせ、反対に回っている[7]。

標的殺害とは何か

アカデミックな分野では、「標的殺害」は概して、ネガティブな響きの強い暗殺と一線を画し、価値中立的な用語として提示されている。日常の言葉としての暗殺には、汚い手を使う違法または不道徳な殺害といったニュアンスがつきまとう。このため、先験的な判断を避けようと、研究者の多くは、暗殺を違法ないし不当な戦術と見なし、暗殺を包含する幅広い概念として標的殺害を捉える。米国では、一九八一年の行政命令12333が国家機関による要人の暗殺とその幇助を禁止している[8]。このため、国家権力が介在する殺害を分析するに当たり、標的殺害という用語を使うほうが客観的で望ましいという判断が働いていているようだ。

問題は、この行政命令に肝心の暗殺の定義が抜け落ちていることだ。このため、例えば、国際法（武力紛争法）の専門家の間では、暗殺を①政治的動機に基づく謀殺（平時の暗殺）、②武力紛争法違反

表2-1　標的殺害研究の主なアプローチ

	著者（編者）	分類項目、手法、その他
合法性[10]	Melzer ; Kretzmer	国際法（国際人道法、国際人権法）
	Blum & Heymann	戦争パラダイム、例外的な平時の作戦、域外法執行
	Elsea	致死作戦、オバマ政権幹部の法的正当化をレビュー
道義性[11]	Statman; Gross	倫理（応用哲学）、名指しの殺害、自衛、応報
	Fisher ; Thomas ; Kutz	コンストラクティビズム、規範のライフサイクル、暗殺
実効性[12]	Byman;Bergen & Theidemann	米国、イスラエル、無人機攻撃、政策志向
	Hafez & Hattfield ; Jordan ; Johnson	多変量解析、組織形態、斬首攻撃
	Jacobson & Kaplan ; Sandler ;	ゲーム論、自爆テロ、集合行為問題
	Carson	実証研究のレビュー、公共選択
応責性[13]	MacNeal	殺害リスト、応責性の諸形態、ガバナンス
	Buchanan &Keohane	アカンタビリティーのレジーム構築
その他[14]	Altman, Finkelstein, and Ohlin	法的・道義的観点の包括的論文集
	Kessler & Werner	リスク管理、不確実性

の「背信的な手段」（treacherous means）による殺害（戦時の暗殺）の二つのケースに限定し、標的殺害は行使の仕方と条件次第で違法な暗殺にも、合法の殺害にもなり得るという捉え方が一般的である[9]。

なお、平時の暗殺を違法とする条約上の根拠として、国連憲章の諸原則や「市民的及び政治的権利に関する国際規約」（ＩＣＣＰＲ）がしばしば引き合いに出される。ＩＣＣＰＲは、「すべての人間は、生命に対する固有の権利を有する。この権利は法律によって保護される。何人も、恣意的にその生命を奪われない」（6条1項）と定めている。一方、戦時に戦闘員が敵戦闘員を殺害しても違法な謀殺とはみなされない。ただし、ジュネーブ諸条約第一追加議定書（37条）は、軍旗や赤十字旗、休戦旗を不当使用するなどして敵の信頼を誘う背信行為による敵兵の殺害を禁止している。

では、「標的殺害」とは何か。ブッシュ政権による対テロ戦争を契機に、標的殺害の研究は本格化し、欧米の学会では、その適法性、道義性、実効性、応責性（accountability）が分析の主な対象になっている。オバマ政権が対テロ無人機攻撃をパキスタンなどで多用するにつれ、標的殺害の研究も国際法学、国際政治学、社会学、倫理学、応用哲学など幅広い分野で関心を呼ぶようになった。方法論的にも、手法は法解釈からゲーム論や社会ネットワーク論まで幅広い。標的殺害は、いまや一つの研究領域を形成しつつある、と言っても過言ではないだろう（表2－1参照）。

しかしながら、先行研究を概観した国際政治学者カービン（Stephanie Carvin）の言葉を借りれば、「この用語が実際に何を意味するのか、いかに定義されるべきかについてコンセンサスは不在である」[15]。各分野の関心は異なり、標的殺害のどの側面に焦点を当てるかで定義も異なってくる。学際的な志向は歓迎されるべきだが、現段階では、異なる分野間の知識の共有は十分とは言い難い。そこで、標的殺害をテーマにした文献が多い法学、倫理学、国際政治学の研究者の間で存在すると思われる最低限の共通理解を基準に標的殺害の輪郭を描き、定義の明確化につなげよう。

標的殺害の定義

まず挙げるべきは、国家機関が故意に致死力（lethal force）を行使するという側面である。標的殺害は政府機関が計画し、政府首脳や閣僚が認可（authorize）し、国家の機関員が執行する国家殺害

(state-sponsored killing)[16]の一種であり、一定の事前謀議(premeditation)を伴う。自発的な選択に基づく殺害であり、過失や偶発的、付随的な致死は省かれる。同様に、警察など法執行機関による正当防衛の殺害も含まれない。正当防衛の場合、殺害の事前謀議はない。急迫不正の危険に直面し、警官が自分や住民の生命を守るため、やむを得ず犯人を射殺することはあるが、警官は当初から殺害だけを企てているわけではない。

第二に、適正な法の刑罰手続き(due process of law)を踏まない殺害(extra-judicial killing)という要素を挙げられる。[17]そもそも、標的殺害は、殺害を実行する国家の拘束下にない個人を狙った殺害であり、逮捕、起訴、裁判を目指す通常の法執行アプローチの採用が不可能な状況下での「最後の手段」という位置づけが研究者の間で支配的である。したがって、正規の刑罰手続きを踏む死刑は標的殺害の範疇に含まれない。

第三に、殺害目的に着目すると、政府が国家安全保障政策上の脅威の除去・軽減を暗示的、明示的に掲げている要素を重視する論者は多い。[18]標的殺害は、国家安全保障を損なうと思われる行為を先制、予防、防止するための自衛手段という位置づけが一般的である。とはいえ、実際には、安全保障上の脅威を除去するという自衛の動機と政治的動機に基づく平時の暗殺との区別は容易ではない。自衛とジェノサイド防止や懲罰、被害者感情を意識した報復の区別も難しい。いずれにしても、殺害の目的には、最低限、何らかの公共性が必要だろう。

さらに殺害の様態では、選別的(selective)な戦術という点でも一定の合意があると思われる。標的は、無差別に選ばれるのではない。[19]米国政府は、アルカイダのメンバーだからといって殺害しているのではない。標的は、所属する集団内の地位や役割、影響力、過去の行動や脅威の度合い、居住地区、性別などを勘案して選ばれる。つまり、個人の性質を見て選別する固体化（individuation）が伴う。標的殺害は、戦場で匿名の敵兵を殺害するのとは異なり、個人の身元を特定し、追跡・監視し、殺害することから、「名指しの殺害」（named killing）と呼ばれることもある。

以上の四要素を踏まえ、本書では、標的殺害を次のように定義することにする。

標的殺害とは、政府が国家安全保障上の脅威と見なす特定の個人を選別し、政府機関員が上層部の承認を得て、刑事手続きを経ないで実行する故意の殺害。

なお、ヒットマンについては、軍人や情報機関員など政府のエージェントが直接実行する場合もあるし、「刺客」に外部委託したり、現地の武装勢力の手を借りたりして間接的・代理的に殺害する場合も含むことにする。

2. 標的殺害の形態――タイトル50型とタイトル10型

非公然活動とは何か

このように定義された標的殺害は、アメリカに限れば、前章で触れたように公然型と非公然型に大別できる。説明の便宜上、まず後者の中心的概念である「非公然活動」とは何かについて検討し、そのうえで両者の違いを明確にしよう。

「非公然活動」（covert action）は、米国政府の諸活動のうち、海外情勢に影響力を及ぼす対外インテリジェンス活動の一つである。[20]ＣＩＡの創設を定めた一九四七年の国家安全保障法は、ＣＩＡの第五の職務として「国家安全保障会議が随時指示するところに従い、国家安全保障に影響を及ぼすインテリジェンスに関連する他の職務」を挙げた。[21]歴代政権は、この曖昧な文言に非公然活動の法的根拠を求めたが、何が非公然活動に当たるのかは不透明なままだった。

一九九一会計年度インテリジェンス授権法は、国家安全保障法の曖昧な条項を修正し、非公然活動の定義を初めて法制化した。その定義によれば、非公然活動とは、「海外の政治、経済、軍事条件に影響を及ぼす活動であり、しかも、米国政府の役割が知られないように、または公に認められないように意図された活動」を指す。[22]つまり、非公然活動の要件は、①米国政府の対外活動、②影響力行使による国際状況の積極的・能動的な改変を目指す、③少なくとも活動を始めた時点で、米国政府の正体（identity）を明かさないことを意図している――の三つである。

ただし、同法には除外規定が設けられている。「伝統的な軍事活動」（traditional military activities、TMA）や外交活動、法執行活動、通常のインテリジェンス活動と防諜などは非公然活動の範疇には含まれない。この除外規定[23]からも分かるように、非公然活動は、あくまでも対外政策上の手段であり、アメリカ国内の政治やメディア、世論に影響を与えることを目的に活動することは許されない。

covert action は、日本では秘密活動や秘密工作、諜報活動などと訳されることもあるが、同じ秘密でも、秘諾されるべきは活動（作戦）そのものではなく、活動のスポンサーであるため、本書では、制定法の意図を汲んで、非公然活動を使うことにする。それは、大統領が外交・安保政策上の目的を達成するための正当な非常手段と位置づけられ、外交と軍事の「中間オプション」(middle option)と呼ばれることもある。

非公然活動の成否を左右するのが、米国政府の関与と責任を「もっともらしく否認する能力」(plausible deniability)である。米国政府が活動のスポンサーであることを隠匿するには、軍服を着用したり、星条旗を掲げたり、公の領収証を発行したりしないで、米国政府の「指紋と足跡」を残さないように偽装工作を施さねばならない。

非公然活動は、一般に、プロパガンダ(心理戦)、経済戦(市場攪乱など)、政治工作(選挙工作、政党・団体支援等)、人質救出作戦や反米国家における反政府勢力への訓練・武器供与、蜂起や反乱への支援などを含む準軍事(paramilitary)活動に分類される。図2-1に示したように、暴力の水準が高くなれば、もっともらしく否認する能力は概して低下する。[24] 可視度が上がれば、それだけ言い逃れは難しくなるということだ。この分類に準拠すれば、非公然型の標的殺害は、関係国への主権侵害の度合いが最も激しい準軍事活動の範疇に入る。米国政府はパキスタンやイエメンでの個別の対テロ無人機攻撃について、公式には否認を貫いているが、多用しているため、今や「公然の非公然活動」(overt covert action)と化している。[25]

図2-1　非公然活動の梯子（段階）

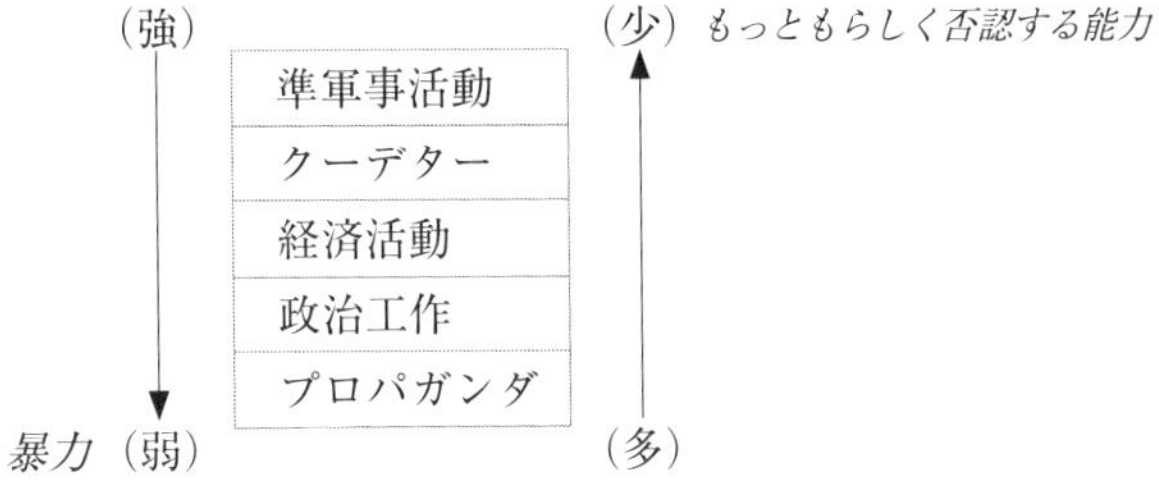

（出所）マーク・M・ローエンタール、「インテリジェンス」を基に作成

非公然型（タイトル50型）の標的殺害

本書が「非公然型」と呼ぶ標的殺害は、合衆国法典五〇編（タイトル50）が定める「非公然活動」の一環として行われる標的殺害を指す。タイトル50は、戦争と国防関連の制定法を集めた法令集であり、非公然活動を扱う国家安全保障法も含まれる。

タイトル50の四四章（国家安全保障法関連）によれば、政府機関が非公然活動を実施するには、大統領による承認が必要である（三〇九三節）。非公然型の標的殺害も非公然活動の一種（準軍事活動）である以上、その例外ではない。承認手続きの詳細については、紙幅の制約で割愛せざるを得ないが、ここでは二要件を強調しておく。

まず、大統領は非公然活動を実施する際、「米国の明示できる（identifiable）対外政策をサポートするために必要であり、米国の国家安全保障上重要である」との事実認定（finding）を書面で行う必要がある[26]。そこには、関係国、参加する米国政府の関係省庁（場合によっては、海外の参加機関、第三者）の役割と予算措置も明記しなければならない。

次いで、大統領が「米国の国益に死活的な影響を及ぼす」と判断する場合を除いて、事実認定をできるだけ速やかに連邦議会上下両院の情報特別委員会に事前に通告しなければならない。大統領が「死活的な影響を及ぼす」と判断する場合は、通告は委員全員ではなく、俗に「ギャング八人衆」（gang of eight）と呼ばれる議会指導者（下院の議長と少数党の院内総務、上院の多数党と少数党院内総務、両院の情報特別委員長と少数党筆頭委員）だけに限定することができる。

タイトル50が非公然活動の主務機関（lead agency）として想定しているのは、あくまでもCIAである。行政命令12333は、明示的にCIA以外の政府機関が非公然活動を行うことを原則禁じている。[28] 非公然活動は、CIAが対外政策の執行まで実際に担うという点で、政策決定者の要請を受け、情報を収集して総合評価をカスタマーに提供するというCIAの通常のインテリジェンス活動とは明らかに異なる。

ただし、タイトル50は、「CIA以外の米国政府の省庁、機関（entities）」にも非公然活動を請け負う途を開いており、大統領の命令があれば、公然の軍事活動を本務とする米軍も担うことができる。CIAによる非公然活動を常態と位置づける行政命令12333も「大統領が他の機関のほうが特定の目的を達成できるだろうと判断しない限り[29]」との但し書きを付けている。ビンラーディン殺害作戦では、大統領がCIAの準軍事要員より米軍特殊部隊のほうが成功率は高いと判断し、特殊部隊が作戦を実行した。

公然型（タイトル10型）の標的殺害

一方、「公然型」の標的殺害は、タイトル50が非公然活動には含まれないと明記する「伝統的な軍事活動」（TMA）の範疇に属し、「軍隊」（armed forces）を扱う米国法典一〇編（タイトル10）に縛られる。公然型の標的殺害は、作戦そのものは密かに進めても、実行主体が米軍、即ち、米国政府の正体までは否認しない形態である。米国政府が戦争地帯のアフガンで多用しているタリバーン掃討作戦やISの幹部に対する無人機攻撃などがその典型例として挙げられる。

TMAの制定法上の定義はないが、インテリジェンス授権法に関する立法の意図と解釈を示した連邦議会の報告書によると、議会側はTMAを次のように理解している。[30]

①米軍司令官の「指示と統括」（direction and control）に服する米軍人が行う活動。

②対米敵対行為（hostility）に関連して行われる活動。

イ　進行中の敵対行為

ロ　予期される（anticipated）敵対行為に先だって

③作戦全体における米国の役割が明白かいずれ公に認められる活動。

TMAとは、これら①～③の要因が組み合わさって成立する、幅広い軍事活動を指すが、実行主体は米軍人に限定される。TMAを律するタイトル10は、国防総省と米軍の権限、職務、指揮系を規定しており、その中には、一般の司法制度とは別に戦場で「殺しのライセンス」を持つ米軍人に適用される軍（刑）法、「統一軍事法典」（Uniform Code of Military Justice）も含まれる。[31]

米軍の最高司令官として、大統領が憲法上、武力を行使する権限を持つことは言うまでもないが、

図2-2　統合標的化サイクル

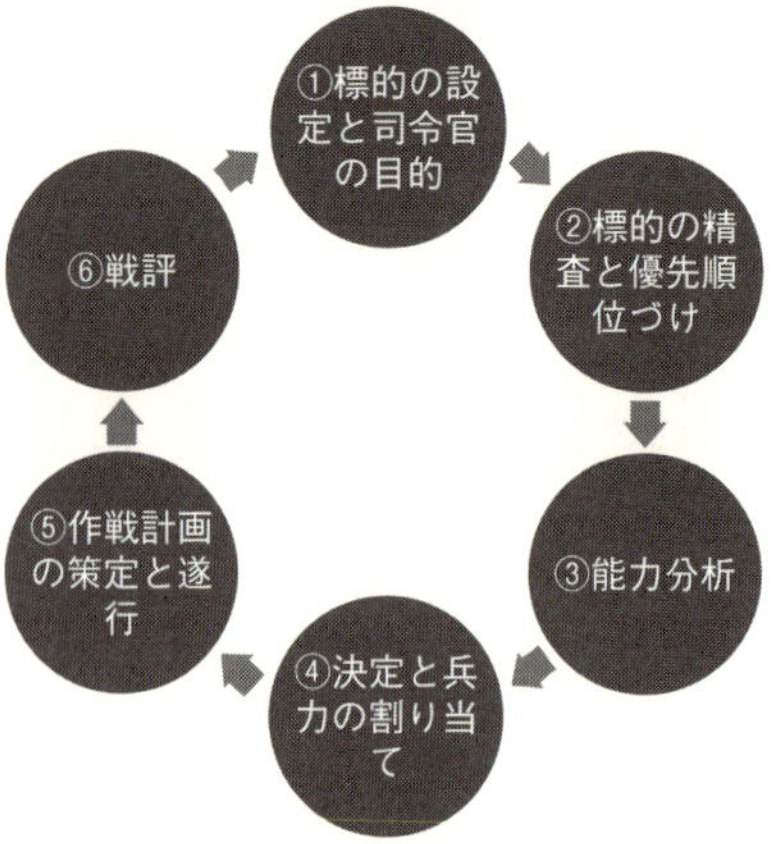

①作戦の目的を文書で明示
②標的の構成・配置状況の調査、標的に対する価値づけ
③利用可能な兵力の分析。不随的被害の算定
④決定と標的への兵力配分
⑤具体的な作戦計画策定と任務遂行
⑥作戦の事後評価

（出所）Joint Publication 3-60

タイトル10は、この憲法上の権限を大統領が自身の「主席補佐官」（principal assistant）である国防長官を通して行使し、各統合軍司令官は国防総省内のあらゆる権限を有する国防長官の「指示と統括」、即ち（作戦）指揮権限（command authority）に服すると規定している。[32]さらに、軍の指揮系（chain of command）の流れに沿って、統合軍司令官の命令を受けた下位指揮官（隷属機関）は上位指揮官の命令に従わなければならない。[33]

タイトル10と関連の国防総省令を踏まえ、各軍は標的化（targeting）の手順と指針を示すマニュアルを作成している。例えば、統合参謀本部は、空爆や対テロ無人機攻撃の際、統合軍司令官が参照すべき標準的なガイドラインを文書（joint publication 3-60）[34]で公開している。

それによれば、司令官は非常事態を除き、「統合標的化サイクル」（Joint Targeting Cycle）と呼ばれる循環図[35]を念頭に置き、六つの手順（図2-2参照）に則

表2-2　標的殺害の類型（筆者作成）

形態	非公然型	公然型
行動規範（根拠法）	タイトル50	タイトル10
活動の分類	インテリジェンス活動	伝統的な軍事活動
大統領の事実認定と議会通告	必要	不必要
閣僚の権限	通常は、ＣＩＡ長官の「指示と統括」。大統領の判断で例外的に、国防長官を含む他の閣僚に委任	国防長官の指揮権限
権限の主従関係	省庁のヒエラルキー	軍特有の指揮系
主な実行主体	ＣＩＡの準軍事要員	米軍人のみ
作戦指針の有無	不透明	有

り計画・実行しなければならない。司令官が標的リストを承認する際は、軍の法務官（staff judge advocate）と協議し、戦争法の諸原則に照らして適法性を精査するよう求めている。また、殺害作戦の決定に際しては、事前に「付随的被害の算定」（Collateral Damage Estimation）作業を行い、大勢の民間人の巻き添えを伴う懸念がある場合は、司令官は国防長官か大統領の判断を仰ぐべきだと規定している。

ここまでの議論を整理し、非公然型と公然型の標的殺害を対比しておこう（表2－2参照）。

非公然型の標的殺害は、タイトル50に基づき大統領事実認定と議会通告の手続きを踏んで、通常、ＣＩＡ長官の権限で準軍事要員が実行する。例外的に、大統領が判断すれば、米軍も行使できる。他方、公然型は、タイトル10に依拠して、米軍人が米軍司令官の「指示と統括」に服し、軍の指揮系に従って対米敵対行為（戦争等）に関連にして行う。その際、タイトル50を根拠とする非公然型とは異なり、大統領事実認定と議会通告は必要ない。実行主体は米軍人に限定され、司令官は大統領と国防長官の指揮権限に服し、最終的には最高位の二人が責任を負う。また、殺害を計画・実行する際、所属する軍の内規や作戦マニュアル、戦争法に従って行動しなければならず、瑕疵や過誤、違法行為の疑いがあれば、査問や軍法会議の対象となる。この点、標的殺害の指針と手順が不透明な非公然型とは対照的である。

3.「灰色領域」の標的殺害を縛る行動規範

公然型に含まれる「非公然作戦」(OPE)

9・11以降、こうした類型に必ずしもフィットしない対テロ標的殺害が増えてきた。主に米軍の特殊部隊による特殊作戦で使われ、公然(タイトル10)型なのか、非公然(タイトル50)型なのか截然としない殺害である。この「灰色領域」の殺害は、米国の軍事・情報活動の専門家の間では、「環境の把握作戦」(Operational Preparation of Environment, OPE)とか、単に「非公然作戦」(covert operation)と呼ばれている。

国防総省の用語集によれば、OPEとは、「作戦が行われそうな地域、または潜在的な作戦地域において、作戦環境を形成したり、把握したりするための活動を実施すること[36]」を指す。大雑把に言えば、本格的な作戦に先立ち、米軍の特殊部隊が米国と戦争状態にない領域国へ先遣され、情報収集や武器の事前集積などの特務任務を行うことを指す、と理解してよいだろう。[37]一方、この用語集によれば、非公然作戦とは、米国政府の正体を公にしない軍事作戦（unacknowledged operation）を意味する。[38]国防総省は、タイトル50が定義する非公然活動と非公然作戦との違いについて、前者が「海外の政治、軍事条件に影響を及ぼす」外交戦略上の積極的・能動的な活動であるのに対し、後者はタイトル10の「伝統的な軍事活動」の範疇に属する受動的・戦術的な作戦であると説明する。[39]

こうした認識に立ち、統合参謀本部は「政治的反響を最小化」しなければならない将来の事態に備え、「非公然作戦」を行う能力を一層高めるよう求めている。その理由として、「公然活動が政治的に受け入れられなくても、軍事的に行動することが米国の利益になる場合がある」、「パートナーの中には、米国の軍事支援を歓迎しても、それを認めることが政治的にできない国もある」ことを挙げる。[40]米軍は、将来、対テロなどで非正規戦がますます重要になるとの見通しに立っていると言える。

しかし、非公然作戦（OPE）と非公然活動の違いは、紙一重だと議会側は批判のトーンを上げている。実質的に同じ活動でも、米軍による非公然作戦は制定法（タイトル50）上の非公然活動の要件である厳格な手続き（大統領事実認定と議会通告）と上下両院の情報特別委員会による監視（oversight）は求められない。このため、政府と米軍は、国内法制の隙間を縫って議会の監視を潜り抜けようと画策していると議会側には映る。[41]

非公然作戦を縛る行動規範

では、米軍による平時の非公然作戦は、どのような行動規範に縛られるのか。制定法に明文規定はないが、議会側と政府側との間には、非公然活動の要件を厳格化した国家安全保障法改正の審議過程

（一九九〇〜九一年）で醸成された、一種の共通了解が存在する。[42]
この了解の核心は、「伝統的な軍事活動」（TMA）をどのように解釈すべきかにある。
議会側は当初、制服組の米軍人によるすべての活動がTMAに当たると主張していた。そこには、戦時の作戦や差し迫った脅威に対する自衛策だけでなく、平時の人質救出作戦、対テロ作戦など幅広い活動が含まれていた。しかし、すべての軍事作戦は、開始時点で公然でなければ、制定法上の非公然活動の範疇に入るとの立場に固執した。一方、国防総省とホワイトハウスがこだわったのは、平時の心理戦や欺瞞工作（deception）、地元勢力を使う戦術的な軍事情報の収集、本格的な作戦に先立つ先遣隊の支援工作などだった。こうした「前哨戦」は従来から米軍のTMAであり、制定法上の非公然活動に含むべきではないと譲らなかった。
その後、両者の調整の結果、①米軍人が米軍司令官の指揮権限下で、②進行中（戦時）の公然の対米敵対行為、または予期される敵対行為の文脈で行われる、という条件を満たせば、非公然作戦もTMAに成り得るという妥協が成立した。前者は政府側が、後者は議会側が折れた形だ。とりわけ、進行中の敵対行為に「予期される」が加えられたことで、TMAの時間的範囲が広がった。例えば、数年先に目に見える本格的な敵対行為が起きると予期されるかもしれない。とすると、それに備えた平時の非公然作戦もTMAに入ることになる。政府側は、背後で作戦の糸を引いているのが米国政府であると数年先に認めることを作戦開始時に意図していた、と解釈できる余地を手にしたのだ。先に言及した議会側の解釈を示した報告書には、いつ公にすべきかについては記されていない。いずれ公然化する意図が何らかの形で確認できれば、非公然作戦もTMAの一種と見なすという点でも議会側は折れた。

しかし、政府側はその代償として、「国家指揮権限」（national command authority）が敵対行為に備え、作戦計画を正式に承認済みでなければならないという点を議会側に譲った。つまり、米軍が平時に非公然作戦を実行するには、単に統合軍司令官や下位の司令官レベルが敵対行為を予期するのではなく、それに備えた作戦計画書を最高位の大統領と国防長官が事前に承認する内部の行政手続きを踏む必要性を政府側は認めたのである。議会側にとっては、この最高位レベルの手続きは、たとえ行政府内部の手続きであっても、タイトル50が非公然活動に求める大統領レベルでの事実認定と議会通告に代わる次善の要件であった。

4．非公然型と公然型の収斂と議会による行政監視（オーバーサイト）

平時の標的殺害に対する監視の格差

このような非公然作戦をめぐる立法府と行政府のデリケートな了解は今、対テロ戦で厳しい試練を受けている。当初、戦術的なインテリジェンス関連の作戦に限定されていた了解事項が対テロ標的殺害でも通用するのか。公然の敵対行為に備えた作戦計画の承認が非公然作戦の条件だが、米国と戦争状態にないイエメンやソマリアなどで対テロ標的殺害を行う場合、将来、米軍を本格的に投入しなければならない大規模な敵対行為を予期していると断言できるのか。どれくらい先に、どんな敵対行為を予期しているのか。それが起きる蓋然性をどう判断しているのか。

下院情報特別委員会は二〇〇九年六月、遠い将来の単なる可能性を基に作戦計画を策定し、OPEを「伝統的な軍事活動」だとして多用する傾向が米軍に顕著だと書面で批判した。[43] CIAと米軍の作戦の収斂が進むポスト9・11の環境の下で、非公然型（タイトル50型）と公然型（タイトル10型）の対テロ標的殺害の線引きは難しい。

それでは、米軍特殊部隊が「伝統的な軍事活動」としてイエメンやソマリアで行う非公然の標的殺害を議会はどう監視すべきなのか。公然の軍事作戦ならば、議会への通告義務はあるが、現に敵対行為が進行中か急迫性を帯びているかは疑わしい。非公然型と実質的に同じ活動でも、非公然型のように、大統領による事実認定と議会への事前通告は求められない。非公然活動ではなく、軍事活動なので、上下両院の情報特別委員会は政権側の発意に忍従しなければならない。上下両院の軍事委員会への通告は行われているが、通常の情報共有の一環と解されるべきで、非公然型の場合のような書面による制定法上の事前の報告義務はなかった。

こうした議会による行政監査の格差を縮小しようという試みを二つ紹介しておく。

一つは、軍事委員会による監視の厳格化である。二〇一三年に「機密（sensitive）軍事作戦の監視（oversight）法」が成立し、国防長官は伝統的な軍事活動の一環として行う非公然作戦を上下両院の軍事委員会に通告しなければならなくなった。タイトル10の三章は修正され、米軍が「大規模な敵対行為の戦域外」（outside a theater of major hostilities）において、「致死（lethal）ないし捕捉（capture）作戦」を実施する場合、軍事委員会は国防長官から書面で通告を受けることになった。[44] その後も、作戦開始から二日以内の通告を義務づけようとする修正案を作成するなど、監視の厳格化を求める動きが議会側から出ている。

総じて言えば、タイトル50に基づく非公然型の監視との格差はかなり是正されたと言えよう。ただし、あくまでも米軍を統括する国防長官による事後の通告である。身内による通告を信用できるかという問題は残る。世界中に米軍を展開する国防総省の長である限り、国際関係への見識は問われるが、武器調達や予算配分などを管理しなければならない巨大組織の長である。米軍の既得権益と常に一定の距離を保てるかは疑問である。

同法には「大規模な敵対行為」の定義も抜け落ちており、政権側と議会側は適宜、調整し、了解を共有しなければならない。現時点では、例外規定が設けられており、アフガンにおける致死作戦は通告する必要がない。駐留米軍の規模が一〇万人のピーク時から一〇分の一以下に縮小した現在、敵対行為の激しさのレベルはアフガンもイエメンやソマリアと同程度ではないかという見方もうなずける。

米軍が非公然作戦を非戦争地域で行うリスクは大きい。仮に米軍人がスパイのまねをしていることが発覚した場合、外交的、政治的な衝撃は大きいだろう。国際的にアメリカの威信が地に落ちる恐れもある。国際法上、作戦に従事した米軍人は、ジュネーブ条約上の特権が奪われ、捕虜の待遇や訴追免責を受けられなくなるかもしれない。正規の米軍人の法的地位を軽視する風潮も起きかねない[45]。戦術・戦略、国際法だけでなく、外交や内外の政治にまで配慮しなければならないリスクの大きい作戦を国防長官だけに任せるにはことが重大すぎるというのが筆者の見方である。

やはり、非公然型の場合のように、大統領レベルでの何らかの通告制度の検討が望まれる。同様の意見は専門家の間で根強い。この点、オバマ政権で国防長官を務めたゲーツ（Robert Gates）氏は、機微に触れる致死作戦はすべて大統領の事前の承認を取り付けるようにしたと語っている。(46) リスクの大きさを鑑みると、大統領が自分や現場の司令官の判断を知らなかったでは済まされないと判断したという。

特殊部隊チームの分遣

もう一つは、米軍の特殊部隊を一時的にCIAへ転籍させ、CIA工作員としてタイトル50上の非公然活動のベールに包んで標的殺害を行わせるアプローチである。二〇一一年五月のビンラーディン殺害作戦で使われた手法で、形式上はパネッタCIA長官がワシントンのCIA本部で最後まで作戦を指揮し、下位隷属する形でマクレーブン（William H. MacRaven）統合特殊作戦軍司令官がアフガンの基地からパキスタンへ潜入した隊員らを指揮した。(47)

議会による監視だけを意識したアプローチではないが、このやり方だと議会による監視は簡明だ。非公然作戦（OPE）の監視との格差問題は生じない。監視の観点に立つ限り、大統領の命令によって、CIA長官を通してCIA工作員が行う通常の非公然活動（タイトル50型）の場合と変わらない。オバマ大統領は、情報特別委員長ら議会指導部の幹部八人衆に作戦について通告した。パネッタ長官が事前に作戦について状況説明した議会幹部は少なくても一六人に上るといわれる。制定法上は、軍事委員会側へ通告する必要はない。米軍は年四回、特殊部隊の活動について軍事委員会に報告しなければならないが、ビンラーディン殺害作戦では、隊員の身分は軍人から文民に変わっているので、報告の義務はないと推察される。

しかし、一時的にせよ、米軍の指揮命令権をＣＩＡ長官に渡すことについては、米軍内でも議会でも疑問視する声はある。(48)タイトル10によれば、通常の指揮系（chain of command）は大統領から国防長官、各統合軍司令官に流れることになっているからだ。もちろん、指揮権の移譲は違法ではない。大統領の承認を条件に認める例外規定が設けられている。(49)しかし、議会側は、この譲渡に神経質になっている。上院軍事委員会はビンラーディン殺害作戦以降、国防長官候補の指名公聴会の度に、米軍が制定法で定められた指揮系から外れることの是非を長官候補に質している。

オバマ政権二期目の最後の国防長官を務めたカーター（Ashton Carter）候補は二〇一五年二月、書面でこう答えた。

米軍は通常、タイトル10に沿った指揮系の下で作戦を行うべきだと思う。しかし、今日の脅威を考慮すると、ある種の機密作戦を含む状況があるかもしれない。その場合、この指揮系に例外を設け、他省庁の長に軍の支援を提供することは適切だろう。いずれにしても、こうした例外を承認できるのは大統領だけだというのが私の理解である。（中略）指名されれば、こうした状況を慎重に考慮し、大統領に最善のアドバイスをするつもりだ。(50)

国防総省側も議会側も米軍をＣＩＡへ転籍させて、非公然型の標的殺害を行使させることには極めて慎重である。ビンラーディン殺害の場合は、結果的に成功したが、失敗した場合は、軍事作戦の「素人」に責任を任せた大統領の責任が問われることは必至であろう。

難問――調整と監視

大統領が「影の軍団」を使う際の制定法上の行動規範は、一朝一夕にできたわけではない。それは、権力の「抑制と均衡」が徹底しているアメリカの政治制度の下で、大統領（行政府）と連邦議会（立法府）が積み上げてきた調整と妥協の産物である。しかし、この両者間の調整がうまく機能しているとは言い難い。

その第一の理由として、合衆国憲法に非公然活動を行う権限についての明文規定がないことが挙げられる。大統領は米軍の最高司令官であり（2条2節）、行政の長としての執行権も持っている（2条1節）が、議会には戦争を宣言し、捕獲免許状を発給する権限がある（1条）。予算承認権も握っている（1条9節）。どちらの側もこうした条文を盾に非公然活動の権限を主張することはできるが、反論も常に可能である。じじつ、この問題をめぐり、米国憲法の学者の間でもアカデミックな論争が続いている。(51)

第二に、上下両院と大統領が立法機能を分有するアメリカの政治制度の特性が挙げられる。憲法に非公然活動を行う明確な根拠がない状況において、大統領にとって重要なのは議会からの権限付与（授権）である。制定法の成立は、議会側が大統領に非公然の「影の戦術」を行ってもよいという「お墨付き」を与えたに等しい。ただし、議会は簡単に大統領に欲しいものを与えない。さまざまな要求や条件、規制をつけてくる。大統領側も拒否権をちらつかせたり、関係議員を口説いたりして、行政側が満足できる法案に修正するように影響力を行使しなければならない。

アメリカの政治制度の本質をどう捉えるかという問題は、この小論の目的を遙かに超えるが、「文明の衝突」で知られるハンチントン（Samuel P. Huntington）は別の著書で、この制度を「チューダー王朝的」、「古めかしい」（antique）と形容している。アメリカは民主主義の最先端の国だと思われがちだが、案外、政治制度は中世的なのだ[52]。

第三に、非公然の世界ならではの理由として、非公然型の標的殺害やOPEの秘密性を指摘しておく。普段は国民の目に触れないか、可視度が極めて低いため、国民はその実態を知る由もない。通常は、大統領も議員も国民に直接選ばれている以上、世論を味方につけて相手を動かそうとする。しかし、非公然の世界では、このやり方は通用しない。政権側も議会側も相手を動かすために機密指定の情報を国民に堂々と開示することはできない。この制約の下で、メディアに対するリークは常套手段だが、過熱する集中報道が長期にわたって続かない限り、世論を動かすまでには至らない。このため、非常時を除けば、非公然活動関連の法案をめぐる調整はスムーズに進まない。例えば、OPEの規制はブッシュ政権時代から議会で問題になっていたが、機密軍事作戦の監視法案が成立したのは二〇一三年末である。

この「秘密性という理由」は、議会による監視にも大きな影響を及ぼしている。一般論として言えば、影の世界の戦術は、通常、議員の再選と関係が皆無か極めて薄い。このため、通商問題やエネルギー問題などに比べ、非公然のインテリジェンスの案件は、議員を監視活動に駆り立てるインセンティブになりにくい。この問題の研究で知られる米国の政治学者、ジョンソン（Lock K. Johnson）ジョージア大教授は、議員による監視活動が活発になる大きな要因としてメディアの報道を指摘する。

グラフ2-1　米軍に対する信頼度（%）

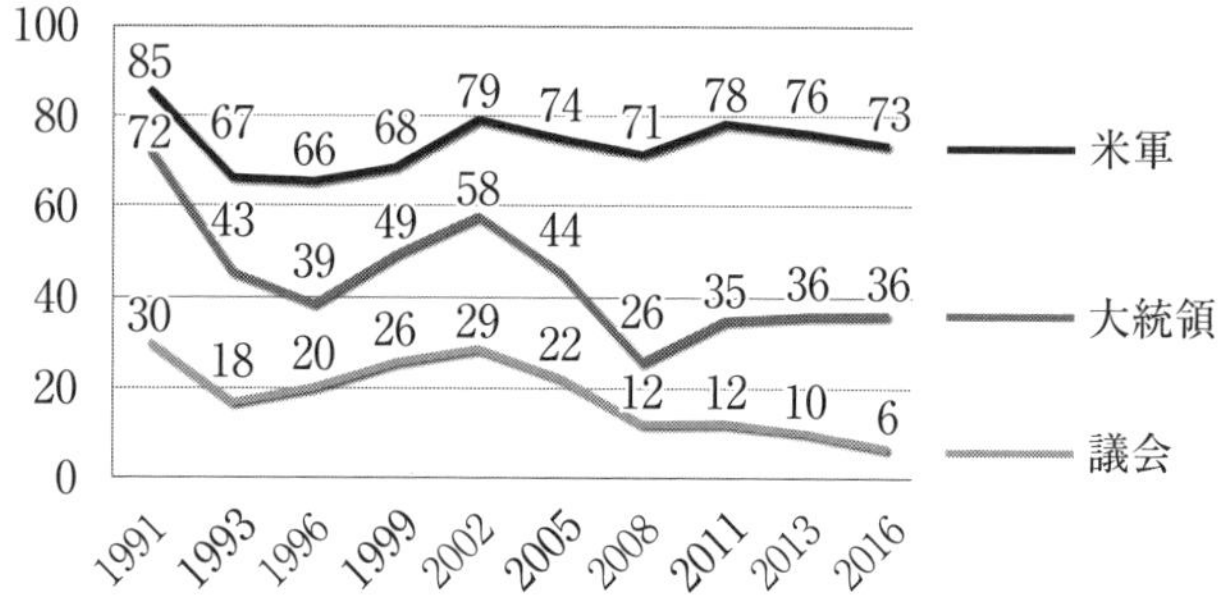

（出所）ギャラップ踏査

彼は、議員による監視活動を、警官による「パトロール」と消防士による「消火」にたとえる。普段の日々のパトロールはおざなりだが、作戦の失敗が表面化したり、スキャンダルが起きたりすると、その衝撃で消極的なパトロールは集中的な激しい消火活動に一変する。消火が一息つくと、その後しばらくは積極的なパトロールが続き、この間に規制法案の可決など監視強化に向けた改革が起きる。しかし、またしばらくすると、元のおざなりのパトロールに戻ってしまう――。このパターンを米議会の監視活動は繰り返している、とジョンソンは分析する(53)。

この「ショック理論」が正しいとすると、そこから二つの課題を導き出すことができると思う。

一つは、大スキャンダルや「大火事」の発生を未然に防ぐにはどうすべきか、という問題だ。たとえ普段は目には見えない影の戦術でも世論は無視できない。政権側が影の戦術を行使すべきか否かを決める際、仮にそれが公になった場合を想定し、国民の理解を得られるかどうかについて熟考すべきだろう。戦術の合法性や実効性、対外政策との整合性などを判断基準に据えることは当然だとしても、それ以上に重要なのが国民の理解、さらに言えばアメリカ人の道義感覚だと思われる。

この基準に照らすと、米軍人を平時の非公然活動に投入したり、タイトル50型かタイトル10型か判然としないOPEを担わせたりすることは大きな「火種」になる恐れがあると思われる。グラフ2-1に示したように、米軍はアメリカ国民に最も信頼されている機関だからだ。大統領や議会、メディアなど16の制度機関と比べると、少なくても一九九一年から常にナンバー1を維持している[54]。この厚い信頼を裏切るような「スパイ行為」を行わせるべきではないという道義的観点からの反対論も軍関係者の間で根強い。軍全体の士気に影響を及ぼすとの懸念もある。

もう一つの課題は、議員による普段からの行政府に対するパトロールをどのように活性化させるべきかである。監視役の情報特別委員会に所属する議員のモチベーションをどう高めるべきなのか。インテリジェンス関連の議題は、おそらく議員の最大の関心事項である再選戦略に結びつきにくい。有権者の選挙での関心は暮らしなどの国内問題であり、外交・安保やインテリジェンスは票にならないといわれる。非公然型の標的殺害を規制する行動規範をめぐる協議などは、選挙区の有権者にとって、日本で言えば永田「村」であるワシントンのベルトウェイ内の話であろう。議員の選挙区に偵察衛星の製造工場が集中していることは滅多にない。したがって、利益団体も活動していない場合がほとんどだろう。さらに、委員会では、秘密会が多く、よほどのことがない限り、議員の活躍ぶりは有権者の目に留まらない。このため、議員の監視活動がおざなりになりがちなのも理解できなくはない。

フーバー研究所のゼガート（Amy Zegart）研究員は自著で、この傾向を実証した[55]。合理的期待理論を議員の監視活動に援用し、情報特別委員会が開いた公聴会の回数や扱った法案の数などを基準にする限り、他の委員会に比べ情報委員会の「成績」は極端に悪い。しかも、党派性やイデオロギーとは関係がないという。

とはいえ、予算面（財布の紐）からの監視の強化や委員会スタッフの増加、下院情報特別委員会が自ら課す四期八年の任期制限の排除、機密情報へアクセスできる人を制限するセキュリティー・クリアランス制度の改善などで改革の余地はまだある、とゼガートは主張する。

行政府による「影の戦術」をどのように監視すべきか、という問題は難問である。監視役の委員会の各議員が再選という自己利益を追求すると、委員会全体の監視パフォーマンスは低下してしまうというジレンマが潜んでいる。しかし、アメリカには、影の戦術を規制する制定法上の行動規範が曲がりなりにも存在するということは心に留めておくべきだろう。安全保障を優先しがちな行政府と、戦術の濫用と誤用を懸念する立法府との間の政治的妥協の産物である行動規範には、曖昧さと不透明さが意図的に組み込まれている。それでも、大統領と連邦議会が責任を分かち合って、お互いに調整を続けるという最低限の合意はある。

非公然の「毒」を「解毒」する民主的な装置があるのだ。

敵より残虐な戦術を採用すれば、最も傷つくのは我われのほうかもしれない。
——チャーチ委員会の中間報告より(1)

第3章 標的殺害《ターゲテッド・キリング》の歴史的変遷

いま思うと嘘のようだが、9・11以前の米歴代政権は、特定のテロリストを狙い討ちにする対テロ標的殺害に概して及び腰であった。違法、不当な「暗殺」とみなされることを恐れていたからだ。一九七〇年代半ばに反米政権の指導者に対する暗殺の企てが発覚し、連邦議会の調査委員会が真相究明に乗り出したときのトラウマを引きずっていた。クリントン政権で大統領補佐官を務めたステファノプロス（George Stephanopoulos）氏は、当時、ホワイトハウスで「暗殺」という言葉は禁句であったと語っている。(2)

とはいえ、国家安全保障上の必要に迫られ、この「タブー」に触れざるを得なかったときもある。その場合、歴代政権が選んだのは、同じ標的殺害でもＣＩＡによる非公然型ではなく、米軍による公然型のほうであった。ミサイルを使う公然型のほうが暗殺の印象が薄く、自衛で法的にも道義的にも正当化できると踏んだのだ。ＣＩＡがカウンターテロリズムで捕捉の一線を越えることは9・11まで許されなかった。

「貴方たち、おかしいんじゃない。何も変わらないね」(3)。一九九九年冬、こうしたワシントンの「お家の事情」をアフガニスタンでＣＩＡの工作員から聞いた北部同盟のマスード（Ahmad Shah Massoud）将軍は呆れた。将軍はＣＩＡの長年の協力者で、今回はＣＩＡの要請を受け、ビンラーディンの拉致を画策していた。しかし、ワシントンの上層部は、捕捉作戦の際に銃撃戦が起きて将軍側がビンラーディンを謀殺するのではないかと戦々恐々としていた。ことが表面化した場合、米政府が暗殺を依頼したかのように見られることを恐れていたのだ。現場の工作員から、そうならないように何度も念を押され、将軍はうんざりしていたという。

当時、十数年後の世界で「影の戦争」が恒常化すると誰が予測しただろうか。9・11の衝撃で米国は、暗殺禁止の桎梏から解き放たれ、公然型どころか非公然型の標的殺害の行使もためらわなくなるとは誰が想像しただろうか。テロ情報の収集・分析を本務とするCIAが戦闘集団化し、パキスタンやイエメン、ソマリアなどで非公然の無人機攻撃を盛んに仕掛けるようになると予想した人はいただろうか。

CIAのリゾー（John Rizzo）元法律顧問は二〇一四年の時点で、CIAの非公然活動を振り返り、次のような感想を語った。即ち、皮肉なことに、9・11後の時代はそれ以前に比べ、「法的には、危険なテロリストを捕捉して執拗に尋問するよりも、忍び寄って殺害するほうがはるかにリスクは低い。道義的にも、はるかに正当化しやすいと多方面で考えられるようになった」と。(4) ブッシュ政権が推進したテロリストの秘密拘置施設（black site）の運用と尋問（拷問）は猛批判を浴び、オバマ大統領は就任直後に中止を命令したが、CIAの対テロ標的殺害だけは今も続いている。

本章では、アメリカの歴代政権が対テロ標的殺害という戦術をいかなるものとして考え、どのように扱ってきたのかを概説する。とりわけ、クリントン、ブッシュ、オバマ政権のカウンターテロリズムに光を当て、非公然型の対テロ標的殺害が許容されるようになった過程とその要因を明らかにしたい。歴史的叙述に際しては、単に戦術形態の変遷を追うだけでなく、以下の三点にも目配りした。

①戦術（手段）の目的と戦術を使いこなす能力。
②戦術を規制する規範。

③議会による戦術の監視。

9・11前後の政権は何を達成するために、どんなタイプの標的殺害を行使するように、あるいは、行使しないように機関員に命じたのか。当該標的殺害は、どのような戦略の中に位置づけられていたのか。そもそも、標的を仕留める能力を有していたのか。以上が一点目の着目点である。

しかし、目的と手段の整合性、実効性の問題を念頭に置くだけでは十分ではない。標的殺害を論じる際、暗殺禁止の規範を避けて通るわけにはいかないからだ。アメリカの政策決定者は、どのように戦術と禁忌（タブー）に折り合いをつけたのか、ということにも着目した。さらに、歴代政権による戦術行使の仕方、あるいは不行使に連邦議会の監視が与えた影響についても視野に入れた。前章で見てきたように、戦術を縛る行動規範は行政府と立法府の調整の結果だからである。

1. 冷戦時代の準軍事作戦──拡張するCIAの非公然活動

CIAの「第五の職務」

まず、冷戦時代の暗殺について概説しておこう。

CIAは、一九四七年七月に制定された国家安全保障法に基づいて創設された。それは、米ソ関係が悪化し、冷戦の開始が明確になった時期と重なる。ソ連の拡張主義に対抗するには、対外情報を統括する機関が不可欠であるという見方でワシントンの政官界は一致していた。背景には、パールハーバーの二の舞は踏みたくないという思いがあった。各軍や省庁が入手した日本軍に関する情報が一元化されず、真珠湾の奇襲攻撃を招いてしまったという反省が政策決定者の間で共有されていた。[5]

国家安全保障法は、CIAをホワイトハウスの国家安全保障会議（NSC）に直属するインテリジェンス機関と位置づけ、五つの職務を課した。対外情報の収集や総合評価、NSCと大統領へのアドバイスなどだ。しかし、五番目に挙げられた職務は、「国家安全保障会議が随時指示するところに従い、国家安全保障に影響を及ぼすインテリジェンスに関連する他の職務」（102節d5）とだけ書かれていた。この「他の職務」が何を意味するのかは条文の文言からだけでははっきりしなかったが、トルーマン政権はこの曖昧な文言に非公然活動の根拠を求めた。冷戦の開始を宣言したトルーマン・ドクトリンやマーシャルプラン、対ソ封じ込め政策が策定される中で、議会でも非公然活動の必要性に特段の異論は出なかった。

問題は、その中身である。NSCが一九四七年一二月、CIAに命じた最初の非公然活動は心理戦（宣伝工作）であったが、[6]約半年後には広範な活動を担うようになった。一九四八年六月のNSC指令10／2は、CIAが以下の活動を担うことを承認した。

プロパガンダ、経済戦、破壊工作と反破壊工作、解体と避難を含む予防的な直接行動、地下抵抗運動やゲリラ、難民の解放集団に対する援助、地元の反共分子に対する支援を含む敵対国家の転覆。[7]

ここで着目すべきは、活動内容の拡張に積極的だったのはNSCであるという点だ。とりわけ、非公然活動を熱心に唱えたのがX論文で知られる国務省のケナン（George F. Kennan）だった。ケナンは当時、NSCの会合でCIAが非公然活動を活用するべきだと盛んに訴えた(8)。これに対し、初代CIA長官のヒレンコッター（Roscoe Hillenkoetter）も二代目のスミス（Walter B. Smith）もCIAの非公然活動には消極的であった。本来業務である対外情報の収集・分析が疎かになりかねないと懸念していたからだ。非公然活動の正当性に疑問を抱いていたともいわれる。

ヒレンコッターは、上記の幅広い活動を二つに分け、プロパガンダと抵抗運動やゲリラに対する支援はCIAが担うことに吝かでないが、敵対国家の転覆など準軍事（パラミリタリー）的要素の強い活動については米軍が分担すべきであるとNSCの会合で主張した(9)。彼は、これが議会の見方でもあると強調したが、多勢に無勢であったという。

冷戦時代の暗殺計画——暗殺マニュアルも作成

冷戦時代の米政権にとって、非公然活動は共産主義の脅威に対抗するための手段であり、反米政権の転覆を狙った暗殺もCIAの発足直後から恒常的に企てられた。例えば、一九五二〜五四年には、CIAはグアテマラのアルベンス（Jacobo Arbenz）政権打倒の一環として、暗殺対象の要人を計五八人もリストアップしていた(10)。

一九九七年に公開されたCIAの内部文書「CIAとグアテマラ暗殺の提案」は、当時の要人暗殺計画について「計画の域を超え、実際に準備されたものもある。暗殺者を選別し、実行に向けて訓練が始まった。とりあえずの殺害リストも作成された」と分析している。[11] CIA本部の「高官レベル」で暗殺が検討されたとも記されている。当時の米国政府は、アルベンス政権が共産化していると認識し、ソ連の傀儡政権が中南米に誕生することを恐れていた。暗殺の対象となった要人は、米国が共産主義者とにらんだ政府の当局者や軍人で、仮にクーデターが成功した場合、新政権が真っ先に処刑したいと思っていた者ばかりだった。

この文書は、一九九五年にCIAの歴史分析班が作戦部に残された文書記録を基に作成したもので、「結局、実行された暗殺は一つもない」、「計画が承認されたことも執行されたこともない」と結論しているが、CIA自身が暗殺計画の存在を認めた点で注目される。[12]

興味深いことに、この暗殺計画との関連で、暗殺者を育てるための訓練マニュアルが作成されていた。やはりCIAが一九九七年に機密指定を解いたグアテマラ関連ファイルの中にあった文書で、一九五二〜五四年に作成されたと推定される。この「暗殺の研究」と題されたマニュアルは、偽装工作の重要性を次のように指摘している。

暗殺は、米国（政府）のいかなる本部も決して命令したり、認可したりしないものだと心得るべきである。（中略）暗殺の指示を書面で行ったり、録音したりすべきではない。このテクニックの行使をめぐる決定は必ず現場で行われなければならない。決定と指示にかかわる者は最小限に、理想的には一人に抑えられるべきだ。いかなる報告書も作成してはならない。[13]

そのうえでマニュアルは、事故を装った暗殺や毒殺、鋭利な刃物、鈍器、火器、機関銃、爆発物などを使う暗殺のテクニックを紹介するとともに、それぞれの利点と欠点を詳細に検討している。二人一組の暗殺チームが会議室の中にいる要人を殺害する際の手順も図入りで示している（八五頁、図参照）。

では、当時、CIAの監視役であった議会の軍事委員会は、ここまで具体的なグアテマラ暗殺計画について知らされていたのだろうか。CIAの特別顧問を務めたスナイダー（L. Britt Snider）が著し、CIAの研究部門が出版した書物[14]によると、議会側に説明したことを裏付ける公文書は存在しないという。CIAが今も機密指定を解除していない文書に目を通したうえでの記述である。ただし、議会との調整役を担った元顧問が後に、詳細は覚えていないが、アルベンツ政権打倒の計画一般について「委員会には伝えた。詳細を差し控えたことはなかったと思う」と語った、と記されている。

チャーチ委員会の追及と暗殺禁止令

一九六〇年代に入ると、親ソと見られたコンゴのルムンバ（Patrice Lumumba）首相の毒殺やキューバのカストロ（Fidel Castro）議長を狙った暗殺も企てられた。米国は、ドミニカ共和国の反政府勢力によるトルヒーヨ（Rafael Trujillo）大統領の暗殺計画にも武器供与の形で関与した。チリのシュナイダー（Rene Schneider）陸軍総司令官と南ベトナムのディエム（Ngo Din Diem）大統領の殺害にも反政府勢力を支援する形で間接的にかかわっていた。こうした要人殺害計画にブレーキをかけたのが、チャーチ（Frank Church）上院議員が主導した上院特別調査委員会（チャーチ委員会）の一五カ月に及

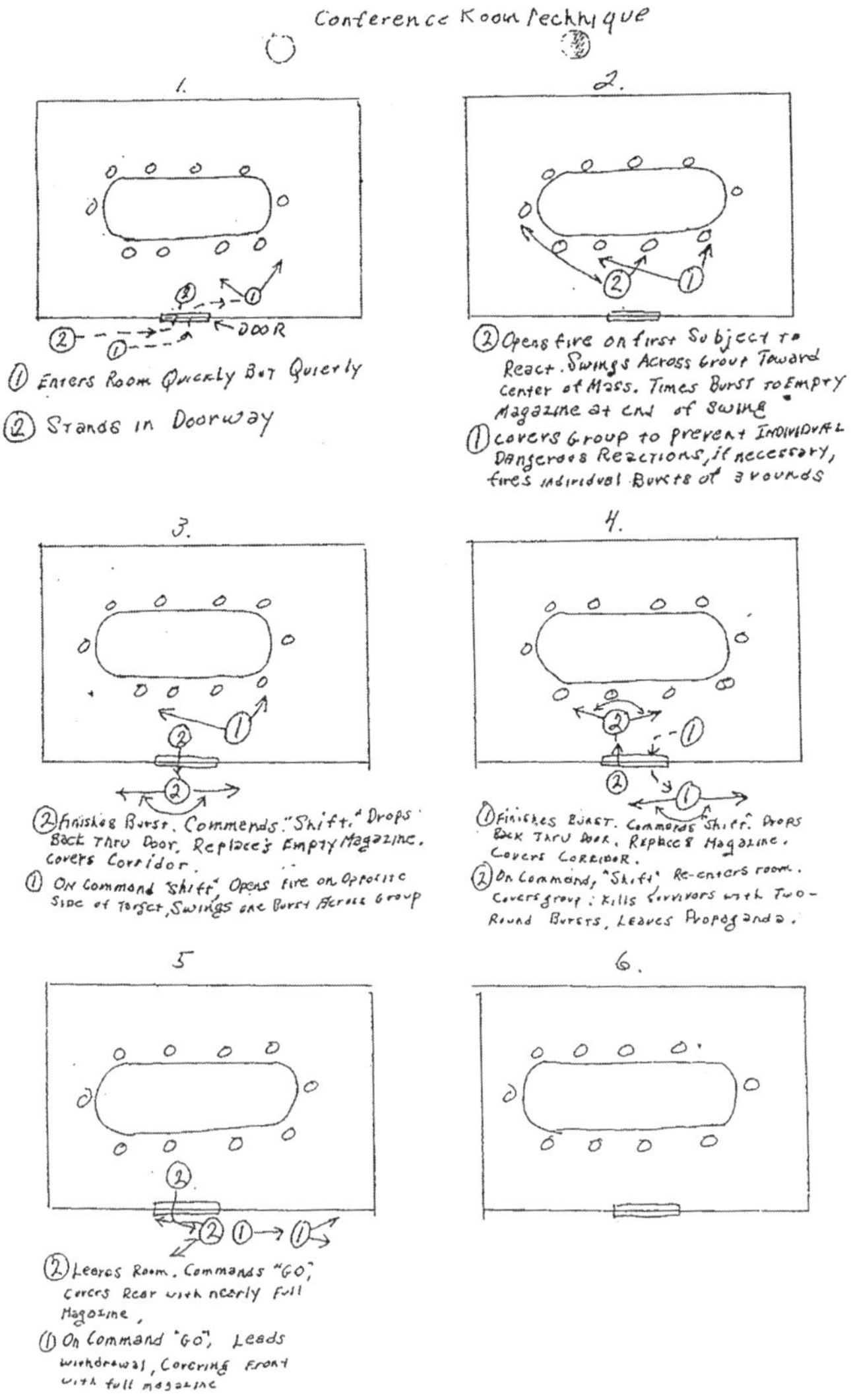

CIA, A Study of Assassination
https://www.cia.gov/library/readingroom/docs/DOC_0000135832.pdfより

ぶ調査だ。一九七五年一一月の中間報告は、一連の暗殺計画の存在を明らかにし、暗殺について「アメリカの諸原則、国際秩序、倫理と両立しない」と批判し、戦時を除けば、対外政策達成の手段として行使されるべきではないと訴えた[15]。

中間報告によれば、ルムンバ首相とカストロ議長の暗殺計画を立案したのは米政府の当局者である。前者の場合は毒殺を念頭に置いていた。後者のケースでは、毒殺の計画だけでなく、実際にマフィアに頼み込んで息のかかったヒットマンを雇ったこともある。しかし、いずれの場合も、大統領や高官が暗殺の最終承認をしたことを裏付ける証拠はないと結論した。

中間報告は、非公然活動についても、対外的に米国政府の関与を隠匿するだけでなく、国内的にも大統領や補佐官に責任が及ばないように工作されていたと批判した。記録を残さないようにしていたため、誰の権限でどのような委任経路、承認手続きを経たのかは定かでない、歴史の評価も受けられないというのだ[16]。

もっとも、議会側の監視も緩かった[17]。当時は、CIAの監視役であった上下両院軍事委員会の小委員会の長老など少数の議会指導者とCIA長官らの「慣れ合いシステム」が常態化していた。非公然活動については、ボス同士の非公式の了解で片づけられていた。当時の議員は、CIAの監視よりも「CIAが共産主義との闘いで必要な資金や人材を十分得られているか?」のほうに関心があったという。こうした「馴れ合い」に懸念を抱いたマンスフィールド（Mike Mansfield）上院議員（後の駐日大使）は、一九五三〜五五年の間に監視強化を求める決議案を三回提出したが、いずれも否決の憂き目にあった。CIAの活動の詳細を知れば、議員にも責任が出てくるので知りたくない、尋ねないから勝手にやってくれ、といった意識がまかり通っていたようだ[18]。

いずれにしても、報告書の波紋は大きかった。ウォーターゲート事件後の政治不信、ベトナム反戦運動、ＣＩＡによる国内での盗聴、反戦活動家の監視疑惑などで揺れる当時の世論と相俟って、統制不能な「暴れる象」(rogue elephant) というＣＩＡ像があっという間に増幅した[19]。大スキャンダルの「余震」は、その後も米政府を揺らし続けた。

フォード (Gerald R. Ford) 政権は翌年、米国政府職員による暗殺とその幇助を禁じる行政命令１１９０５の発布に追い込まれた。議会での暗殺禁止法案の成立を未然に封じようとしたのだ。この「暗殺禁止令」はその後、カーター (Jimmy Carter) 政権による字句の修正を経て、レーガン (Ronald W. Reagan) 政権が発布した一九八一年の行政命令１２３３３に引き継がれた。現在も効力を有するこの命令は、「米国政府に雇用された、または米国政府のために活動している何人も暗殺に従事ないし共謀してはならない」と定めている[20]。政府職員に暗殺禁止を遵守するよう求める行政命令が存在する国は世界でも珍しいと思われるが、この命令に暗殺の定義が抜け落ちているため、その解釈がピンポイント攻撃の度に論争の種になった。

この「穴」を埋めるために歴代の米政権が参照しているのが、一九八九年に米陸軍主任法務官団 (Judge Advocate General) のパークス (Hay. H. Parks) 特別補佐官が作成した陸軍のガイドライン「行政命令１２３３３と暗殺に関するメモランダム」だ[21]。それによれば、平時の暗殺は、①政治目的で、②特定の個人をターゲットにした、③謀殺、という三要素から成り立ち、各国の国内法違反に当たる。平時における非公然の殺害も暗殺と見なされる場合があると解釈している。

一方、戦時暗殺は、特定の個人を狙った、②武力紛争法に反した背信的な手段（treachery or perfidy）、を使う殺害から成る。具体的には、軍旗や赤十字旗、休戦旗を不当に使用して殺傷する行為などがこれに当たる（ジュネーブ諸条約第一追加議定書三七条）。背信行為とは、武力紛争法上の保護に関する敵の信頼を悪用することを意味し、不意打ちや陽動作戦など奇計は合法であることに留意すべきである。

このガイドラインに準拠して米軍法務関係者の多くが導くとりあえずの結論は、①戦時は当然にしても、平時に米軍が「自衛」のために行う公然型の標的殺害も合法の可能性が高いが、②ＣＩＡによる非公然型は暗殺の疑いが濃くなる、というものだった[22]。

2. 暗殺禁止令で非公然型に及び腰――一九八〇年から9・11まで

公然型に頼る米政権

一九八〇年代に入ると、米歴代政権は、パレスチナ過激派の劇場型テロやリビアの国家テロなどに悩まされるようになり、テロを国家安全保障上の脅威と捉えるようになった。レーガン政権のシュルツ（George P. Shultz）国務長官のように、テロ集団に対し必要ならば軍事力も行使すべきだと発言する閣僚も出てきた。

しかし、9・11以前の米国政府を支配したカウンターテロリズムのパラダイムは法執行アプローチであり、歴代政権は、暗殺禁止令に抵触しかねない対テロ標的殺害に極めて慎重であった。国務省の法律顧問は、当時の支配的な空気について次のように語っている。

個人が殺害される、または殺害されるかもしれない対テロリスト作戦を米国が検討したり実施したりすると、それは暗殺ではないのかという主張が必ずメディアと議会で起きる。こうしたディベートに付き物の論争は当局者を尻込みさせてしまう。殺害行為に付随する論争的な争点を避けたいというのは、当局者の自然の願望である。たとえ殺害が違法行為を伴わない場合でも敬遠してしまう。[23]

とはいえ、一九八〇年から9・11までの米政権の慣行を管見する限り、苦渋の選択に迫られたときは、CIAによる非公然型の行使に躊躇し、米軍による公然型に頼る傾向が顕著であった。対テロ標的殺害に限定すると、公然型の典型例はリビアの最高指導者カダフィ（Muammar Qaddafi）大佐の住居を狙った空爆（一九八六年四月）と、ビンラーディンを標的にしたミサイル攻撃（一九九八年八月）の二件に絞られる。レーガン、クリントンの両政権とも国連憲章51条の自衛権を援用して標的殺害作戦を法的に正当化し、米政府職員による暗殺を禁止した行政命令12333にも抵触しないとの立場を貫いた。

カダフィ大佐殺害の決定は、米兵らが犠牲になった西ベルリンのディスコ爆破事件が直接の引き金となった。レーガン政権はリビアによる国家テロと断定し、一九八六年四月一四日未明、米空軍と海軍の計約百機がリビアの首都トリポリと第二の都市ベンガジに設定された五つの標的群に計約三百発の爆弾を投下した。カダフィ大佐殺害の特命を帯びた空軍のF111戦闘機九機がトリポリの大佐の住居などを狙ったが、大佐は難を逃れ、標的殺害は失敗に終わった。リビア空爆は民間人の犠牲を伴い、死者のなかには、大佐の養女も含まれていたという[24]。

アルカイダによるケニアとタンザニアの米大使館同時爆破テロを受け、クリントン政権が実行した「(米国の手は)無限に届く作戦」(Operation Infinite Reach)は、一九九八年八月二〇日にビンラーディンを含むアルカイダの幹部ら二百〜三百人がアフガン東部のコースト近くのテロ訓練施設に集結するとのCIA情報を基に策定された。その日、アラビア海の米艦船から計七五基の巡航ミサイルが発射されたが、事前に攻撃を察知したビンラーディンはカブールへ逃げて生き延びた[25]。

クリントン政権は、その後もアラビア海のパキスタン沖に巡航ミサイル搭載潜水艦を待機させ、常時、複数のテロ関連施設にミサイルの照準を合わせ、殺害の「実行を可能にする情報」(actionable intelligence)に即応できる態勢を整えた。CIAは同年一二月、翌年二月と五月にビンラーディンの所在情報を入手し、国家安全保障会議の閣僚レベルで巡航ミサイルを発射すべきか否かを検討したが、入手した情報の信頼度と付随的被害の懸念があったため、いずれも実行には移されなかった[26]。

看過すべきでないことは、公然型の標的殺害の場合でも、特定の個人を標的にすることに桎梏がまったくなかったわけではない、ということだ。政府内で合法だとの判断が出ていたにもかかわらず、当時の政策決定者は公の場では、将来のテロを抑止することが作戦の主目的であり、特定の個人ではなく、「指揮命令センター」や「テロ関連施設」、「テロの訓練施設」を狙った限定攻撃であると弁明した。こうした説明に信憑性を持たせるため、軍事攻撃の規模を必要以上に拡大したとの見方すらある。七〇年代の暗殺スキャンダルやその後の暗殺禁止令が政権の脳裏に重くのしかかっていたことを物語っていると言えよう。

冷戦後が始まった頃から9・11までを振り返ると、カウンターテロリズム以外でも特定の要人を狙ったと思われる軍事作戦が目につく。クリントン政権は、真の狙いがイラクのフセイン（Saddam Hussein）大統領殺害とみられるミサイル攻撃を三回も行った。一九九九年のコソボ紛争では、ユーゴスラビアのミロシェビッチ（Slobodan Milosevic）大統領の住居を爆撃した。クリントン政権の幹部は当時、いずれも指揮命令施設などを狙った作戦で、特定の個人を標的にしてはいないと口を揃えた。[27]

当時の政権は、それほどまでに米国内で暗殺の疑いを持たれることに神経質になっていたと言える。それを証左する典型例として、ブッシュ（George H.W. Bush）政権のチェイニー国防長官（Richard B. Dick Cheney）によるデューガン（Michael Dugan）空軍総司令官の解任を挙げることができる。司令官は九一年の湾岸戦争直前、フセインも標的に入っているなどと不用意な発言をしたため解任された。

高い非公然型のハードル

ましてや、一九八〇、九〇年代の歴代政権にとって、非公然型のハードルは一段と高かった。非公然型の対テロ標的殺害に迫られた大統領は、事実認定には署名したものの、それに必要な殺害の権限を明確な形でＣＩＡに与えなかった。いざ実行となると逡巡し、最終的には、暗殺と受け取られるリスクを回避する方向へ動いた。

パレスチナ過激派やヒズボラの劇場型テロ（表3-1参照）に悩まされたレーガンは一九八四年四月、

国家安全保障決定指令（ＮＳＤＤ）１３８において、外交、軍事、インテリジェンス、法執行を含む分野での包括的なテロ対策の策定を各閣僚に指示した。ＣＩＡ長官に対する指示は、反米テロ集団を「先制中和」（pre-emptive neutralization）する能力の獲得と、米単独での「テロ集団とその指導者の中和」などの策を含む大統領事実認定案の草案づくりだった[28]。しかし、いずれも暗殺の疑いが濃いとの反対論が政権内で噴き出し、レーガンは断念せざるを得なくなったという[29]。

ＣＩＡは、同年一一月のＮＳＤＤ１４９においても、ヒズボラなどのテロに対抗するため、レバノンで対米テロの容疑者を「追跡する殺害チームの養成」を求められ、そのための大統領事実認定にレーガンは署名したとされる[30]。しかし、国務省から代理チームの能力と信頼性についての疑問が出た。さらに、情報関係の大御所であったヘルムズ（Dick Helms）ＣＩＡ元長官が暗殺の疑いがあると反発した[31]。ＣＩＡのマクマホン（John N. McMahon）副長官も「仮にヒズボラの指導者の殺害に成功したとしても、ＣＩＡは暗殺禁止の行政命令に違反したと責められるだろう」などと懸念した[32]。その後、紆余曲折を経て、結局、レーガンは翌年春、この事実認定を撤回した[33]。アフガンでもＣＩＡが非公然の武器供与をしていたムジャヒディン戦士に狙撃ライフルを送るときは、夜間明視装置を外して送った。彼らが「暗殺」用にライフルを使うのではないかと恐れていたからだ[34]。

レーガンが一九八六年二月一日に署名した大統領事実認定は、テロリストを拉致する権限をＣＩＡに付与し、そのために「対テロリスト行動チーム」（counterterrorist action team）を編成することを認めた[35]。米国人から成るチームと、ＣＩＡが中東諸国から集めた外国人から成るチームで、テロリストを探索し、捕捉して米国へ移送することが主な任務であった。最終的な目標を米国内での裁判に置

表３-１　1980年代の主な劇場型テロ

年月日	テロ事件	米国人の犠牲者
1983年　４月	ベイルートの米大使館爆破	63人
10月	ベイルートの米海兵隊兵舎自爆テロ	242人
1984年　３月	ベイルートでＣＩＡ支部長拉致	拷問の末、殺害される
1985年　10月	イタリアの客船シージャック	ユダヤ系米国人１人
12月	ローマ、ウィーン両空港同時爆破	５人
1986年　３月	ＴＷＡ航空機840便爆破テロ	乗客の米国人４人

いていたので、チームの活動は法執行の域を出なかったといえよう。

しかし、このチームのアイデアを提案したＣＩＡの初代対テロセンター長のクラリッジ（Dewey Clarridge）は、テロ攻撃を未然に防ぐために必要ならば、チームがテロリストを殺害することも辞さない構えで、事実認定の草案段階ではチームに殺害の権限があると受けとめていた(36)。この攻撃的な姿勢に議会側は反発し、結局、外国人チームは解体の憂き目に遭った。ＣＩＡ内部でも、ＣＩＡの統制から離れ、暗殺に走った場合の責任を誰がとるのかと責め立てられたとクラリッジは回顧している(37)。

一方、クリントン大統領の対応も煮え切らなかった。クリントンは、一九九八年五月に署名した通告覚書（memorandum of notification）において、ビンラーディンを拉致して、裁判にかけるため米国ないし第三国へ移送する権限をＣＩＡの情報源であるアフガンの部族チームに付与した(38)。ＭＯＮと略される通告覚書は、事実認定の一種であり、以前に承認された大統領事実認定を修正・変更する場合に使われる。このＭＯＮは、レーガン大統領がテロリストの拉致・逮捕の文脈で署名した一九八六年の事実認定を修正したもので、捕捉の域を超えてビンラーディンを殺害することは許されなかった。

九八年八月の米大使館爆破テロ直後に署名した通告覚書でも、クリントン大統領は明確な形で「殺しのライセンス」をCIAに付与しなかった。部族チームがビンラーディンを拉致する過程で「自衛」のために必要ならば、殺害も容認するという内容であった。(39) あくまでも捕捉→米国または第三国への移送→逮捕・起訴が基本原則であり、部族チームの捕捉作戦の際にビンラーディンらが抵抗し、応戦し、結果的に殺害につながる例外的な状況が発生することを暗に期待していたと言えよう。つまり、銃撃戦が起きれば、ビンラーディンが死ぬことは予見されるが、当初から彼の殺害を意図していたわけではない、という理屈を通そうとしたのだ。

CIAが機密指定を解除した内部文書によれば、CIAは九八年秋の段階で、この拉致作戦について、民間人の巻き添えによる犠牲がない反面、部族チームの決定に受け身にならざるを得ず、「我われが主導権をとれない。成功の見込みは薄い」と評価していた。(40)

このため、クリントンは同年一二月の通告覚書において、拉致作戦の際、部族チームが自衛の域を超えて、ビンラーディンに対し致死力を使うことを容認した。ただし、捕捉が「実行不可能」な場合のみという条件がついた。文言は曖昧になり、誰がいつ、実行可能か否かの判断をするのかが明確でなかったという。どのような状況が実行不可能な状況なのかは不透明であったが、それでもビンラーディン殺害へ大統領が初めて舵を切った、とCIA内部では受けとめられた。(41)

さらに、クリントンは九九年二月、この通告覚書と同じ権限を北部同盟のマスード将軍にも与えるため、新たな通告覚書に署名した。当時、草案を起草したCIAのリゾー元法律顧問の回顧によると、ビンラーディンの捕捉が不可能ならば、殺害も容認するという内容の草案は、ホワイトハウスの上層部まで問題なく通った。ところが、最後の最後で修正したのは大統領自身だった[42]。自ら草案に手を入れ、自衛の場合の殺害しか認めない前年夏の限定的な線に再び戻してしまった。

この間の方針の揺れを見ていたCIA職員は戸惑った。明確な殺害権限がCIAに委譲されなかったため、行政処分や訴追のリスクを恐れた職員は、殺害の企てに何度も二の足を踏んだ。9・11調査委員会の聴取に対し、当時のCIA高官は、暗殺と見られかねないことにCIAが手を染めることには道義的に反対であり、「ビンラーディンを直に殺せという命令を受けたならば、拒否しただろう」と語っている[43]。

第四一代大統領の長男であるブッシュ（George W. Bush）が二〇〇一年一月に大統領に就任すると、アルカイダの脅威に対抗するには、より明確な殺害の権限が必要だという声がCIA内で強まった。テネットCIA長官は同年三月、捕捉・逮捕の文脈を超えた殺害の権限を盛り込んだ通告覚書草案をハドレー（Stephen Hadley）大統領副補佐官に提出し、国家安全保障会議の意向を打診しようとした。俗に言えば、観測気球を上げたといえる。しかし、対アフガンと対アルカイダ政策の包括的見直し作業が終わるまで受理できないとの理由で突き返された。9・11以降、CIAが頻繁に飛ばすようになったミサイル搭載無人機もまだテスト段階であった。ホワイトハウスの検討会において、無人機を使った対テロ標的殺害が合法であり、それゆえ、暗殺禁止令に抵触しないとの結論が出たのは八月一日だった。ハドレーがテネット長官に対し、対テロ標的殺害を含む広範な非公然活動を検討するよう指示したのは、まさに9・11の前日のことであった[44]。

手段と目的のジレンマ

では、なぜ、当時のアメリカの政権は、非公然型の標的殺害に消極的だったのであろうか。その大きな要因として、少なくとも、①外交・安保政策の目的と手段のジレンマ、②暗殺禁止令の桎梏、③議会による非公然活動の監視強化、の三つが考えられる。

クリントン政権に限って言えば、国家安全保障政策を統括するホワイトハウスにとって、非公然型という戦術（手段）は、政権にとって優先順位の高かった政策目標と適合しなかった。南アジア政策では、当時、ビンラーディンを殺害してアルカイダの壊滅を図ることよりも大量破壊兵器の拡散防止のほうが重要視されていた。

前者の政策目標を徹底的に追求するならば、CIAにとって、その目的に見合った手段は、タリバーン政権の打倒を鮮明にしていた米国の代理勢力に対する徹底的な支援でなければならなかった。むろん、この手段をとれば、タリバーンの産みの親ともいわれるパキスタンとの関係は険悪化する。その結果、パキスタンの核開発問題における米国の交渉能力は低下する。それのみか、印パ関係が不安定化し、南アジアで軍拡競争を招きかねないと国務省、国防総省の高官は懸念した。

パキスタンは一九九八年五月下旬、核実験を六回行って核保有国になった。インドが同月中旬に行った二度目の一連の核実験に対抗した形だ。どちらも核拡散防止条約（NPT）に未加盟で、クリントン政権は両国に対し、経済、軍事援助の停止などの制裁措置を講じた。翌年、軍事クーデターで政権を握ったムシャラフ（Pervez Musharraf）大統領との間で軋轢も生じていたため、アフガン問題でパキスタン政府にさらなる圧力をかけることは得策ではない、と判断していた。[45]

この観点から見ると、マスード将軍率いる北部同盟を手厚く支援すれば、パキスタンの反発を招くリスクは極めて高い。ビンラーディンを拉致し、第三国か米国へ移送して裁きにかけるという法執行アプローチから舵を切り、ビンラーディンに対する非公然の殺害を将軍に依頼することを躊躇した大きな理由もそこにある。将軍を支援することは、かつてパキスタンと三度も戦火を交え、カシミール問題で対立しているインド側を支援しているように見えかねないと恐れた。(46) テネットは当時を振り返り、結局は「パキスタンの同意なしに、タリバーンに大規模攻撃を仕掛けることは不可能だったのかもしれない」との見方を示した。(47)

パキスタンの反発を招くという点では、公然型の対テロ標的殺害も同じである。クリントン政権がビンラーディン殺害を狙って、米軍の巡行ミサイルでアフガン内のアルカイダの基地を叩いたとき、ミサイルはパキスタン領空を通過した。ただし、このときの標的は、あくまでもビンラーディンとアルカイダであり、タリバーンではなかった。しかも、一回限りの攻撃だったため、さらなる関係悪化には至らなかった。

もう一つ重要なことは、地元勢力の作戦能力（手段）の観点からも、ビンラーディン殺害という政策目標を掲げることには無理があるとクリントン政権が判断していたことである。(48) 総じて言えば、地元勢力が準軍事作戦を展開する能力には疑問符が付いた。さらに、地元勢力から標的の所在情報を入手しても裏がとれず、情報の信憑性にも常に悩まされた。ＣＩＡが二〇〇四年に作成した報告書案「長官レポート：アルカイダの台頭と情報コミュニティーの対応」（二〇一二年公開）を基に、９・11以前のＣＩＡが、アフガンで頼りにした地元勢力の能力をどうように評価していたかを見てみよう。(49)

部族グループについては、ビンラーディンの捕捉に成功するチャンスを一〇％以下と見ていた。一九九八年一二月、ビンラーディンの乗った車両を待ち伏せて攻撃する作戦を仕掛けたが、「女性と子どもの声を聞いたので、作戦を打ち切った」という報告を受けた。二〇〇〇年八月九日にも、同様の作戦を行ったが、失敗に終わったと聞いた。いずれの場合も部族グループが作戦を実際に実行したか否かは確認できなかったという。[50] CIAの完全な代理エージェントではなく、お互いの利益が一致する場合のみ協力する関係にあった北部同盟のマスード将軍については五％以下と見ていた。[51]

CIAが二〇〇四年に実施した内部監査の結果をまとめた報告書「9・11攻撃に関するCIAの説明責任」（二〇〇七年公開）は、戦争法や暗殺禁止令、非公然活動が過去に巻き起こした問題などを鑑みると、大統領が通告覚書でCIAに付与した権限の曖昧さを逆手にとってビンラーディン殺害のリスクをとらなかったのは理解できる、と当時のCIAの判断を擁護している。そのうえで、こうしたリスク回避の最大の要因は、通告覚書の権限や文言などではなく、CIAの「能力の限界」にあったと結論している。[52]

暗殺禁止令の桎梏

では、暗殺禁止令の桎梏という点ではどうだったのであろうか。クリントン政権の司法省は、非公然の対テロ標的殺害について、戦争法上の自衛行為であり、行政命令12333の暗殺禁止令にも抵触しないという見解を打ち出していた。[53] それにもかかわらず、なぜ当時の政策決定者は、その行使に消極的だったのであろうか。

その一因は、暗殺禁止の倫理規範の束縛から完全には逃れられなかったことにあると考えられる。たとえ非公然型に法的な問題がなくても、いったん表面化すれば、国民の間で政治暗殺と見なされ、政治的に紛糾することになりかねないと恐れていたのだ。

そもそも、チャーチ委員会が問題にした暗殺は、すべてCIA絡みの平時の政治暗殺であった。委員会は法的観点からだけでなく、道義的観点からも暗殺を問題視した。政治信条や行動、発言を理由にした要人暗殺は、「アメリカ的価値」やアメリカ人の「生活様式を支える道義的指針」に反し、公になった場合、米国民の政府に対する信頼を裏切ることになると懸念した。(54)

このスキャンダル以降の政権も、基本的には、こうした道義的な懸念を共有していた。テネット元CIA長官は9・11以前の時代を振り返り、米軍の公然活動とCIAの非公然活動ではルールだけではなく、国民の受けとめ方もまったく異なっていたと語っている。(55)

こうした政治的現実を踏まえると、とりわけ、CIA職員が非公然型の行使を自制したのもうなずける。というのも、CIAの場合、米軍と異なり、地元の代理勢力に殺害を依頼しなければならなかった、という厄介な事情があったからだ。(56)

レーガン大統領が署名した八一年の行政命令12333には、カーター政権時代の暗殺禁令（行政命令12306）に一節が追加された。即ち、「間接的参加：情報コミュニティーに所属するすべての機関は、この命令が禁じる活動に参加したり、そうした活動を何人に引き受けるよう求めたりしてはならない」という内容で、CIAなど情報機関のエージェントが暗殺に直接従事するだけではなく、現地でリクルートする内通者や協力者に非公然型の暗殺を依頼することも御法度になった。(57)

この加筆によって、ＣＩＡ工作員がテロリストの拉致や政権転覆を計画している勢力に準軍事活動を依頼する際は、暗殺を企てているか否かを慎重に見極めなければならなくなった。暗殺を企てているグループを支援したことが暴露された場合、行政処分や刑事罰の対象になる恐れがある。問題は、こうした現地の代理勢力に暗殺する意図がまったくないと言い切れないことにある。暗殺に走るなと念押ししても、ワシントンのルールを遵守してくれるかどうか。地元勢力の活用には常に不安がつきまとった。対テロ標的殺害は基本的に合法だと政府内で判断していても、実際に何が暗殺に相当するかはケースバイケースで慎重に判断しなければならなかったのである。ＣＩＡには、いったん非公然の殺害が表面化すれば、代理勢力の扱いを間違った責任を自分たちに押しつけられるのではないかという警戒心が強かった。

レーガンは、ＣＩＡが支援していたニカラグアの反政府勢力「コントラ」との関連で、この問題に悩まされた。ＣＩＡが作成し、コントラに配布した訓練用マニュアル「ゲリラ戦における心理作戦」が一九八四年一〇月に暴露され、スキャンダルに発展したからだ。[58]「プロパガンダ効果に向けた暴力の選別的行使」と題された五章に「慎重に計画して選別した標的を中和（neutralize）することはできる。例えば、裁判官や警官、治安要員などである」と書かれていたのである。別の箇所では、暗殺のためにプロの犯罪者を雇うことも一案であるとも記されていた。これに反発したニカラグア政府が国際司法裁判所で問題にしたため、議会でも追及され、大統領はＣＩＡに調査を命令せざるを得なくなった。その結果、ＣＩＡの職員六人が懲戒処分を受けた。[59]

議会による監視の強化

非公然型の標的殺害の高いハードルの根底に、議会による監視強化の流れがあることは過言を要しないだろう(60)。

一九七四年に対外援助法の修正法案が可決し、大統領事実認定と議会への通告が義務化した。これによって、非公然活動に関する内部記録が残るようになり、それ以前のように大統領の責任がうやむやになることはなくなった。チャーチ委員会の追及以降は、上下両院に情報特別委員会が設置された。軍事委員会と調達委員会の小委員会がCIAの監視を担当するのではなく、インテリジェンス専門のスタッフ付の委員会が設置されたことの意義は大きい。一九八〇年のインテリジェンス監視法の成立で、大統領による非公然活動の議会側への通告期限は事後二日以内になった。前章で詳述したように、九一年のインテリジェンス授権法によって非公然活動の定義が初めて法制化され、非公然活動の監視はさらに厳しくなった。かつてのような議会長老とCIA上層部との「慣れ合い」は、もはや通用しなくなったと言える。

こうした監視強化の流れの中で、議会側はCIAに対し、対テロ標的殺害が暗殺に当たらないか絶えず詰問するようになった。両者を隔てる概念は、脅威の急迫性であった。政権側が差し迫った脅威の具体的な状況を議会側に説得できれば、標的殺害は暗殺ではなく、自衛の手段と見なされるわけだ。CIAの分析官を経て長官に就任したゲーツ（後の国防長官）は、次のようなエピソードを語っている。

議会の情報特別委員会との会合で、対テロ標的殺害に関する大統領事実認定について説明し、脅威の急迫性についての質問を受けると、「神学的な議論」にはまってしまった。

仮に男が爆発物を満載したトラックを運転し、兵舎のほうに向かっている状況ならば、男を殺害できるのか？　答えはイエスだろう。では、男が自分のアパートで爆発物をつくっている場合は、どうなるのか？　この場合は、自分でも分からない(61)。

こうしたやりとりが政権側と議会との間で9・11まで続いたという。

3．ポスト9・11の対テロ標的殺害——ＣＩＡと米軍の融合

強大な軍事権限を手にした大統領

9・11を境に、それまで「禁じ手」と見られてきた非公然の対テロ標的殺害は「決め手」として重宝がられるようになり、公然型とともに多用されるようになった。

テロを「戦争行為」と捉えたブッシュ大統領は、こうした戦術の行使に必要な強大な軍事権限を手にした。憲法上の「米軍の最高司令官」としての権限、行政の長としての執政権に加え、連邦議会から「すべての必要かつ適切な強制力」(all necessary and appropriate force) を行使する権限を取り付け、対アルカイダ掃討作戦に突き進んだ(62)。

二〇〇一年九月一二日朝、上下両院は、「軍事力行使の授権」（ＡＵＭＦ）の決議案を採択し、一八

日、それに大統領が署名して制定法として発効した。大統領が9・11テロに関与したと認定する「国家、組織、個人」、及び、こうした組織と個人を庇護（harbor）する国家、組織、個人に対し、武力行使を含むあらゆる措置を講じる権限を手にしたのだ[63]。二〇世紀以降のAUMFでは、武力行使の対象は国家に限定されており、議会が非国家集団や個人まで対象として容認したのは今回が初めてと見られる[64]。

注目すべきは、このAUMFに国名や組織名が特定されていないことである。武力行使の対象は年月の経過とともに拡大し、当初のアフガンのタリバーン政権とアルカイダだけでなく、今やパキスタンやイエメン、ソマリア、リビア、シリアなどで暗躍するテロ集団まで含まれるようになった[65]。アルカイダの関連組織とはいえ、二〇〇九年に発足した「アラビア半島のアルカイダ」やアルカイダと反目しているといわれる「イスラム国」（IS）まで9・11に関与したテロ集団と見なし、今も二〇〇一年のAUMFで武力行使を法的に正当化できるのかという疑念はつきまとう。

上記に関連して、ブッシュ政権が当初、大統領が有する憲法上の軍事権限を幅広く解釈していたことについても触れておこう。大統領の求めに応じて、米国の内閣法制局ともいえる司法省法律顧問局（OLC）のヨー（John C. Yoo）司法長官補代理が二〇〇一年九月二五日付でまとめた意見書は、最高司令官の地位にある大統領がとれる軍事行動について、「世界貿易センターと国防総省に対する攻撃に参加した個人、集団、国家に限定されない。憲法は、9・11との結びつきを論証できないテロ集団や組織を攻撃する権限も大統領に付与している」と結んでいる[66]。

さらに、ブッシュは九月一七日、対テロ標的殺害を含む幅広い非公然活動を行うのに必要な通告覚書（MON）に署名した。先に触れたように、一九八六年の大統領事実認定を修正した九八年のMONを再修正したもので、この作業にかかわったリゾー元CIA法律顧問は、通算三四年のCIA勤務を通してかかわったMONの中でも、「最も包括的で野心的、最も攻撃的で冒険的」と語っている。[67]クリントン政権時代のMONと異なり、大統領の意図をめぐる解釈で誤解の余地がないように「文言はシンプルで単刀直入」になったという。ブッシュの回想によれば、対テロ標的殺害の権限は一括してCIAに委任され、CIAが実際に標的を選定し、作戦の度に大統領の許可を求める必要はなくなった。[68]このMONは、タイトル50に従って議会の情報特別委員会にも通告された。リゾーは、このときの委員の反応について、党派を超えて、あたかも「これで十分か？　国を守るために必要なものはすべて手にしたか」と言外に聞き返しているようだったと振り返っている。[69]

こうした権限を手にしたブッシュは、「ビンラーディンの生死は問わない。彼を裁きにかける」と意気込み、CIA主導の初動計画を承認した。CIAの準軍事作戦班がヘリでウズベキスタンからアフガンに潜入したのは九月二六日のことである。[70]シュローエン班長率いる七人編成の先遣隊は、現金三〇〇万ドルが詰まったスーツケースを持参し、タリバーン政権打倒を掲げる北部同盟の結束を強化するため、同盟傘下の各軍閥に現金の「実弾」を配って標的情報などを入手した。一〇月七日の対アフガン空爆で始まった「不朽の自由作戦」では、CIAの準軍事班は後続の米軍特殊部隊とチームを組んで、北部同盟など反タリバーン勢力の攻勢を支援し、アルカイダを追い詰める作戦を展開した。具体的には、CIA要員と特殊部隊の混成チームが標的情報を入手し、リアルタイムで空爆を支援した。この連携は、CIAと米中央軍司令部との間で交わした了解覚書に沿ったもので、対テロ標的殺害もＣＩＡ準軍事要員と米軍特殊部隊がそれぞれタイトル50とタイトル10に基づいて行われた[71]。一一月一四日にカブールが陥落するまでに動員されたＣＩＡ要員は計一一〇人、特殊部隊員は三一六人だった[72]。比較的効率のよい作戦といえるが、ビンラーディンは一一月初めの段階で山岳地帯のトラボラ方面へ逃げてしまった。

それ以降の対テロ戦争は、アフガンとイラクの戦争地帯からパキスタンやイエメン、ソマリアなどの非戦闘地帯へと拡大の一途を辿った。アフガンから脱出したアルカイダの「残党分子」が各地で再結集し、その掃討に追われた形である。大雑把に言えば、その際、戦争地帯では公然型の対テロ標的殺害が多用され、非戦闘地帯では「影の戦術」（非公然型とＯＰＥ）が頻繁に行使されるようになった。

ＣＩＡの戦闘集団化

対テロ戦争の拡大の過程で、ＣＩＡと米軍の活動、非公然と公然の境界が曖昧になった、と識者は指摘する[73]。本来は文民（civilian）の情報機関であるＣＩＡが戦闘集団化し、無人機攻撃を頻繁に行ったり、公然の軍事活動を本務とする米軍の特殊部隊がＣＩＡの非公然型と似たような対テロ標的殺害を多用したりするようになった。対テロ標的殺害に関する限り、９・11の衝撃で公然と非公然の境界は崩れ出したという。

ＣＩＡについて言えば、９・11から二〇一六年末までの間に無人機を使った非公然のテロ標的殺害で殺害したテロリストは少なくとも計三千人にのぼると推定される[74]。カウンターテロリズムを統括する対テロセンターの人員は、９・11から約十年で三百人から約二千人に急増した。情報分析官の二割は「テロリスト狩り」に専念するようになった(75)。

これまで見てきたように、9・11以前は、地元の武装勢力に捕捉を依頼し、その過程で銃撃戦が起きて結果的にテロリストの致死につながることを期待していた。今やCIA工作員が非公然型の対テロ標的殺害に直接手を染めるようになったのだ。もはや代理勢力の信頼性に悩まされることもなくなったわけである。

CIAの無人機攻撃は二〇〇四年頃から、米国と戦争状態にないパキスタンで多用されるようになり、二〇一〇年にピークを迎えた。その後、イエメンとソマリアで頻繁に行使されるようになった。無人機攻撃については第5章で詳述するので、ここでは、それを可能にする地球規模の監視テクノロジーを米国が持つようになったことの意義を、ブッシュ政権で司法長官補代理を務めたヨーの以下の言葉を借りて強調するに留めておく。

衛星画像と精緻な電子監視、無人機、精密誘導爆弾のおかげで、アメリカの情報機関と軍は、敵標的が世界中のほぼどこにいようとも、いつでも攻撃できる。(中略)情報機関のエージェントが、例えば、敵はパキスタン西部の隠れ家やイエメンの車両の中にいるという情報を入手すれば、数分とまではいかなくても数時間で武力を展開できる。かつては攻撃を計画して実行するのに数日から数週間かかった。敵指導者を標的として狙う外科手術的な対応は、以前の戦争を特徴づけたものすごい民間人の被害を伴わないで済む。こうした能力を持つことによって、米国は非正規のアルカイダの戦術と対抗することが可能になった(76)。

ブッシュ政権は、無人機攻撃の権限をCIA長官に一括委任し、長官から委任されたCIAの対テロセンター長が標的リストを策定し、標的殺害を実施した。ブッシュ時代の標的選定手順を引き継いだオバマ大統領は、誤爆や民間人の付随的被害の規模に驚き、ホワイトハウス主導で標的殺害を統制するようになったといわれている。いずれにしても、オバマ政権では一期目の終わり頃から、ホワイトハウスで毎週火曜日、関係省庁から百人以上が参加するビデオ遠隔会議を開くことが定例化し、大統領自ら標的選定の作業に積極的にかかわるようになった[77]。

CIA副長官を務めたモレル（Michael Morell）は、このようなCIAの変化について「9・11により、CIAはある意味、原点に立ち戻った。第二次世界大戦時のアメリカの情報機関であった戦略諜報局、つまり準軍事的組織の時代へ戻ったかのようだった。それまでは、CIAがこれほど大きな裁量権を得て潜入作戦の指揮を執ったことも、国を守るためにその権力を積極的に使ったこともなかった」と回顧する[78]。

米軍の諜報機関化

一方、米軍特殊部隊が影の戦術を多用するようになった背景には、アフガン戦の緒戦で主導的役割を果たしたCIAに対するラムズフェルド国防長官の対抗心があるといわれている[79]。長官は二〇〇一年一〇月一七日付のメモで、アフガンでCIAが作戦環境を整えるまで米軍は何もできないという「事実」に苛立ち、統合参謀本部議長らに奮起を促して、改善案を練らせた。ラムズフェルドの念頭にあったのは、俗に「黒い特殊部隊」（Black SOF）と呼ばれる特務班の活用だと思われる。
米軍であることすら認めない黒いSOFは、特殊作戦軍司令軍（SOCOM）の統合特殊作戦コマンド（Joint Special Operations Command, JSOC）に所属する。[80] そこには、ビンラーディン殺害作戦を実行した海軍シールズの「チーム6」や陸軍デルタフォースなど各軍特殊部隊の精鋭が集められている。タイトル10が定める特殊部隊の一〇の任務は、少規模の攻撃を含む「直接行動」（direct action）から友好国の軍隊や治安部隊への訓練支援などから成る「海外国内支援」（foreign internal defense）や人道支援まで幅広い。すべて公然の軍事活動であるが、黒いSOFが非公然の「影の作戦」を実施する余地は残されている。タイトル10には、大統領または国防長官が命じれば、この制定法に規定された上記の活動以外の活動も担うこともできる、という例外規定（167節g10）が設けられているからだ。
こうした影の戦術は二つに大別することができる。一つは、非公然作戦（OPE）である。タイトル10上の「伝統的な軍事活動」の枠内で、タイトル50に基づく非公然型と限りなく近い標的殺害を行う形態である。ラムズフェルドは、俗に「アルカイダ・ネットワーク執行命令」（AQN ExOrd）と呼ばれる命令に署名し、アフガンとイラク以外の地域で非公然のテロ標的殺害を行う権限をJSOCに付与した。[81]
報道によると、作戦の対象国は、シリア、ソマリア、パキスタン、フィリピンなど一五カ国に及ぶ。作戦の承認手続きも簡素化され、JSOCもCIAと同様の作戦を迅速に展開できるようになった。作戦に必要な情報もCIAに頼らず、自前の人的情報（HUMINT）ネットワークを構築し始めた。

特殊部隊がＣＩＡを通さずに現地で内通者を雇ったり、武器や装備品を購入したりすることも可能になったという。

もう一つは、黒いＳＯＦの隊員をＣＩＡに貸し出して、ＣＩＡが通常行うタイトル50上の非公然型の標的殺害を担わせるやり方である。俗に“sheep-dip”（羊を消毒液に浸して洗浄すること）と呼ばれる手法で[82]、特殊部隊員を一時的に文民機関であるＣＩＡへ転籍させ、ＣＩＡの非公然活動を担わせることを意味する。二〇一一年のビンラーディン殺害で使われた手法だが、対テロ戦争での行使は二〇〇六年頃に遡るとみられる。パキスタンやイエメンなどでの標的殺害や拉致作戦の際に多用されていたようだ。

かつて特殊部隊で活躍し、一期目のブッシュ政権のホワイトハウスで対テロの補佐官を務めたダウニング（Wayne A. Downing）や、二〇〇七年にオバマ政権の国防次官補に就任するビッカー（Michael Vickers）らが国防総省の求めに応じて調査した結果をまとめた二〇〇五年一一月九日付の報告書によると、特殊部隊のＣＩＡへの分遣は人事で煩雑な手続きを伴う[83]。この点、ダウニングは、翌年六月の下院軍事委員会の小委員会での証言で、手続きの簡略化と時短で「大きな進展があった」と評価している[84]。後にビンラーディン殺害作戦で国防長官を支えることになるビッカーも証言し、将来の対テロ戦争は米国と戦争していない国で行われる可能性が高いため、間接的かつ秘密のアプローチが重要になってくるとし、ＣＩＡと特殊部隊の統合作戦の重要性を指摘している。そのうえで、特殊部隊員をＣＩＡへ柔軟に分遣し、ＣＩＡのタイトル50上の権限を定期的に活用することを提言している[85]。

これまで見てきたＣＩＡの戦闘集団化と米軍特殊部隊の諜報機関化を別の言葉で括れば、ＣＩＡと米軍活動の「収斂」といえる。アフガン戦の緒戦ではCIAと国防総省との間で主導権争いが絶えなかったが、ブッシュ政権で国家安全保障担当の大統領補佐官を務めたライス（Condoleeza Rice）は、両者の連携について「常に継ぎ目なくとまでは言えないまでも、次第に効率のよいものになった」と語り、さらに次のように積極的に評価している。即ち、「二〇一一年にオサマ・ビン・ラディンの追跡殺害計画が成功を収めたわけだが、その出発点は、アフガニスタン戦争に備えて省庁間で共同して取り組んだ努力にあったのである」と。(86)

しかし、CIAと特殊部隊に同じような任務を与えるのは、資源の効率的活用の観点から問題だという批判は絶えない。二〇〇四年に公表された9・11調査委員会の報告書は、CIAの準軍事活動を米軍に移管し、CIAは情報の収集・分析に専念すべきだと提言した。他方、太平洋軍統合司令官と国家情報長官を歴任したブレア（Dennis Blair）は、タイトル50と10に権限が分かれている現状では、特殊部隊とCIAの統合作戦に必要な手続きが煩雑で展開に時間がかかるとして、米軍とCIAの統合タスクフォースの創設に向け、「タイトル60」の立法化を提唱している。(87)

4．法執行から戦争へ——パラダイム・シフトで解き放たれた暗殺禁止の桎梏

9・11以前のモード

すでに述べたように、一九八〇年代から9・11までの歴代政権が対テロ標的殺害を行う際に選択したのは公然型のほうであり、非公然型の行使には消極的であった。では、なぜ、9・11を境に、非公

然の戦術まで許容されるようになったのであろうか。

この変化の最大の要因は、やはり、アメリカにおけるテロ対策のパラダイムが「法執行」から「戦争」（武力紛争）へと一変したことにあるのではないか。それを考察する前提として、9・11以前の政権がテロの脅威をどのように捉えていたかを一瞥しておこう。

ブッシュ政権にとって、国家安全保障上の最大の脅威は「戦略的競争相手」であるロシアや中国といった大国の脅威と、イラクなど「ならず者国家」の大量破壊兵器の脅威であった。二〇〇一年一月の政権発足から9・11までの間、政権の脳裏を占めていたのは、ロシアとの戦略核削減交渉、ミサイル防衛、米中軍用機の接触事故の処理などであった。確かに、テネットCIA長官は九八年当時から、アルカイダと戦争状態にあると警鐘を鳴らしていた。対テロ調整官のクラークも同様の認識を持ち、政権内で警戒を促していたが、彼らの危機感はホワイトハウスで広く共有されるには至らなかった。アルカイダの脅威が深刻さを増しているとは認識されていたが、法執行アプローチで対処可能なレベルと思われていたのだ。

ブッシュは二〇〇一年八月六日朝、CIAが用意した「ビンラーディン　米国内での攻撃を決意」と題された極秘の大統領日報（Presidential Daily Brief, PDB）を読んだ。[88] PDBとは、大統領が毎朝、CIAの担当者から受けるインテリジェンス・ブリーフィングの一環として作成されるメモを指す。ブッシュは大統領就任以来、この日までに計三十通以上のアルカイダ関連のPDBに目を通していたが、この日のメモはいつもと異なっていた。アルカイダが海外ではなく、米国内でテロを起こす可能性について初めて言及していたからだ。その一部を紹介しよう。

「九七年以降、ビンラーディンが米国内でテロ攻撃を画策している兆候がある」、「テロ攻撃に向けて、工作員が米国へのアクセスを計画している」、「FBI情報によると、米国でのハイジャックやその他の攻撃の準備と思われる不審な活動パターンがある」

しかし、議会の9・11調査委員会の報告書によると、ブッシュはじめ政権中枢の幹部がこのPDBを真剣に受けとめ、何らかの手を打った形跡はまったくない。ライス大統領補佐官も委員会の公聴会で「メモを読んでも、私の血はそんなに煮えくり返らなかった。切迫感はなかった」と証言している。[89]

ブッシュとライスが弁明したように、確かにPDBには対米攻撃の日時や場所などを示唆する具体的な情報は何一つなかったが、[90]不気味な伏線はあった。実は四月下旬から七月上旬にかけて、「数週間後に信じ難いニュースになる」、「ビッグ・イベント、大騒動が起きる」、「近い将来、攻撃があるだろう」といった、テロ攻撃を漠然と示唆する情報の件数が急増し、[91]CIAの担当者はブッシュとホワイトハウスの国家安全保障チームに対し、こうした厄介な情報もすべて逐一伝えていたという。[92]

一方、ロシアのプーチン大統領も六月一五日のスロベニアの首都リュブリャナでのロ米首脳会談において、パキスタンの軍と情報機関がアフガンのタリバーンとアルカイダにつながっており、サウジアラビアが過激派に資金援助をしていると非難し、「大惨事に至るのは時間の問題だ」とブッシュ大統領に警告した。[93]さらに、プーチンは三日後、クレムリンでの米主要メディアとの会見で次のように述べている。

宗教絡みの過激派や国家テロといった新たな脅威に対抗するため、ロ米協力を提案している。

両国の軍人と民間人が殺害されている。これこそ真の脅威だ。しかし、両国の情報機関は、互いに非難し合うばかりで、お互いの国益を損ねている。このまま過激派を放置し続ければ、彼らは我われに武器を向けてくるだろう。（中略）ロ米は、タリバーンに対する姿勢を明確に定義する必要がある。なぜ、誰もタリバーンの脅威について真剣に語らないのか。アフガンには、テロリストの基地がある。そこを拠点に、反米、反ロの運動を展開しているのに……。このような課題で両国が力を合わせることはできると思う。(94)

ブッシュの反応は鈍かった。プーチンは9・11直後のテレビ演説で、こう当時の心境を吐露している。「私も個人的には責任を感じている。あの脅威について、あれだけ多くを語ったが、明らかに（ブッシュ大統領を）説得するには十分ではなかった」と。

この二つのエピソードは、ブッシュ政権が数々の警告にもかかわらず、アルカイダの対米聖戦（ジハード）をメガ級の脅威として認識していなかったことを物語っている。ブッシュ政権発足時から「アルカイダの脅威は吹けば飛ぶような脅威ではない」と主張し続け、全省庁あげての対応の必要性を唱える度にことごとく却下されたというホワイトハウスのクラークは、こう批判している。

ライス（大統領補佐官）とハドレー（副補佐官）は、古い冷戦パラダイムの枠内で作戦を練っていた。（中略）私は、冷戦後の安全保障の脅威に焦点を当てるべきだと言った。国民国家の脅威だけではない。国内と国外の境界線は曖昧になった。米国にとっての脅威は今や、爆弾を搭載したソ連の弾道ミサイルではなく、爆弾を身につけたテロリストだと説明したが、あまり説得力はなかった[95]。

ライス自身、9・11調査委員会の公聴会で「テロリストたちは、かなり以前から米国と戦争状態にあったが、米国はアルカイダと戦争状態にはなかった。まだ我われは戦時下にはいなかった」と証言し、アルカイダという冷戦後の脅威を従来の法執行の認識枠組みの中でしか捉えられなかったことを半ば認めている[96]。

この点、クリントン政権もブッシュ政権と大同小異である。当時のハート（Gary Hart）、ラドマン（Warren B. Rudman）上院議員を長とする米議会の諮問委員会「二一世紀の米国家安全保障委員会」（通称、ハート・ラドマン委員会）が九九年に公開した報告書「新しい世界の到来」は、国境を越えたトランスナショナルなテロの脅威について「アメリカ人が米国本土で死ぬかもしれない。恐らく、多数のアメリカ人が」などと警告していた[97]。9・11委員会の詰問に対し、オルブライト元国務長官は、当時の政策決定者も国民も「9・11以前のモード」に浸っていたため、「9・11以前にアフガン侵攻のような対応を説得することは誰に対しても困難を極めたであろう。そうするには、不幸なことに、9・11のようなメガ・ショックが必要だった」と語っている[98]。

9・11以前のモードとは、煎じ詰めて言えば、①米国にとって最大の脅威を主権国家に求める国家中心の安保観、②非国家主体のテロの脅威は法執行の枠内で対処可能、という認識に特徴づけられる。

要するに、非国家主体のテロは、大国やならず者国家の潜在的な脅威に比べれば、小さな脅威に映った。アルカイダが国家並みの暴力を放つことができるとは夢にも思わなかった。カウンターテロリズムは重要課題ではあるが、国家の明暗を分ける緊急課題ではなかったのである。

じじつ、冷戦後の米戦略と兵力構成は、中東（湾岸）と朝鮮半島で地域紛争がほぼ同時に起きると想定した「二正面シナリオ」を前提にしていた。ブッシュが議会に提出した二〇〇一年一〇月の四年ごとの戦略見直し報告（QDR）において、この前提は崩れたが、手遅れだった。9・11で米国は安保政策の「死角」を突かれてしまった。

束縛から解き放たれた非公然の標的殺害

さて、話を戻そう。9・11の衝撃で戦争モードへのシフトが起きると、米政策決定が非公然の対テロ標的殺害を行使するための敷居は一段と低くなった。

第一に、それ以前の政策決定者の言動を縛ってきた暗殺禁止令の桎梏が解き放たれた。すでに非公然の対テロ標的殺害も戦争法上の合法な自衛行為であり、行政命令12333に抵触しないという司法省の統一見解はあったが、CIAの現場レベルの工作員は、それが露呈した場合、大きな政治的ダメージを被るのは自分たちだと恐れていた。

しかし、9・11以降、その不安はグーンと軽減した。自衛や武力紛争の存在を掲げ、戦争法を逸脱しない範囲で行使される限り、米国民の目には、非公然の対テロ標的殺害も正当な戦術と映るようになったからである（次頁、「9・11後の世論調査　暗殺についての賛否」参照）。戦争であれば、敵の指導

9・11後の世論調査　　暗殺についての賛否

Q. 米国政府がテロリズムとの闘いで必要と判断すれば、政府がテロリストを暗殺しても構わないでしょうか？（ギャラップ世論調査）

	構わない	望んでない
2001年10月	77%	20%
2005年1月	65%	30%

Q. テロリストに大規模な財政支援をする海外の個人を非公然に暗殺することを支持しますか？（ニューズウィーク誌）

	支持	不支持
2001年10月	59%	35%
2001年12月	45%	48%

Q. テロリズムを撲滅する手段として、CIAによる暗殺に賛成ですか反対ですか？（ピュー・リサーチ・センター）

	賛成	反対
2001年9月	67%	22%

Q. アルカイダの指導者を暗殺するCIAのプログラムに賛成ですか？（ピュー・リサーチ・センター）

	賛成	反対
2009年7月	60%	29%

者は正統な標的であるという理屈が通りやすくなる。

9・11直後の調査では、CIAなど米政府がテロリストを「暗殺」することに吝かではないと思っている米国人は七割を超えた。「テロ資金を援助する海外の個人を狙った非公然の暗殺」に対する賛否を尋ねた別の調査でも、約六割が支持を表明した。否定的な響きを持つ「暗殺」という言葉を使った質問で、これだけの支持があるのは驚きである。(99) 年月を経ても、この傾向に大きな変化は見られない。ピュー・リサーチ・センターが二〇〇九年に実施した調査でも、CIAによるアルカイダ幹部の暗殺に依然として約六割が賛成を表明している。(100) このような政治的現実を踏まえると、たとえ非公然の標的殺害が暴露されても、CIAの職員が政治的なスケープゴートにされるリスクはかつてに比べれば激減したといえる。かつて国民の間でタブー視された非公然の殺害も政治的に許容されるようになったといえる。非公然の対テロ標的殺害が大きな政治的争点になることはなかった。米国政府は公式の場では否認したが、アフガン戦にCIAの準軍事班が投入されたことや、CIAの無人機攻撃が頻繁に行われていたことなどは周知の事実であった。それにもかかわらず、対テロ標的殺害に対する批判の声は盛り上がらなかった。同じ対テロ関連の非公然活動でも、激しい政治論争を巻き起こしたテロリストの拘禁・強化尋問（拷問）と好対照をなしている。

さらに、米政策決定者が非公然の対テロ標的殺害を以前ほど躊躇しなくなった第二の要因として、CIAが無人機攻撃を使って米単独で殺害を実行する能力を身につけたことが考えられる。前述したように、9・11以前は、殺害を依頼した現地の北部同盟などがワシントンのルールを無視して「暴走」するのではないかと戦々恐々としていたが、こうした代理勢力の取り扱いに悩まされないで済むようになった。殺害状況が戦争法や暗殺禁止令と抵触するかどうかを判断する際の大きな不確定要因が取り除かれたと言える。作戦遂行能力に疑問符が付いた代理勢力に代わって、練度と士気で優れている米軍特殊部隊の精鋭チームをCIAの標的殺害作戦に投入したり、特殊部隊との臨機応変な統合作戦を展開したりすることで、対テロ標的殺害の実効性を高めることもできるようになった。

第三に、ブッシュ、オバマ両政権とも先制・予防攻撃を対テロ戦略の柱の一つに据えたことが、対テロ標的殺害の多用を促した要因として挙げられるのではないか。

ブッシュ大統領は二〇〇二年六月の演説を踏まえ、一〇月の「国家安全保障戦略」（NSS）において、テロリストと「ならず者国家」には先制攻撃も辞さない方針を明らかにした。[101] 冷戦史の泰斗、ガディス・イエール大教授の言葉を借りれば、このNSSは、冷戦時代からこれまでの間で「最も重要な戦略の再定式化」と位置づけられる。テロリストには「抑止」は利かないとし、先制（preemption）を前面に押し出したからだ。ここで押さえておくべきは、NSSがいう先制攻撃の範域である。実は、差し迫った脅威に対する先制攻撃だけでなく、予防攻撃（preventive strike）まで含まれるのだ。テロ集団とならず者国家に関する限り、「敵がいつ、どこに攻撃するか不確実でも予期行動をとる」とNSSは米国の内外に宣言した。

ブッシュ政権の対テロ対策を批判したオバマ大統領だが、テロ集団に対する先制・予防攻撃ついてはブッシュ・ドクトリンを概ね踏襲したと言える。例えば、二〇一二年一月に国防総省が公表した戦略ガイダンスは、イスラム過激派のテロの脅威に対し「能動的なアプローチ」で対処し、「必要ならば、最も危険な集団と個人に対しては直接、攻撃する」と強調している。(102) 後の章で述べるように、オバマ政権の幹部や閣僚は、演説や政策文書などで無人機攻撃を正当化する際、自衛の要件である脅威の「急迫性」(imminence) を拡大解釈する必要があると盛んに訴えた。

レーガン時代のNSDD138もテロリストに対する「先制中和」を掲げた。しかし、このNSDD138は当時、機密指定の文書であった。先制・予防攻撃の方針を公表すれば、内外で大きな波紋を呼ぶと内外の世論に気を遣っていた。ところが、ブッシュ政権は、この方針を公開の政策ドクトリンに「格上げ」したため、政策決定者は標的殺害を公的に正当化する際に逡巡しなくて済むようになったといえる。NSS公表から約一カ月後、イエメンで対テロ無人機攻撃を行った際、ウォルフォウィッツ (Paul Wolfowitz) 国防副長官は、非公然の作戦だったにもかかわらず、米国が実行したことを事実上認める発言をしている。

第4章

国際法から見た対テロ標的殺害《ターゲテッド・キリング》の評価

武力紛争法の適用は、紛争原因に関する価値判断を含まない点に特徴がある。武力行使の正当性をいずれの側が持つかといった評価とは無関係に、すべての紛争当事者を平等に扱う。しかし、これは、逮捕する者と逮捕される者、裁く者と裁かれる者といった立場の明確な峻別に立脚する刑事法的な発想とは相容れない。

古谷修一「国際テロリズムと武力紛争法の射程」より[1]。

1. 標的殺害の法的評価に向けて

米側の正当化と国際社会の反応

ＣＩＡの準軍事要員と米軍の特殊部隊員ら非正規の「影の戦士」が、米国と交戦状態にない領域国の非戦争地帯で多用している非公然の対テロ標的殺害は、国際法から見て合法なのだろうか。こうよく聞かれるが、まず初めに、国際法では、合法か違法かをストレートに評価することが容易でないことを断っておく。

一つには、国家に優位する中央集権的な判断機関と執行機関が国際社会に存在しないからだ。水平構造の国際社会において、合法か違法かを判断するのは、一義的には、当該行為に利害関係を持つステークホールダーである。とりわけ、当事国の判断は重い。しかし、短期的には、利害関係者の間で法的評価が一致することは稀である。(2)

もう一つの理由は、関係国の言行不一致にある。非公然活動の場合、国際法規を盾に違法だと強く非難しつつも、条件付きで黙認したり、限定的に容認したりする行動をとることがしばしばある。表向きの法的主張と指導層の間で共有されている暗黙の実行準則が乖離する場合、合法か違法かを明快に即断することは難しい。(3)

したがって、次のような一連の問いに答える必要があろう。即ち、当事国である米国は、非公然の対テロ標的殺害をどのように正当化しているのか。パキスタンやイエメンなど当該行為によって影響を受ける領域国や国連といったステークホールダーを含む広い意味での国際社会は、米国の法的判断と主張をどのように受けとめているのか。両者の合意点と対立点は何か。以下では、こうした点を整理し、米国による非公然の対テロ標的殺害についての評価を試みたい。

米国による正当化論と国際社会の反応を比較・検討するに当たっては、以下の資料に依拠した。米側は、非公然の対テロ標的殺害を多用したオバマ政権の幹部による演説と司法省の意見書を参照した。国際社会の反応については、国連人権理事会の特別報告者が国連総会に提出した報告書（以下、国連報告と略）を利用した。関係国が米国の戦術に対し法的意見を表明することは稀である。自国の見解が国際社会の法的評価の前例になることを避けたいからだ。この傾向を踏まえると、報告者が事実関係を調査し、当事国と領域国、関係団体等の意見を聴取してまとめた報告書は、国際社会の対応を推察するうえで有益だと言える。

オバマ政権の主張――演説と司法省の意見書

●コー演説　国務省のコー（Harold H. Koh）法律顧問が米国際法学会で「オバマ政権と国際法」と題して行った演説（二〇一〇年三月）。初めて国際法の観点から政権の見解を表明した。無人機攻撃を含む対テロ標的殺害の正当化の根拠として、自衛権と武力紛争の存在を挙げている。[4]

●プレストン演説　CIAのプレストン（Stephen Preston）法律顧問がハーバード大法科大学院で行った演説「CIAと法の支配」（二〇一二年四月）。CIAの活動は、憲法と国内法に従っていると強調したが、国際法については、「国際法の諸原則が適用されるかもしれない」とだけしか述べなかった。対テロ標的殺害については、自衛権の援用だけでも十分正当化することができるとの見方を示した。(5)

●司法省の報告書（ホワイトペーパー）　司法省が作成した二〇一一年一一月八日付の非公式の文書「アルカイダとその関連勢力の米国人幹部に対する致死作戦の合法性」。翌年六月、上下両院の司法委員会に提出され、ニューズウィーク誌が二〇一三年二月に特ダネとして報じた。米国人幹部とは、二〇一一年九月末にイエメンで無人機によって殺害されたイエメン系米国人のアウラキ師とみられる。国際法の観点からの分析にもかなりの枚数を割いているが、正式の公開文書ではなく、日付も署名もない。(6)

●バロン意見書　大統領の求めに応じて法律アドバイスをする司法省法律顧問局（ＯＬＣ）のバロン（David Barron）局長代理がホルダー司法長官宛てに提出した意見書「検討中の対アウラキ致死作戦への刑法と憲法適用の件」（二〇一〇年七月）。ニューヨークタイムズ紙などが求めていた情報公開訴訟で、連邦高裁が二〇一四年六月に公開を命じた。ＣＩＡ関連では、伏せ字の部分が多いが、致死作戦の実行者であるＣＩＡ要員の法的地位に関する政権の見解を一部紹介している。(7)

国際社会の反応——国連報告

●アルストン報告（A/HRC/14/Add.6）国連人権理事会の超法規的・略式処刑関連担当のアルストン（Philip Alston）特別報告者が二〇一〇年五月二八日に国連総会に提出した報告「標的殺害の研究」。標的殺害の事実関係と国際法から見た法的評価を幅広く扱っている。[8]

●ヘインズ報告（A/68/382）アルストン氏の後任であるヘインズ（Christof Heyns）報告者が二〇一三年九月一三日に総会に提出。標的殺害の中でも無人機攻撃に絞って、国際人道法と国際人権法の双方から分析している。領域国における民間人被害の調査報告にも紙幅を割いている。米国やイスラエルなど行為国だけでなく、イエメン、パキスタン、ソマリアなど領域国の対応も網羅している。[9]

●エマーソン報告（A/68/389）テロ対策と人権擁護関連担当のエマーソン（Ben Emmerson）報告者の報告（二〇一三年九月一八日総会提出）も無人機攻撃を扱っている。ステークホールダーの法的主張と対応を調べ、法的評価が割れる論争点をまとめている。翌年三月総会提出の最終報告の中間報告という位置づけだが、国際法の分析は最終版より詳しい。[10]

これらの資料を一瞥する限り、オバマ政権と国連報告者との間には、法的評価に必要な方法論——手順と適用法規——について一定の合意が見られる。[11] 武力行使の目的規制（jus ad bellum）と交戦規制（jus in bello）の観点から見てみよう。

まず、武力行使の目的規制のレンズを通してＣＩＡや特殊部隊による越境作戦を法的に評価する場合、国連憲章が重要な適用法規であるという点で両者は概ね一致している。憲章二条四項は、「武力による威嚇又は武力の行使」を禁止しており、他国の領域に越境して標的殺害を行使することは、その国の主権侵害に当たるため、原則許されない。この武力不行使の規範に抵触しない主な正当化根拠は、①国連安全保障理事会の承認、②領域国の同意、③自衛権の行使、に限られる。

米国による越境作戦の場合、安保理決議のお墨付きを得ていないことは明白であるため、①のケースは該当しない。②の領域国の同意がない場合は、憲章五一条の自衛権が訴求力の強い正当化根拠になるという点でも米国を含むステークホルダーの間で異論はないようだ。自衛権を援用する場合、アルカイダとその関連集団が非戦争地帯から放つテロの脅威が五一条の自衛権発動の要件である「武力攻撃」(an armed attack) に該当するのかが次の焦点になることでも一致している。

交戦規制の観点から評価する場合は、まず、米国とテロ集団との紛争が国際人道法（戦争法）上の「武力紛争」(an armed conflict) に該当するのかどうかを問うべきだという点でも一致している。武力紛争が存在する場合、越境後の対テロ標的殺害が国際人道法の区別原則や必要性、均衡性などの諸原則を満たしているか否かの分析が次の「踏み台」となる。武力紛争が存在しない場合は、国際人権法を援用して標的殺害の合法性を判断すべきだという点でも異論はないようだ。

問題は、米側と国連報告者側の実質的な解釈の違いにある。双方の立場を詳細に見ると、合意点より対立点のほうが目立つ。また、ＣＩＡ要員による非公然活動の合法性については、解釈をはっきりさせていない。まず、対テロ越境攻撃について、それぞれどのように解釈しているのかを見てみよう。

2. 対テロ越境作戦の正当化をめぐる対立点

領域国の同意と自衛権

米側資料も国連報告もCIAによる越境攻撃の正当化根拠の一つとして、領域国の同意を挙げる。しかし、米側は、同意の有無を公表していない。同意を明らかにすれば、無人機による度重なる越境攻撃に反発する住民の反米感情に火をつけかねない。このため、領域国の政府高官が表向き、越境攻撃を国際法違反の主権侵害と批判しつつも、しばしば裏で同意、または黙認するという言行不一致が顕著である。

じじつ、ウィキィリークスが暴露した米国の外交文書によると、イエメンのサレハ元大統領は、米国による非公然の無人機攻撃を容認したが、議会にはイエメン軍による攻撃であると偽の説明をしていた。[12] こうした言行不一致を隠すうえで、誰の仕業か外見上分からないように工作する非公然の作戦は、米国と領域国の双方に好都合だといえる。

二〇一二年二月にハディ暫定大統領（Abd Rabbuh Mansur Hadi）が誕生すると、イエメンは、もはや二枚舌戦術を使わずに、米国による越境攻撃を公認するようになった。[13] 表面上は、自国の対テロ掃討能力の不足を米国に補ってもらうために標的殺害を依頼した形だ。エマーソン報告によれば、米国は事前にイエメン政府の同意を求めるのが常であり、同意が得られない場合は攻撃を差し控えた。[14]

パキスタンでは、米側は少なくとも二〇〇四年から四年間、パキスタン軍と情報機関幹部に対し部族地域での越境攻撃に対する同意を求め、パキスタン側は承認ないし黙認したが、公には密約の存在を否定した。エマーソン報告は、これを議会の承認などの手続きを踏んだ正式の同意と見なすことはできないとしている[15]。

さて、自衛権である。国連憲章五一条は、自衛権発動の要件として「武力攻撃」の発生を挙げている。その主体は条文上、国家に限定されておらず、非国家主体も含まれると解されてきた。ただし、9・11以前の国際社会では、国家に帰属する私人集団による攻撃に限って、自衛権を認める制限説が主流であり、国家に帰属しない集団の攻撃にまで自衛権を容認する非制限説には批判的であった。

ただし、憲章五一条は個別的・集団的自衛権を国家の「固有の権利」とも規定しており、条約上の自衛権とは別に、一般法である国際慣習法における自衛権の存在も同時に認めている。国際慣習法上の自衛権の発動要件としてよく引き合いに出されるのが、一八三七年のキャロライン号事件で米国のウェブスター（Daniel Webster）国務長官が示した以下の定式である。即ち、「急迫して圧倒的な自衛の必要があり、手段選択の余地がなく、熟慮の時間もない」という要件である。

9・11以前の国際社会は、前述したように、国家に無関連のテロ集団による攻撃にまで自衛権を認める非制限説に否定的であったが、9・11の衝撃で流れは激変し、多くの国が米国の主張を支持するようになった。例えば、国連安全保障理事会は、決議1368（二〇〇一年九月一二日）と決議1373（九月二八日）で、国家の固有の権利である自衛権の存在を再確認した。北大西洋条約機構（NATO）も設立後初めて設立条約（ワシントン条約）五条の集団的自衛権を発動したのである。

非制限説は、その後の国家実行（state practice）によっても支えられ（表4-1参照）、国際社会の

表4-1　ポスト9・11の主な国家実行
——国家に帰属しない非国家集団に対する自衛権発動——

年〜	先行攻撃の主体（A）	領域国（Aの活動拠点）	自衛権の発動国
2002	チェチェンの武装勢力	ジョージア	ロシア
2006	ヒズボラの軍事部門	レバノン	イスラエル
2007	クルド労働党（PKK）のゲリラ	イラク	トルコ
2008	コロンビア革命軍（FARC）	エクアドル	コロンビア

（Teresa Reinold の論文に基づいて筆者作成）(18)

反応も支持ないし黙認の傾向にある。(16) この点、国連人権理事会のアルストン報告とヘインズ報告も非制限説を大筋で容認していることは注目に値する。(17) 国際司法裁判所（ＩＣＪ）の判決と勧告が9・11後も制限説を踏襲しているにもかかわらず、それと逆行する国家実行を「追認」した形であるといえよう。

自衛権をめぐる対立点

米側資料を管見する限り、オバマ政権が越境攻撃の正当化の根拠として重視したのは、①9・11テロ攻撃、②脅威の急迫性の原則、③領域国による対テロ掃討の「能力と意思の欠如ないし不足」（no able or no willing）のように見受けられる。総じて言えば、国連報告は、いずれの根拠にも批判的な見方を示している。

9・11が国連憲章上の自衛権発動の引き金となる「武力攻撃」に該当するという見方は、当時も今も国際社会で広く受け入れられている。しかし、米側資料は、アフガンだけでなく、9・11後にパキスタンやイエメンなど複数の国に対米攻撃の拠点を設けるようになったアルカイダの関連集団による暴力も一括して、9・11から継続している一つの武力攻撃と捉えている。(19) あれから一六年以上を経ても、アルカイダの脅威は深刻であり、あのときの武力攻撃に対する自衛行為は今も継続している、というのが米側資料の共通認識である。米国の自衛行為には、時間的・空間（地理）的な制約が課されていないように見受けられる。

この9・11継続論を補強しているのが「低水準紛争の累積論」（doctrine of accumulated events）である。例えば、アフガンから逃れ、パキスタンで暗躍しているタリバーンは、アフガンへ再越境して米軍やＣＩＡ施設への自爆テロを繰り返している。それぞれの攻撃を個別に見れば、低強度だが、一連の武力行使が一定程度累積すれば、全体としての暴力の烈度は、憲章上の「武力攻撃」に匹敵するという法理である。[20] 米側資料は、この累積論を明記していないが、その援用が随所で読み取れる。例えば、ホワイトペーパーは、トランスナショナルなテロ集団がアフガン以外で再結集し、そこを拠点に攻撃を仕掛けてくる場合、個々の暴力の烈度が一定のレベルに達していなくても、自衛権は留保されるとの見方を示唆している。[21]

こうしたオバマ政権の9・11継続論に対し、ヘインズ、アルストン報告は、テロ暴力の烈度が国連憲章上の武力攻撃に該当するか否かの判断は、自衛行為が展開される（テロリストが所在する）領域国ごとに、その都度、個別に行わなければならないという見方が国際社会に根強いことを指摘している。[22] また、自衛権の行使が許容される期間について、武力攻撃を阻止して撃退するという正当な自衛目的の達成までの間であるとし、「国家には、敵の絶対的壊滅が達成されるまで自衛行為を継続する権利は与えられていない」という見方が存在することも強調している。[23]

第二の正当化根拠である脅威の急迫性については、米側資料はいずれも、標的であるテロリストの差し迫った脅威の存在が自衛権発動の重要な判断基準になると指摘している。オバマ政権が先制自衛（anticipatory self-defense）を容認するブッシュ・ドクトリンを踏襲していることは間違いないが、その発動要件は、先に触れたウェブスター定式よりはるかに広い。先取（preemptive）自衛だけでなく、さらに先回りした予防的（preventive）自衛まで想定している。ホワイトペーパーは、「広範な急迫性の概念」（a broader concept of imminence）を掲げ、9・11の武力攻撃以来、アルカイダとは常に戦争状態にあるので、自衛行動の際、「特定の対米攻撃がすぐ発生するという明白な証拠は不要である」とまで主張している。[24]

これに対し、国連報告は、このような米国の主張が国際社会で激しい論議を巻き起こしているとし、米国政府に自制を求めている。とりわけ、予防的自衛についての評価は手厳しい。「激しい論争性を帯び、国際法の下での支持を欠く」（アルストン報告）、「先制自衛の概念を完全に拒否する見解や国家実行があることに留意すべきだ」（ヘインズ報告）といった国際社会の拒否反応を紹介している。[25]

第三の「領域国の対テロ掃討能力と意思の不足ないし欠如」[26]は、米国が少なくとも一九八〇年代から唱えてきた正当化根拠である。[27]領域国による統治責任を前提としており、テロ防止義務を怠るからテロリストの聖地化を許し、米国の安全保障を脅かすことになる、という考え方が背景にある。米国によると、主権は無条件に尊重されるわけではなく、一定の条件を伴う。つまり、領域政府による対処を望めない場合や、対処する意思はあっても、テロ集団を掃討する有効な警察力や軍事力がない場合は、自衛権を援用して越境攻撃を正当化できるという。[28]

国連報告は、領域国の統治（対テロ掃討）責任の不履行が自衛権行使の正当化根拠に成り得るという考え方では米側資料と一致している。しかし、実際には、何が領域国の能力不足や意思の欠如に該当するかの判断基準は極めて曖昧であり、下手をすれば、破綻国家や統治能力の弱い国への越境攻撃に歯止めがかからなくなるという懸念が報告の随所に滲んでいる[29]。本来、領域国にテロ掃討の能力と意思があり、適切に対処できれば、被害国による越境攻撃の必要性はなくなるはずだ。

このため、領域国の統治能力と意思を正当化根拠にする場合は、自衛開始の際に考慮すべき必要性の原則の要件を厳しく設定すべきだとしている。即ち、領域国に対し事前に対テロ掃討の能力と意思を確認し、適切な対処を要請するだけでなく、一定の時間的猶予を与えるべきだとし、自衛権発動のハードルを高くしている[30]。

3. 殺害の正当化をめぐる対立——武力紛争の有無を中心に

次に、交戦規制（jus in bello）の観点から、双方の言い分を検討する。パキスタンやイエメンなどを拠点とするテロ集団と米国との戦いは、国際人道法上の「武力紛争」（an armed conflict）に該当するのか。武力紛争が存在しなければ、国際人権法が適用されることになる、というのが通説である。米国にとって、武力紛争の存在は死活問題である。武力紛争が存在しない場合、対テロ標的殺害は、「疑わしきは罰せず」や「法の適正手続き」の原則を欠いているため、「生命に対する固有の権利」を恣意的に奪うことを禁じた多国間条約（市民的及び政治的権利に関する国際規約六条）違反の疑いが浮上し、裁判抜きの超法規的処刑との批判を受けかねない。領域国と米国の国内刑法上の殺人罪の疑いも出てくる。

武力紛争の条件

国際人道法上の武力紛争は[31]、国家間の国際武力紛争（international armed conflict＝ＩＡＣ）と、国家と非国家武装集団か武装集団同士の非国際武力紛争（non-international armed conflict＝ＮＩＡＣ）の二つの形態しかない。ＩＡＣの条約上の定義はないが、軍隊が関与するすべての国家間紛争であるという定義が定着している。

ＮＩＡＣの定義としてよく引き合いに出されるのが、旧ユーゴ国際刑事裁判所のタディッチ事件中間判決（一九九五年）が示した見解である。それによれば、ＮＩＡＣとは、「政府当局と組織化された武装集団の間、または、組織化された武装集団同士」で起きる「長期化した武力を伴う暴力(protracted armed violence)」を指す。

ＮＩＡＣの存在条件は、①紛争の烈度・継続性、②武装集団の組織性の基準を満たすこと、である。烈度・継続性を測るには、頻度や期間、死傷者数、武装集団による一定の領域の支配などが目安になる。ＮＩＡＣは、単なる国内の騒乱や暴動、散発的な暴力、緊急事態の域を超える必要がある。武装集団の組織化も、各テロ細胞間の連携・協力だけでなく、指揮命令系や作戦遂行能力の有無が大きな判断材料となる。軍隊間の小さな衝突でも武力紛争と見なされるＩＡＣよりＮＩＡＣの敷居は高い。基本的には、国内の紛争であり、ＮＩＡＣでなければ、国内法の適用を受けるからだ。

ＮＩＡＣは、非国家主体側の攻撃だけで引き起こされるわけではない。国家側の反撃によって初めて始まる。したがって、テロ集団と国家との紛争が単なる犯罪と法執行の範疇を超え、NIACのレベルに達するには、かなり高い烈度・継続性と組織性が国家、非国家側の双方に求められる。しかし、いずれも相対的な尺度に過ぎず、現実には、NIACと見なすべきか判断に苦しむケースは珍しくない。

NIACは、内戦のように一国の領域内で発生することを想定としている。それを規制する一九七九年のジュネーブ諸条約第二追加議定書も、その適用範囲を「締約国の領内において」と定めている。紛争が他国の領域内へ飛び火し、反撃する国家側も複数の領域へ越境するトランスナショナルな紛争は、NIACの概念に馴染まないように思える。しかし、伝統的な国際法（武力紛争法）には、こうした「武力紛争の第三カテゴリー」は存在しない[32]。

武力紛争の地理的範囲——米国の非限定論と国連報告の限定論

米国と「アルカイダとその関連集団」との間に武力紛争が存在する、というオバマ政権の主張を精査すると、以下の特徴が浮かび上がる。まず、「活発な敵対行為が進行している地域外」（outside the area of active hostilities）においても武力紛争は存在すると主張している[33]。パキスタンやイエメンなどに飛び火した武力紛争は、アフガンやかつてのイラクの戦場での紛争のように激しいとは決して言えないが、それでも、国際人道法上の武力紛争の範疇に十分含まれるというのだ。

第二の特徴は、領域国での武力紛争を非国際武力紛争（NIAC）と規定していることだ。ジュネーブ諸条約共通三条によれば、武力紛争は、国際武力紛争とそれ以外の「国際的性質を有しない武力紛争」しかない。ホワイトペーパーは、この規定を援用し、アルカイダは国家ではないので、国際法上の分類では、通常は政府軍と武装勢力との内戦の文脈で使われる非国際に仕分けするしかないが、NIACは必ずしも内戦に限定されないという考え方を強調している[34]。NIACの要件として、地理的範囲より紛争当事者の地位（国家か非国家か）を重視しているという。

第三の特徴は、敵対行為がNIACに該当するかに関する基準として、タディッチ判決の見解を支持していることだ。米国は、この定義に準拠し、紛争の烈度・持続性と武装集団の組織化の程度が一定のレベルを超えた場合、NIACと判断している[35]。

四つ目は、上記三点から導き出される特徴で、米内外で激しい論議を呼んでいる。即ち、アルカイダとその関連集団とのNIACに地理的制約（geography of war）はないという主張だ[36]。テロ集団が他国の領域に動けば、その移動先に武力紛争も自動的についていくというのだ。9・11から紛争が拡散しても、コアなアルカイダと各地で暗躍するその関連集団との各紛争の総体を一つの包括的なNIACと捉えている。

確かに、オバマ政権は、ブッシュ政権時代の「地球的規模の対テロ戦」という言説とは決別した。しかし、これは、あくまでも政策的な姿勢の転換であり、法的には大きな変化は見られない。ホワイトペーパーもバロン意見書も、NIACを特定の領域空間に限定する国家実行や権威的な判決の欠如を指摘し、国境を越えて脱国家的（トランスナショナル）に活動するテロ集団との紛争では、紛争全体を包括的に捉え、烈度・継続性の累積によってNIACか否かを判断すべきであるとの立場である[37]。

これに対し、国連報告は、①NIACに適用される法規（第一義的には、国際人道法）と、②NIA

Cの有無を判断する際の基準（タディッチ基準など）――では、米側と一致するが、[38]ＮＩＡＣの存在と地理的範囲に関する米側の主張には、「さらなる説明なしには、問題がある」（アルストン報告）とし、米側の正当化論を鵜呑みにすべきでないと警告する。[39]

エマーソン報告は、烈度・継続性と組織性のいずれの基準も通常、領域の制限（territorial limits）を前提にしているため、各地域で暗躍するテロ集団をアルカイダ関連として一絡げに扱うべきではないとの学説を紹介している。[40]制約の及ぶ範囲については明示していないが、第二追加議定書に従えば、締約国の領域内に限定される。隣接国の一部へ波及する場合は、そこまで含まれるかもしれない。いずれにしても、実際問題として、何らかの領域制限を設けないと、世界中が戦場と化してしまい、民間人の被害が拡大しかねないと同報告は懸念する。[41]

敵対行為が活発でない地域における武力紛争の存在については、いずれの国連報告も懐疑的である。その存在を主張する米国に対し、エマーソン報告は、「国際的に明確なコンセンサスのない問題を引き起こす」、「既存の規範に挑んでいるように見える」と厳しい。[42]９・11当時とは異なり、アルカイダとその関連集団による対米攻撃の頻度は低下しており、米国の対テロ戦の成功によって、指導層と組織系も崩壊しつつあり、もはや武力紛争とは見なせないという説も紹介している。[43]アルストン報告は、アルカイダの関連集団は、サウジアラビア、インドネシア、ドイツ、英国、スペインなどでも暗躍し、自爆テロを実行しているが、いずれの国も自国領域内において、（非国際）武力紛争が進行中だとは認識していないという。[44]

4．ＣＩＡによる標的殺害の法的評価

国際人道法の区別原則

それでは、仮に武力紛争が存在するとして、武力紛争に適用される国際人道法に照らして、対テロ標的殺害は、法的に問題ないのか。米側資料は、一般論として、区別原則、軍事的必要性、均衡原則などを遵守する限り、合法であると主張している[45]。しかし、殺害の実行主体が非正規の「影の戦士」の場合でも同じなのか。この問題にはさまざまな争点が含まれるが、以下では、ＣＩＡの戦闘員（交戦員）資格問題に絞って、米側資料と国連報告を比較・検討することにする。

国際人道法上、正規の米軍は戦闘員資格を持つが、文民機関であるＣＩＡの要員に戦闘員資格はないのではないか。「殺しのライセンス」を持たずに標的殺害を実行するＣＩＡ要員は、戦争犯罪者ではないのか。ＣＩＡ要員が標的殺害を実行する際、標的を人的軍事目標に限定しているのか。こうした疑問が米内外で噴出している[46]。

一連の疑問を解くうえで重要な概念が、国際人道法の根幹を成す「区別原則」（principle of distinction）である。ジュネーブ諸条約と一九七九年の第一追加議定書に従えば、敵対行為に直接参加する権利を有する者が「戦闘員」（combatant）で、それ以外のすべての者が「文民」（civilian）である。戦闘員は、敵に捕まれば、捕虜としての待遇を受ける特権が生じる。平時であれば、殺人に該当する犯罪行為を戦時に行っても、自国や敵国の国内法で訴追されない免責特権も認められる。

ジュネーブ第三(捕虜)条約四条は、戦闘員資格の要件として、まず、紛争当事国の正規軍であれば、無条件に認められるとしている。組織化された抵抗運動を含む民兵隊(militia)や義勇隊などの非正規隊の構成員の場合、作戦を行う際、①責任ある上官の指揮権限下にある、②遠方から戦闘員として識別できる特殊標章の着用、③武器の公然携行、④武力紛争法の遵守、を条件に挙げている。他方、文民は、敵対行為に直接参加していない限り、ジュネーブ第四(文民)条約の保護の対象となる。ただし、敵対行為に直接参加している間は、文民の地位に変わりないが、戦闘員側の安全を確保するため、この保護は奪われる。

CIAの法的地位と戦闘員資格

さて、標的殺害を実行するCIAの準軍事要員に戦闘員資格はあるのか。結論を先取りすれば、ノーという答えでバロン意見書とアルストン報告は一致している[47]。

双方とも、戦闘員資格を持たない文民(civilian)が敵対行為に直接参加していると捉え、その法的帰結でも概ね一致している。即ち、①少なくとも標的殺害を行っている間は、テロ集団の攻撃対象となる、②CIA要員が標的殺害という敵対行為に参加すること自体は、国際法違反ではない、③しかし、仮に捕まれば、領域国の国内刑法の殺人罪等で処罰されるかもしれない――の三点である。

こうした文民を不法戦闘員に分類し、標的殺害を実行するCIA要員も標的のアルカイダも同様に不法戦闘員であると唱える学者もいるが[48]、米側も国連人権理事会側も「同じ穴の狢」説の立場はとっていない。CIA要員は、捕虜特権と訴追免責特権を有しない「非特権的交戦員」である、というのが米国の見解である。

非特権的交戦員とは、国際法上の違法行為を行うわけではなく、捕まれば、国際法の保護を受けられないことを承知で、国家のために死刑など厳罰を受けるリスクを覚悟で敢えて敵対行為に従事する文民を意味する。バロン意見書は、非特権的交戦員の研究で知られるバクスター（Richard R. Baxter）の説を注につけ、国際法上、処罰されるべき行為と保護を受けない行為を混同すべきではないと諭す(49)。

アルストン報告は、オバマ政権のようにＣＩＡ要員を非特権的交戦員とまで積極的には位置づけていない。しかし、文民の敵対行為への直接参加自体は国際法違反ではないが、戦闘員特権は有しないと捉える点では、バロン意見書と見解を共有している(50)。これは、国際法の通説と言えるだろう。論争を呼んだ赤十字国際委員会（ＩＣＲＣ）の「国際人道法上の敵対行為への直接参加の概念に関する解釈指針」も以下のように指摘している。

敵対行為に直接参加する文民の権利が国際人道法において明示的に存在しないことは、文民の参加が国際的に禁止されていることを必ずしも暗示するものではない。事実、そのようなものとして、文民による敵対行為への直接参加は国際人道法によって禁止されておらず、過去のまたは現在のどの国際刑事裁判機関の諸規定においても犯罪とされていない。しかしながら、文民は、（中略）国内での訴追免除を享有することはない。したがって、敵対行為に直接参加した文民や非国家の紛争当事者に属する組織された武装集団の構成員は、自己の活動、構成員としての地位または自らが引き起こした危害について、国内法が（反逆、放火、殺人などとして）刑罰を科している限り、訴追され処罰されることがある。[51]

対テロ標的殺害の主体がＣＩＡ要員であること自体は、国際法違反ではないとすると、次に問われるべきは、標的殺害の行使に際し、国際人道法の諸原則を遵守しているかである。この点では、オバマ政権と国連報告者の主張は割れる。バロン意見書は、「ＣＩＡは、この武力紛争を律する国際人道法のルールに従う形で作戦を行う」と主張する。[52]具体的な適用ルールについては明記していないが、米軍の場合は区別原則や必要性、均衡性、人道性、背信行為の禁止を遵守しているという。これに対し、国連報告は、ＣＩＡの遵法能力に疑問を投げかけている。指揮系が不透明な情報機関による標的殺害は、軍事目標主義など国際人道法の諸原則の軽視ないし無視を招き、国際法違反につながりがちであるというのだ。[53]

国連報告の根底には、ＣＩＡは軍隊（armed forces）の要件を満たしていないという認識があるようだ。第一追加議定書四三条によれば、軍隊である以上、①部下の行動について当該紛争当事者に対して責任を負う司令部の下にある組織され及び武装したすべての兵力、集団及び部隊からなり、②国際法（武力紛争法）を遵守させる内部規律の制度を持つ。アルストン報告は、「国家の軍隊と異なり、情報機関は、概して、国際人道法の遵守確保にあまり重きを置かないため、その要員は違反を引き起こしやすい。戦争犯罪と領域国の国内法違反で訴追されるリスクも高い」と警鐘を鳴らす。[54]ヘインズ報告も無人機のオペレーターを不透明な指揮系内に置くことは、あらゆる間違いの元であるという見方を示している[55]。

こうした疑念を払拭するには、CIAは、上記①と②の条件を満たす軍隊並みのまともな機関であることを内外に示す必要があろう。米側資料も国連報告も一切触れていないが、第一追加議定書四三条は、前述の「軍隊」の要件を示した後、「準軍事的集団や武装した法執行機関（武装警察など）を自国の軍隊に編入したときは、他の紛争当事者にその旨を通報する」と定めている。前述のICRCの解釈指針も「民間請負業者と文民たる従業員」の項で以下のような注を付けている。

専門家会合の間に表明された支配的意見とは、自国のために敵対行為に直接参加することを国によって許可された民間請負業者と従業員は、公式の（軍隊への）編入になるか否かにかかわらず、国際人道法上は文民でなくなり、同国の軍隊の構成員になるだろうというものであった。歴史上の私掠船に発付された私掠状から現代の戦闘員特権に至るまで、国の許可を得た敵対行為への直接参加は常に正当なものとみなされ、またそのようなものとして国内での訴追から免除されてきた[56]。

法理の上では、CIAが国際法遵守のための内部規律制度を備えた指揮系を有すると内外に示すことができれば、標的殺害という敵対行為に直接参加するCIA要員を戦闘員と解釈する余地はある。しかし、CIAが軍隊並みの機関か無法者集団かは外部からはうかがい知れない。正規の米軍の場合と異なり、非公然活動を担うCIAが「影の作戦」の行動指針や基準を軍事マニュアルなどで開示することは事実上不可能と思われる。

そもそも、CIAに国際法遵守の義務はないという見方すらある。プレストン演説はCIAの作戦について、合衆国憲法と国内法を遵守していると胸を張るが、国際法については「国際法の諸原則が適用されるかもしれない」としか述べていない[57]。第2章で述べたように、非公然型の対テロ標的殺害を行うには、タイトル50に基づく大統領事実認定の手続きが必要である。その条文には、大統領は米国憲法と国内法に違反する非公然活動を認可してはならないとあるが、国際法については触れていない。CIAの法律顧問に指名されたクラス氏（Caroline D. Krass）氏は二〇一三年一二月、上院情報特別委員会の公聴会において、大統領が国内法秩序に自動編入されていない非自動執行条約である国連憲章やジュネーブ諸条約に違反する非公然活動を認可することもあり得るという見解を示した[58]。

5．オバマ政権の主張に見え隠れする自衛万能論

苦しい米国の正当化論

以上の議論を整理すると、オバマ政権による対テロ標的殺害の国際法上の正当化は苦しいと言わざるを得ない。米側資料と国連報告を対比する限り、合意点より対立点のほうが目立ち、米国の主張は国際社会から浮いた存在のような印象すら受ける。

第一の難点は、9・11の武力攻撃に自衛の先行行為を求め、あのときの武力攻撃が今も継続してい

ると捉える米国の拡張自衛論にある。アルカイダが突きつける脅威のレベルは、今も当時と同じなのか。国連報告が指摘するように、テロリストが暗躍する領域国ごとに、対米テロをその都度、国連憲章上の自衛権発動の条件である「武力攻撃」に該当するのかを精査すれば、自衛権の行使が認められないケースは増えるだろう。「活発な敵対行為」が発生していない地域（例えば、パキスタンやイエメン、ソマリアなどの領域）では、ことさらそうだろう。

第二の難点は、アルカイダとその関連集団とのトランスナショナルな「武力紛争」には、地理的制約はないという主張にある。(59) この主張を突き詰めると、対米テロを画策しているアルカイダの幹部が世界のどこにいようが、所在国を問わず、標的殺害を実行しても、国際法的には問題ないことになる。極論を言えば、国際人道法上は、東京やパリ、ロンドンでも堂々と行えることになる。しかし、国連報告の領域限定論に則り、アルカイダとその関連集団の暴力を一括しないで、領域ごとに紛争を個別に精査すれば、武力紛争の存在そのものが危ぶまれる。

アルカイダの関連集団は、お互いに連携することはあっても、一枚岩の組織を形成しているわけではない。ましてや、イエメンで暗躍するアラビア半島のアルカイダやソマリアのアルシャバブは、9・11後に結成された集団である。イラクとシリアで暗躍する「イスラム国」は、もともとアルカイダと反目し合っていた。一方、事態を一定領域に限定すれば、個別の標的殺害が放つ暴力のレベルは低強度である。

第三の難点は、非公然活動を担うＣＩＡが、国際法遵守に向けた内部規律制度を備えた指揮系を持つ機関であると納得させる情報を開示することができないことにある。軍事マニュアルや内規を開示しないで、当局者がＣＩＡは国際人道法の諸原則を遵守していると口でいくら弁明しても、国際法軽視ないし無視の体質がこびりついている機関だという国際社会の疑念は消えないだろう。第一追加議定書四三条を盾に、米国政府がＣＩＡを米軍に編入したと宣言すれば、ＣＩＡ要員も戦闘員資格を持てると法理上は主張できると思われるが、その場合でも、編入に際し、非公然作戦の指揮命令系をガラス張りにすることは困難だと思われる。

自衛万能論

こうした行き詰まりを打開しようと、オバマ政権は「自衛万能」(robust self-defense) 論を持ち出して、標的殺害を正当化しようとしたように見受けられる。自衛万能論とは、低強度 (low intensity) のトランスナショナルな紛争では、武力行使に訴える事由を規制する目的規制 (jus ad bellum) 上の自衛権だけで、実際の武力行使まで正当化できるという論である。[60] アメリカの一部の国際法学者が提唱しているが、現代の国際法学では異端視されていると言っても過言ではないだろう。

仮に、米国が国際社会の批判を受け入れ、パキスタンやイエメンなどの非戦争地帯において、国際人道法上の非国際武力紛争は存在しないと譲歩したと想定しよう。紛争の烈度や継続性、領域支配の程度などの基準が法上の武力紛争のレベルに達しなかった。その場合、法執行活動に適用される国際人権法が適用されることになり、対テロ標的殺害の法的ハードルは一段と高くなってしまう。ちなみに、米国は、国際人権法の域外適用に概して消極的である。前に触れた多国間条約「市民的及び政治的権利に関する国際規約」の適用について言えば、米国政府の管轄権が及ぶ範囲の個人に限定されるという立場に固執している。[61]

そこで、オバマ政権は、目的規制の自衛権だけで標的殺害を正当化しようと考えた節がある。例えば、コー演説は、「武力紛争または正当な自衛に従事している国家が、致死力を行使する際、標的に法手続き（legal process）を提供する必要はない」（傍線筆者）と述べ、国際人道法上の武力紛争が存在しなくても自衛権だけを根拠に越境と殺害を正当化できるという考えを示唆した。[62]プレストン演説もＣＩＡが致死力を行使する際、武力紛争の存在で正当化することもできるが、自衛権を持ち出すだけで十分であると述べている。[63]二人の演説は、オバマ政権が対テロ標的殺害の合法性を武力紛争と法執行のいずれかの法枠組みで評価するのではなく、自衛万能論を加えた三つのカテゴリーで判断していたことをうかがわせる。

自衛万能論者によれば、対テロ標的殺害の行使には、交戦の仕方を規制（jus in bello）する国際人道法の諸原則を適用する必要はない。自衛の要件である必要性（捕捉・逮捕などの手段を尽くしたうえでの殺害）と均衡性の原則（攻撃の烈度は必要性を超えてはならない）を充足しさえすれば、殺害は合法だという。看過すべきでないことは、ここでいう自衛権は、国連憲章五一条の自衛権だけでなく、国際慣習法の自衛権も含むということだ。国連報告が指摘するように、テロ攻撃が五一条の自衛権の発動要件である「武力攻撃」のレベルに達しないことはあり得る。その場合でも、慣習法上の国家の「固有の自衛権」は主張できる。

社会の手によって違法行為を阻止する公的機関が存在しない国際社会では、自衛権は自力救済権、自己保存権の様相を強く帯びざるを得ない。慣習法上の自衛権を援用すれば、憲章上の自衛権の発動要件である武力攻撃に至らぬ法益侵害や、まだ顕在化していない脅威に対しても自衛権は柔軟に許容されると解される。米国は、この慣習法上の自衛権が国連憲章に吸収・編入されたという法理を盾に、少なくとも一九八〇年代からカウンターテロリズムや自国民の人質救出作戦を正当化してきた。

では、自衛ですべてを規制できるという国際法の枠組みが存在するとして、誰が自衛の反撃を行うのか。この点について、オーストラリア空軍の国際法学者であるヘンダーソン（Ian Henderson）は、自衛行為の主体を規制する国際法規は見当たらないと指摘する。国際人道法上の武力紛争下では、戦闘員資格の有無との関連で誰が標的殺害を実行するかが法的評価の論点になるが、武力行使の目的規制上の自衛行為に人道法は適用されない。それ故、ヘンダーソンは、自衛目的を達成するのに最善と判断すれば、文民であるＣＩＡ要員が非公然型の越境攻撃を行っても、自衛の要件である必要性と均衡性の原則を充足しさえすれば、そのこと自体が国際法違反の戦争犯罪を構成するとは考えられないという(64)。

米国にとって、自衛万能論は、対テロ標的殺害の批判をかわすうえで都合のよい法理だと言わざるを得ない。憲章五一条の自衛権発動の要件である「武力攻撃」と国際人道法上の「武力紛争」が存在しなくても、殺害の正当化を主張できるという「利点」がある。そのうえ、ＣＩＡは国際人道法違反の機関であるという批判も受けないで済む。

問題は、武力行使の目的規制が時の政権によって政治的・恣意的に解釈される恐れがあるという点にある。言うまでもなく、目的規制の観点から見て、たとえ不正な侵略戦争でも、いずれの側も交戦規制に従って合法的に戦わなければならないというのが現代国際法の立場である。つまり、前者の評価が後者の適用に影響を与えないとされる。国連憲章以前の時代と異なり、この二つの規制ルールは、武力紛争の全期間を通して適用されるというのが一般的な見方である。しかし、自衛万能論は、この法の平等適用を否定する。極論を言えば、国家の危急存亡の非常事態では、国際人道法を緩く解釈したり、適用しなかったりすることも許されると唱えているに等しい。アルストン報告は、自衛万能論について、武力行使の大義を不当な干渉の口実に利用し、国際人道法の違反行為を許してしまうと懸念する。[65]

6. グレーゾーン事態の規制に沈黙する国際法

非公然活動の合法性

ここまでは米側資料と国連報告を対比し、対テロ標的殺害をめぐる合意点と対立点を明らかにしてきた。しかし、双方とも一切触れていないが、避けて通れないと思われるのが非公然活動の国際法上の評価である。米国政府への帰属を秘匿し、米国の関与と責任を隠して誰の仕業かわからないように殺害することは合法なのだろうか。

一般論として言えば、非公然活動それ自体を禁止する条約も国際慣習法の規則も存在しないという見方が国際法学者の間で支配的である。[66] この通説によれば、公然の合法活動を非公然に行ったからといって違法になるわけではない。違法な非公然活動はあるが、自国政府の関与を秘匿するか否かで合法か違法かが別れるわけではない。米海軍の法務官であるアダムス（Michael Adams）の言葉を借りれば、「国際法は、明白で公に認識される国家活動と非公然の、または可視度の低い、不明確な国家手段（statecraft）を区別しない」[67]。情報開示（透明性）は望ましいが、それを明確に義務づける国際法規は見当たらないというのだ。

まず、テロ集団が暗躍する領域国への越境から見ていこう。憲章五一条は、自衛権の行使後、直ちに国連安保理へ自衛措置を報告する義務を課しているが、どの程度詳細に報告するかは被害国の判断に任されている。米国は二〇〇一年一〇月、9・11に対する自衛措置を安保理に報告した。二〇一四年九月には、シリア領内のイスラム国の施設に対する空爆を自衛権の行使だとする文書を提出した。しかし、アルカイダの関連集団に対する非公然の越境攻撃については報告していない。国際法学者のペリーナ（Alexandra H. Perina）は、たとえ報告義務を怠ったとしても、あくまでも手続き上の問題であり、国家の自衛権そのものが剝奪されるわけではないと結論している[68]。ペリーナの説に従えば、武力紛争法（国際人道法）においても、越境後の殺害作戦を公に開示するよう求める一般的な義務はない。そもそも、国家が自国の軍事作戦を秘密にしたがることは不自然ではなく、作戦概要の開示を求めるような条約が存在しないのも至極当然だという[69]。

当該事項に適用できる条約や国際慣習法の規則が存在しない場合、一般的には、「法で禁止されていないことは法的に許容されている」という一般的許容原則（ローチュス原則）が適用され、主権国家は禁止事項に触れない限り、何でも自由に行動できると考えられるという。この空白補充の法理に従えば、標的殺害が非公然活動のベールに包まれて行われたとしても、それだけで国際法違反だとは言えない[70]。

確かに、非公然活動は、他国の主権侵害や内政干渉など潜在的に違法の要素を孕んでいる。それにもかかわらず、国際法が非公然活動について沈黙を通しているということは、非公然活動に訴える権利を国家に付与していると認めているとも解すことができる。この権利の行使を前提にして、法政策学派の重鎮として知られるリースマン（Michael W. Reisman）らは、当該事項に関する非公然の武力行使（積極的非公然活動）について、以下のような合法性の評価基準を提示している。[71]

①それが自決といった国連憲章の基本的な政策目標を促進するか。
②最小の国際秩序の維持に資するか。
③公然の力の行使をも正当化する事態に当てはまるか。
④非公然の強制が他のより穏便な強制的措置を試みた後でとられたか。
⑤非公然の措置は、均衡性や無差別性という武力紛争の要件を満たしているか。

いずれも興味深い基準ではあるが、残念ながら、国際的に広く受け入れられている権威的な診断テストを構成しているとは言い難い。

グレーゾーンで生じやすい法の間隙

以上の考察から、オバマ政権が国際法に照らして非公然の対テロ標的殺害を正当化する際、最も頭を悩ませたケースが見えてくる。すなわち、武力紛争には至らぬが、警察による法執行活動では対処できない「戦時と平時の間のたそがれ時」のケースだ。日本の安保法制の概念を借りれば、「グレーゾーン事態」の場合である。

米国とアルカイダ、及びその関連集団との間に武力紛争（戦争）が存在することに疑問の余地がなければ、国際人道法（武力紛争法）が対テロ標的殺害に適用されることになる。その場合、殺害するか否かの判断基準は、人的標的の所属や戦闘員といった法的地位に求められ、敵を目視した途端、殺害しても法的に咎められない。つまり、殺害が「最初の手段」（first resort）であっても構わない。意図しないが、予期はされる民間人への付随的被害（collateral damage）も許される。

他方、武力紛争が存在しない平時であることが明白ならば、国際人権法が適用されるため、殺害のハードルは高くなる。テロ容疑者を逮捕し、「法の適正手続き」（due process of law）を踏んで処罰するのが鉄則だ。処罰の判断基準は、その者の行為にある。どのような違法行為を犯したか、犯そうとしているかが決定的に重要になる。国家の機関員が法執行活動の一環として犯人を殺害することは、やむを得ない状況でしか許されない。つまり、最後の手段（last resort）でなければならない。一般論として言えば、急迫不正の脅威に対する正当防衛や緊急避難の場合に限られる。その際、民間人の巻き添え死を事前に織り込むことは許されない。

問題は、パキスタンの部族地域や「テロ集団の聖地（sanctuary）」となっているイエメン、ソマリアなど非戦争地帯のケースである。オバマ政権が「激しい戦闘地域の外」（outside hot battlefields）とか、「活発な敵対行為が進行している地域外」と呼ぶ地帯では、戦時と平時の間のグレーゾーン事態が発生するケースが少なからずあると思われる。そこでは、公然の軍事戦術を行使すれば、戦時にエスカレートする恐れがあるため、非公然の戦術がまさに紛争を抑制する「中間オプション(middle option)」として政策決定者に重宝がられると思われる。

その場合、非公然の対テロ標的殺害に適用されるべきは、国際人道法と国際人権法のいずれなのか。戦時と平時が明確に峻別できるならば、特別法は一般法に優先するという原則で割り切ることもできる。戦時という特殊な状況では国際人道法、平時であれば一般法が適用されることになる。しかし、戦時と平時の中間領域では、人道法と人権法のいずれかの選択は容易ではない。現代の国際法では、武力行使を伴う域外法執行活動を規制する独自の国際法は存在しないという[72]。となると、前述の自衛万能論のように自衛関連法で押し切るべきなのだろうか。

国際人道法と国際人権法の二者択一ではなく、二つの法体系が同時に適用されるべきだと捉える「ハイブリッド・モデル」を採用するならば、両者の比重が次に問題となる。同じ灰色領域でも、より戦時色が強ければ、国際人道法の特別法としての適用範囲が広がり、逆に、平時により近ければ、一般法である国際人権法により拘束されるべきなのか。一般論として、国際人道法を制限的に適用し、人権法を積極的に活用すべきだという意見もあるが[73]、この目安をどのように具体的なルールに落とし込むべきなのか。両者の補完的な適用が機能しない場合は、自衛万能論を適用すべきなのか。最もフィットする法体系とルールについて、対テロ標的殺害の当事国や関係国の間でコンセンサスは不在のようだ。

このため、グレーゾーンでは、国際法上、法の間隙が生じやすいと言える[74]。対テロ標的殺害の行為主体の側からすれば、殺害という最後の手段を講じる前に、どの程度、捕捉の努力を尽くすべきなのかが不明確である。殺害に際し、付随的被害を織り込んでもいいのかどうかも不透明だ。こうした事案で禁止する規定がない以上、法的には何をしても許容されるという一般的原則が適用されるのか。アダムスは、活発な敵対行為が存在しない地帯における、非公然活動を含む「可視度の低い（low visibility）国家安全保障活動」について、「国際法が沈黙を通している以上、国家は、こうした手段を柔軟に行使する権利を有する」と解している。[75]

しかし、国連人権理事会の報告は、こう警告する。致死力を伴う対テロ作戦に国際法の基本原則を適用する際の法的な不確定性は、「国家がバラバラの異なる国家実行を行うこと許してしまう危険を孕んでいる。それは、（中略）生存権の保護を疎かにし、国際法秩序を脅かし、国際平和と安全を損なうリスクを冒すことになる」と。[76]

いずれにしても、活発な敵対行為が進行していない地域における非公然の対テロ標的殺害を規制する国際法規の不確定性は、米国内法制の規制の網と好対照を成している。これまでの章で詳述したように、この影の戦術は、大統領の憲法上の権限、議会による授権（制定法上の規制）、非公然作戦に関する手続き法令などによってしっかりと縛られている。その網の目に比べると、国際法の規制は穴が目立つと言わざるを得ない。

注目すべきは、こうした「法のブラックホール」にどのように対処したかである。それを最大限に利用したブッシュ政権と異なり、オバマ政権は標的殺害の基準を自ら厳格化し、「穴」を埋める方向へ動いたといえる。米側資料は、殺害対象の標的について、アルカイダとその関連集団の構成員のなかでも、重大な脅威を突きつける高位の幹部に限定されると強調している。ブッシュ政権のように、戦時だから、アルカイダの構成員（不法戦闘員）という法的地位を有する限り、誰であっても見つけ次第、攻撃しても構わないとまでは言っていない。オバマ大統領が二〇一三年に公表した方針によれば、殺害作戦は、民間人の付随的損害がほぼ皆無であることが確実視される場合に限られる。ただし、オバマ政権が自ら課したルールは、あくまでも政策的な自制であり、国際（人道）法の拘束を受ける（legal binding）制約とは言えない。

第5章 無人機攻撃の実効性と倫理
——問われる指導者の道義的責務

無人機攻撃に対する米国内外の批判の多くは、民間人の犠牲に関するものだ。（中略）いかなる戦争にもつきものだが、米国の攻撃が民間人犠牲という結果を招いたことは紛れもない事実である。遺族にとって、それは、いかなる言葉、法的概念をもってしても正当化されるものではない。（中略）自分（大統領）と自分の指揮命令下にいるすべての者は、生きている限り、こうした死に苛むだろう。（中略）しかし、最高司令官として、自分は、この痛ましい悲劇と他の選択肢を比較検討しなければならない。テロ・ネットワークに直面しながら、何もしなければ、一層の民間人犠牲を招くだけだろう。だから、何もしないという選択肢はあり得ない。

オバマ大統領が米国防大学で行った無人機攻撃に関する演説[1]（二〇一三年五月二三日）より

1. 無人戦闘航空機の概要

武装無人機の斬新性——リスク皆無

標的殺害は、古今東西の歴史に満ちている。例えば、国際政治学者の故ハンス・モーゲンソーによると、一四一五年から一五二五年の間だけでも、イタリア半島のヴェネツィア共和国で計画ないし実行された「外交政策上の暗殺」は、計二〇〇件に上る(2)。

しかし、無人戦闘航空機(Unmanned Combat Aerial Vehicle=UCAV)の出現は、情報技術の進展と相俟って、標的殺害に革命的とも言える変化を引き起こした。即ち、その実行者が自分の命にかかわる心配をまったくしないで、任務を遂行できるようになったのである。そこに、無人機攻撃の目新しさがあると思われる。

一般論として言えば、軍事技術の進展に伴い、武器(兵器)の使い手と武器の位置、使い手と標的の距離はいずれも遠くなる傾向にある。ナイフや刀で殺害する場合、それを手にする自分と相手の距離は近接しており、相手に危害を加えられるリスクは高い。弓矢よりピストル、即席爆発装置(路肩爆弾)、強襲ヘリ、戦闘機や爆撃機、ミサイルといった具合に、自分が武器と標的から離れれば離れるほど、身の安全にかかわるリスクは下がる。とはいえ、超高度からの空爆や長距離ミサイル攻撃でもリスクは皆無ではない。仮に敵に命を狙われる心配がないとしても、誤作動による事故で身を危険にさらすリスクは拭い去れない(3)。

これに対し、ＣＩＡが現在、パキスタンやイエメン、ソマリアなどでの標的殺害で使っているＵＣＡＶは、レーザー誘導の空対地ミサイル「ヘルファイア」を搭載し、紛争地から一万キロ以上離れた米国内の誘導ステーションから通信衛星を使って遠隔操作される。パイロット（操作員）は、エアコンの効いた部屋でスクリーンに映し出される戦闘空間を注視しながら、ミサイルの発射ボタンを押す。操作員が攻撃や事故の危険にさらされないため、ＵＣＡＶによる対テロ標的殺害は、「プレイステーション感覚の殺害」としばしば批判されるが、米兵の犠牲に責任を負わなければならない米国の指導者にとっては、実に魅力的な兵器である。

国際法の観点から対テロ標的殺害を評価する場合、無人機か有人機かで法的評価が異なることはない。大量破壊兵器のような本来的に無差別な兵器を搭載しない限り、兵器プラットフォーム自体に違法性はない(4)。前章で見たように、問題は、標的殺害をどこで、誰が、どのように行使するかにある。しかし、道義的観点からすれば、自国の兵士の生命にかかるリスクが皆無のＵＣＡＶと、兵士が犠牲になるリスクを無視できない他の兵器を同一線上で扱うことはできない。

本章では、対テロ標的殺害の中でも、リモコン操作の無人機攻撃に焦点を絞り、「命を懸けない戦争」が引き起こすモラルハザードについて検討する。それは、将来、人間の判断が介在しない自律型致死兵器（ロボット兵器）が実用化した場合に予想される戦争倫理の葛藤を暗示している。まず、無人機攻撃の概略と実効性について概説し、そのうえで本題の倫理の問題に入り、将来を展望してみる。

無人機の武装化

アメリカにおける、軍事利用を目的とした無人航空機（ＵＡＶ）の開発は、第一次世界大戦当時に遡る。自動操縦式航空魚雷の研究開発から始まり、第二次世界大戦では、無人機は、ドイツのＶ１発射基地の破壊などの実戦で使われたこともあるが、主に対空砲撃手の訓練用の空中目標機や、兵器や物資の輸送機として使われた。

冷戦が始まると、米軍は、情報収集・監視・偵察（ＩＳＲ）任務用の無人機の開発・配備を強化し、ベトナム戦争では、もともと目標機として開発されたファイヤービーを改良し、偵察機として頻繁に使用した。その後、米軍内における無人機への関心は衰退したが、一九九一年の湾岸戦争で再び盛り返し、ボスニア紛争でさらに高まった。米偵察衛星による撮影可能時間の限界を超え、セルビア軍の動きを分析するには、上空から長時間監視できる無人機が必要とされたのだ。(5)

こうした動きを強力に推したのがウーズリー（James R. Woolsey）ＣＩＡ長官である。一九九三年にＧＮＡＴ７５０と呼ばれる無人機改良プログラムを推進することをＣＩＡ内で決定した。同時に、国防総省も同様の無人偵察機の開発に乗り出した。その後、両機関は開発協力することになるが、これが現在の無人偵察機・プレデターの起源といわれている。(6)

プレデターが偵察任務で初めてアフガニスタン上空を飛行したのは、二〇〇〇年九月七日のことである。(7)ビンラーディンの所在情報をつかもうと、ＣＩＡは、ウズベキスタンの基地に移送したプレデターをＣＩＡ本部のステーションから遠隔操作し、アフガニスタン内を偵察する試験飛行を一五回行うことを提案し、空軍が実施した。偵察飛行は一〇回の成功を収め、このうち少なくとも二回は、

「ビンラーディンと思われる、白いローブを着た背の高い男」がスクリーンに映し出された。[8]

一方、無人機の武装化案は当初、アルカイダとは無関係に、一九九九年のコソボ紛争の教訓から生まれた。プレデターで戦車など移動式の標的の発見・追跡に成功しても、NATO軍の高高度からの空爆では、破壊が困難だった。二〇〇〇年夏頃から「見る」と「撃つ」の二つの機能をプレデターに持たせる案が空軍内で動き出した。プリデターとヘルファイア・ミサイルの「合体」である。[9] 空軍は二〇〇一年二月初めまでに、低空飛行のプリデターからヘルファイアを発射し、固定式の標的を射止める実験に成功した。続いて五月には、中高度から固定標的を狙う実験にも成功したが、高高度から車両や人間などの移動標的を狙うには技術的な問題が残った。

ブッシュ政権のハドレー大統領副補佐官は七月、CIAと国防総省に対し、プレデターの武装化を急ピッチで進め、九月一日までにアフガンへ飛ばす態勢を整えるよう指示した。[10] しかし、九月四日にホワイトハウスで開かれた関係閣僚会合では、武装プレデターは必要であるが、実戦配備は時期尚早との結論に達した。[11] プレデターが再びアフガンを飛行したのは9・11後の九月一八日。カブールとカンダハルを偵察飛行した。

武装プレデターが技術的な問題をクリアし、初めて実戦に投入されたのは、対アフガン空爆が始まった一〇月七日のことである。タリバーンの首領、オマール（Mullah Muhammad Omar）師を乗せた車の列を発見したが、近くにモスクがあったため、民間人の巻き添えを恐れた米中央軍のトミー・フランクス司令官は、プレデターのミサイル発射に二の足を踏んだ。[12] CIAがプリデター攻撃で初めて成果を挙げたのは一一月半ばのことである。F－15E戦闘機との連携攻撃によって、アルカイダのナンバー3、ムハメド・アテフ（Mohammed Atef）が殺害された。[13]

無人機の性能

無人航空機には、人間が不得意な「3D任務」、即ち、危険な（dangerous）、汚染環境下で行う汚い（dirty）、単純で単調（dull）な任務を遂行できる利点がある。[14] 現在、戦闘任務を担っているUCAVのプレデターとリーパーは、有人機より小型で敵に発見されにくい。しかも、ほぼ二四時間滞空することが可能なため、標的を発見次第、数秒で攻撃を完遂できる即応能力に秀でている（表5－1参照）。ちなみに、巡航ミサイルの場合、目標探知から破壊までに四～六時間は必要とされる。

米軍とCIAは、世界中にさまざまなセンサーを張り巡らせ、陸海空と宇宙を統合する監視システムを完備しており、戦場空間の全体状況をリアルタイムで把握できる。この情報システムと無人機システムを組み合わせることによって、無人機の標的探知・ヒット能力が一段とアップしたことは言うまでもない。

UCAVの命中精度は高い。命中精度を測る一般的な単位として、半数命中半径（circular error probability＝CEP）がある。発射したミサイルの半数が円内に着弾することが見込める円の半径を指す。UCAVから発射されるヘルファイア・ミサイルのCEPは、一五～二〇メートルといわれている。つまり、一〇基発射すれば、五基が半径一五～二〇メートルの円内に着弾すると見込めるわけだ。ちなみに、第二次世界大戦当時の米軍による空爆の場合、CEPは約一〇〇〇メートルに達していた。

表5-1　UCAVの性能(15)

機種	翼長/全長（フィート）	最高高度（フィート）	通過速度（ノット）	滞空時間（時間）i	最大積載量（ポンド）	搭載ミサイルii
プレデター	55/27	25000	100	24/20	450	2基
リーパー	66/36	30000	190	21/17	3750	4基

（米議会予算局＝CBO＝の報告書から作成。i 監視／偵察の場合。ii ミサイルはヘルファイア型の場合）

これだけ正確だと、他の兵器に比べ、無人機からの攻撃は、巻き添えによる民間人の付随的被害（collateral damage）を比較的小さく抑えることができる。即応時間が短いため、民間人が致死半径内に迷い込んでも、計算上は土壇場で攻撃を中止できる。ただし、民間人の犠牲者は、ゼロではない。そもそもCEPは、値がどんなに小さくなっても、発射数の半数が外れることを織り込んだ尺度である。

2．CIAによる無人機攻撃の実効性

無人機の爆発的な増加

国防総省が二〇一四年二月に公開した資料(16)によると、二〇〇二会計年度に計二〇四機だった米軍の無人航空機は、二〇〇四会計年度に約四二倍の八七五五機まで増加、一七年度末には計九三四七機に達する。このうち、米空軍が現在、偵察任務に頻繁に使用している最新鋭のグローバルホーク、戦闘任務を担うUCAVのリーパーとプレデターは、合わせて計二八機から三三七機に増加、一七年度中には四〇〇機の大台を超える。

表5-2　米空軍の主力無人航空機──保有数の推移

機種/会計年度	2002年	2012年	2014年	2017年
RQ-4グローバルホーク	6	30	40	54
MQ-9リーパー	0	96	167	250
MQ-1プレデター	22	163	130	110
計（機）	28	289	337	414

（国防総省の資料から作成）

UCAVの爆発的な増加の背景には、米兵の犠牲を嫌う米世論と国防予算の削減がある。

米国が軍事介入する際、米国民にとって最大の懸念材料は、米兵の犠牲と考えられる。例えば、一九九二〜二〇〇三年に実施された対イラク武力行使に関する一連の世論調査では、米兵の犠牲についての質問がない場合は米国人の平均六四％が武力行使に支持を表明したのに対し、米兵の犠牲についての質問がある場合は五〇％に留まった。[17]米兵の犠牲者数が増えると、大統領に対する支持率は下がるという研究もある。[18]

こうした調査や研究から予想されるとおり、米兵の生命が危険にさらされるリスクを度外視できる無人機に対する米国民の支持率は高い。ピュー・リサーチ・センターの調査によれば、米国人の過半数が無人機を使った対テロ標的殺害を支持している（グラフ5-1参照）[19]。米軍ではなく、CIAによる無人機攻撃の是非を問うと、米軍の場合より支持率は八〜一七ポイント減るが、それでも、六五％が支持しているという別の調査結果もある。[20]

さらに、リーマンショック後の国防予算カットの影響が指摘される。財政圧力を受ける厳しい経済環境下では、無人機は「最も賢明な税金の使い

グラフ5-1　無人機攻撃に対する米国民の支持率（%）

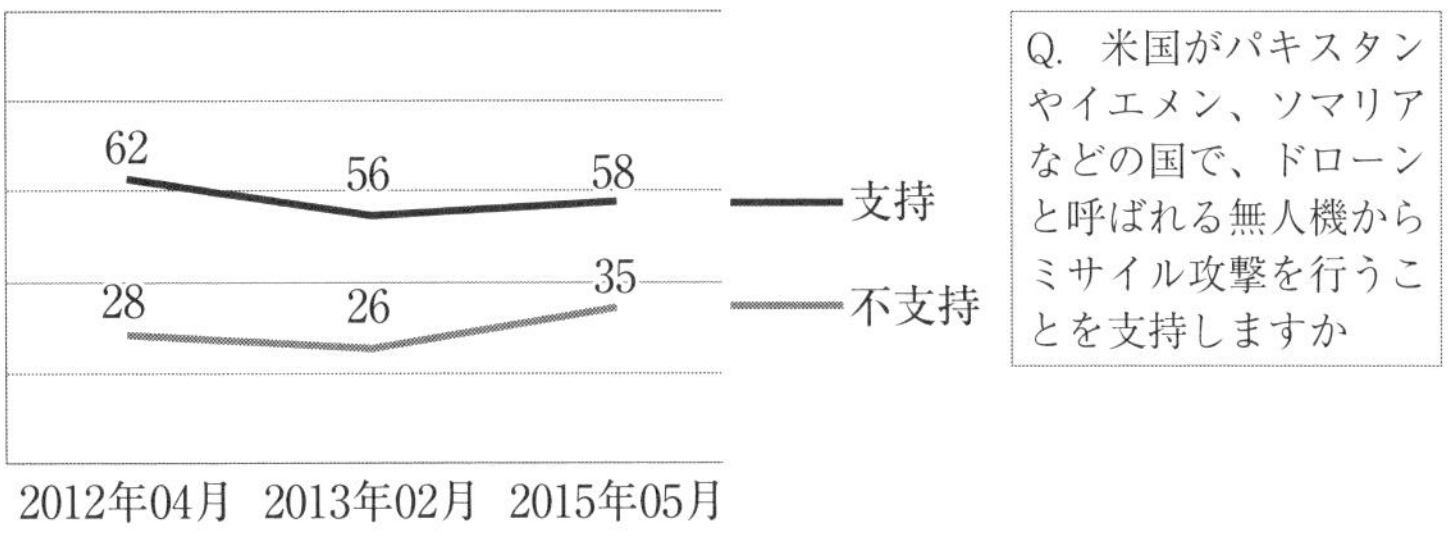

（Pew Research Center のデータを基に作成）

方[21]」という認識が米軍内で共有されるようになった。プレデターの場合、機体価格は約四五〇万ドルで、空軍の有人戦闘機F35の約三五分の一、F22の約八四分の一と安価だ。操作員の養成費も有人機のパイロットに比べ、一〇分の一以下で済むといわれる[22]。

無人機攻撃の実効性

パイロットの犠牲ゼロ、ピンポイント攻撃、比較的小さな民間人被害、米世論の支持、しかも、低価格。これだけ条件がそろうと、無人機攻撃は止まるところを知らない。CIAによる無人機からの標的殺害は拡大し、今や常態化している。

表5-3が示すとおり、パキスタンでの無人機攻撃は、ブッシュ政権時代の二〇〇四年から始まり、二〇〇九年のオバマ政権誕生で加速化し、二〇一〇年にピークに達した。翌年には下がり始めたが、代わってイエメンで増加するようになった。ソマリアでは、二〇〇七年頃から活発化した。パキスタンに限っても、殺害された「アルカイダとその関連集団」の活動家は計二四〇〇人を超える。他方、巻き添えによる地元住民の犠牲者は減少傾向にあるが、それでも死者総数の約一～三割を占める。

それでは、CIAによる無人機攻撃は、カウンターテロリズムとして効果を上げているのだろうか。無人機攻撃の実効性に関する研究は、対テロ標的殺害や指導者の斬首攻撃（decapitation）、民間人被害、自爆テロなどの研究のサブ・フィールドを構成しているといえよう。無人機攻撃そのものの効果を扱った研究は少ないのが現状である。さらに言えば、米側の人的被害を伴わないという無人機攻撃の特性とテロとの関係に焦点を当てた実証研究は見当たらない。とはいえ、無人機攻撃とテロとの関係に光を当てた研究領域を一瞥すると、二つの相反する見方が浮かび上がる。

テロ指導者の殺害を重視する研究者は、政治的・精神的支柱の喪失が組織の不安的化、崩壊に多大な影響を与えると見る。この見方によると、①新指導部への移行は容易に進まない、②爆弾製造や誘拐、資金調達、リクルートなどテロの技能を持つ人材は限られている、③追跡・攻撃をかわすため、コミュニケーションを遮断したり、常に隠れて逃走したりし続けなければならない――などの要因が重なり、過度のストレスが組織を蝕む。その結果、少なくとも、短期的には、テロの計画・遂行能力は削がれ、自爆テロの件数は減少傾向にあると説く[23]。

ジョンストン（Patrick B. Johnston）らの研究は、パキスタンでの無人機攻撃とテロ件数、犠牲者数との間に負の相関関係があると指摘する[24]。パキタンでの無人機攻撃とアルカイダ本体による欧米でのテロとの関係を分析したジョーダン（Javier Jordan）の事例研究も同様の見方を示している。二〇〇一～二〇〇六年に欧米で起きたテロ（二〇件）による犠牲者は三二〇〇人を超えていたが、パキスタンでの無人機攻撃が本格化した二〇〇六～二〇一二年に発生したテロ（一三件）では一人の犠牲者も伴わなかったというデータを挙げ、無人機攻撃が行われなかったならば、アルカイダ本体と欧米のテロ細胞との連携・協力はより活性化し、被害は一層激しさを増していただろうと推測している。[25]

逆に、無人機攻撃は、活動家の復讐心を助長し、報復テロの連鎖を招くという負の連鎖論を裏付ける研究もある。①アルカイダのような自律分散型ネットワークの場合、ピラミッド型の縦組織に比べ、指導者の喪失がネットワークに与える影響は小さい、②無人機攻撃による民間人被害は、地域住民の反米感情を煽り、テロ集団への共感を呼ぶ――などの理由から、無人機攻撃はテロリストの増殖を招くと説く。[26]

バーゲン（Peter Bergen）らは、米国がパキスタンで無人機攻撃を始めた二〇〇四年当時、同国で起きたテロは一五〇件程度だったが、二〇〇九年には一九〇〇件に激増したと分析し、無人機攻撃はテロを助長し、むしろカウンターテロリズムとしては逆効果だと説く。[27] また、スミス（Megan Smith）らは、無人機攻撃にもかかわらず、アルカイダのプロパガンダ能力は健在であるという。ネットワーク型の復元力は絶大で、ネットなどを駆使してシンパを増やしている。無人機攻撃がプロパガンダの発信を増やすとまではいえなくとも、無人機攻撃と発信能力とは無関係であると結論する。[28]

いずれも独立変数に無人機攻撃、媒介変数にテロ組織の特性（階層型、ネットワーク型、地域住民の共感・支援など）を据え、被説明変数のテロ件数との関係をモデル化しているが、まだ一般化できるレベルには達していない。結局、学問的には実証の問題だろう。さらなるモデルの精緻化と数量分析やケーススタディーの積み重ねが期待される。

しかし、死者数とテロの増減だけでは、無人機攻撃の実態はなかなかつかめない。数字では捉えに

表5-3　CIAによる無人機攻撃

〔パキスタン〕

年	件数	死者総数（人）	民間の犠牲者（人）	民間の犠牲者（%）
2004−07	10	179	98	55
2008	36	286	29	10
2009	54	543	62	11
2010	122	831	17	2
2011	70	505	56	11
2012	48	295	6	2
2013	26	143	4	3
2014	22	143	0	0
2015	10	55	2	4
2016	3	10	0	0
総計	401	2990	274	9

（New America Foundation のデータを基に作成）(29)

〔イエメン〕

年	件数	死者総数（人）	民間人の犠牲（人）	民間人の犠牲（%）
2002	1	6	0	0
2011	13	74	36	49
2012	44	236	10	4
2013	22	104	27	26
2014	18	109	7	6
2015	22	89	4	4
2016	34	114	0	0
総計	154	732	84	11

（Long War Journal のデータを基に作成）(30)

〔ソマリア〕

年	件数	死者総数（人）	民間人の犠牲（人）	民間人の犠牲（%）
2011	3	3	0	0
2012	2	6	1	17
2013	1	3	0	0
2014	3	14	2	14
2015	12	57	4	7
2016	14	248	4	2
総計	35	331	114	34

(Bureau of Investigative Journalism のデータを基に作成)(31)

くい間接的な影響も考慮する必要があろう。そこで、民間人被害の地域社会へのインパクトに絞って、体験談や目撃証言をいくつか拾ってみた。

(1) 住民の疑心暗鬼を煽る無人機攻撃

二〇〇八年一一月、ニューヨークタイムズ紙のローディ(David Rohde)記者(当時)は、タリバーンにカブール郊外で誘拐され、パキスタンの部族地域へ運ばれ、拘束された。約七カ月後に隙を見て逃走するまで、頭上で無人機が旋回する音を聞く度に恐怖を覚えた。いつ災難が自分に降りかかってくるか分からないと恐れたからだ。武装勢力は、無人機の餌食にならぬよう、大人数の会合を避けていたという。

翌年の三月二五日、南ワジリスタンの町で車両二台が無人機の攻撃を受け、パキスタンのタリバーンのメンバーら七人が死亡した。直後に見張り役から聞いた話では、住民が内通者として捕らえられ、足を切断されて自白を強要された挙げ句に殺害され、見せしめに遺体が町のバザールに吊るされた。「アメリカのスパイになるな」という住民への警告だ。(32)

いかに無人機の標的探知・選定能力が優れていても、精密誘導装置とセンサーだけで標的殺害を成功させることはできない。人的情報（ＨＵＭＩＮＴ）のネットワークが必須である。それをテロ集団側も熟知しているようだ。アムネスティ・インターナショナルの報告書によれば、部族地域では、住民から恐れられるスパイ摘発専門の武装集団が暗躍している。脅しのポスターが町のあちこちに貼られたり、携帯電話で脅されたりすることもあり、住民の疑心暗鬼を助長しているという[33]。

（2）ダブルタップ（double tap）戦術

スタンフォード大とニューヨーク大の法科専門大学院のチームがパキスタンの北ワジリスタンで行った聞き取り調査（二〇一二年九月公開）を見ると、ＣＩＡは、短時間の間にミサイルを連射するダブルタップと呼ばれる戦術を頻繁に行使している[34]。

住民の証言によれば、二〇一二年六月六日、一発目の負傷者を救助するために駆けつけた地元の救急・医療隊員五人が二発目の被弾で死傷した。この戦術は住民の間で広く知られており、後続の攻撃を恐れ、一発目の現場に誰も数時間は近づかない。六時間後に現場に入るというルールを設けている人道支援団体もある。

ダブルタップ戦術は結果的に、救急援助隊員を狙っているに等しく、住民の憤りを駆り立てている。この戦術行使による死傷は、国際人道法で容認される付随的被害の限度を超えており、区別原則や比例原則の重大な違反と見られるという。米側からすれば、オペレーターが指先で画面を二回軽く叩くだけの操作で済むが、地上の住民にとっては、まさに生死を分ける問題であるといえる。

（3）「事故」補償

二〇一二年九月二日午後四時前、イエメン中部の町・ラダア近くを走行していた大型バンに無人機のミサイルが着弾し、子ども三人と妊婦一人を含む乗客一二人が死亡した。イエメン政府は当初、武装勢力のメンバーが殺害されたとしていたが、遺族が激しく抗議した結果、「事故」により民間人が犠牲になったと認めた。

イエメン政府の情報筋がヒューマン・ライツ・ウォッチ（ＨＲＷ）に漏らした話では、「アラビア半島のアルカイダ」の指導者が乗った別の車両が同時刻に同じ道を走行していたらしい。この年の一月、武装勢力の進撃でラダアが一時的に陥落して以来、無人機が頻繁に出現するようになった。偵察任務だけならば、ほぼ毎日飛来した。

政府は二〇一三年六月、遺族に犠牲者一人当たり九万三〇〇〇ドル相当の補償金を支払うことに同意した。地元では、米国政府が負担しているのかと憶測を呼んだという。遺族の一人はＨＲＷに対し、「アメリカに何の問題もなかったのに、今は敵だと思っている。補償がなかったら、今頃、アルカイダに加わっているよ」と話した。(35)

3. 無人機攻撃が突きつける道義的問題

「正戦の伝統」を受け継ぐオバマ大統領

核廃絶を目指すと誓い、ノーベル平和賞まで受賞したオバマ大統領が無人機攻撃に執着した姿を奇異に思う人がいるかもしれない。二〇一六年五月には、現職大統領として初めて広島を訪問し、演説で「核兵器のない世界」を改めて提唱し、こう訴えた。「技術の進歩は、人間社会に同等の進歩が伴わなければ、人類に破滅をもたらす。原子の分裂へと導いた科学の革命には、道義上の革命(a moral revolution)も求められる[36]」と。

一体、オバマは、どのような「道義」を追求したのであろうか。計約四千人以上の死者が出たと推定される無人機攻撃の報に接すると訝しがる人もいるに違いない。

結論から先に言えば、オバマは、平和の理想に燃える絶対的平和主義者ではない。結果責任を問われる超大国の政治家として当然と言えばそれまでだが、詰まるところ、戦争を容認する正戦論者である。オバマは二〇〇九年一二月、ノーベル平和賞受賞演説において、次のように述べ、自身の戦争倫理観が「正戦の伝統」(just war tradition)に則っていることを明らかにした。

どんな形であれ、戦争は最初の人類とともに登場した。歴史の始まりにおいては、その道義性は問われなかった。(中略)やがて、法規範によって集団内での暴力の制御が模索されるようになった。哲学者や聖職者、政治家らは、戦争の破壊的な力を規制しようとした。「正しい戦争」という概念が生まれ、一定の条件が満たされる場合のみに正当化されるとされた。つまり、最後の手段または自衛として行われ、行使される武力が均衡しているものであり、可能な限り民間人に暴力が及ばないように行わなければならない[38]。

正戦の伝統[38]は、ヨーロッパで発祥し、古くはキケロや聖アウグスティヌスが唱え、トマス・アクィナス、グロティウスらに継承され、現代の国際人道法にも組み込まれている。正戦論者は、国家存続のためにはどんな手段も正当化されるため、国際政治や安全保障に道義が入り込む余地はないと唱えるリアリストと、いかなる戦争も悪として否定する絶対的平和主義者の中間に位置する。つまり、正当な事由と一定の条件に適えば、戦争や武力介入といえども許されると説く。暴力が避けられない場合は、それが他者に及ぼす危害を極力制限しようという立場である。

オバマは受賞演説で、敢えて正戦論に触れることによって、平和主義者という海外のナイーブな期待を打ち消そうとしたのではないか、受賞にどこか居心地の悪さを感じていたのではないかとつい邪推したくなるが、それはともかく、大統領は約三年半後の演説でも、9・11後の対テロ戦争について「正しい戦争である」と訴え、その要件である「均衡性、最後の手段、自衛」を満たしていると述べた[39]。

オバマが「アウグスティヌスやトマス・アクィナスの戦争論を学んだ学徒」であることは側近も認める[40]が、正戦論はオバマ政権の幹部の間でも共有されていたようだ。ホワイトハウスでオバマを補佐したブレナン（John O. Brennan）大統領補佐官（テロ対策担当、後のＣＩＡ長官）は、自身も正戦論の信奉者であり、無人機攻撃などをめぐる決定において正戦論の観点から大統領に進言していたと語っている。[41] 相反する選択肢の選択に迫られたときは、「どっちが正戦論の考えに最も根ざしているか」と、道義的判断を重視したという。オバマ政権にとって、正戦論はアカデミックな思想を超えて、実践的なルールに「昇華」していたようだ。

では、オバマ政権による無人機攻撃は、正戦論の諸原則を遵守していたといえるのだろうか。それとも、言行不一致だったと総括すべきなのか。以下では、正戦論のプリズムを通して、オバマ政権の無人機攻撃について道義的な評価を試みる。[42]

紙幅の制約上、正戦論のすべての基準を取り上げることはできない。パイロットの命にかかわるリスクが皆無という無人機攻撃の特性との関連で重要と思われる「区別原則」（非戦闘員免除）と「均衡性（proportionality）の原則」、「最後の手段」（last resort）の各基準に照らして、オバマ政権の無人機攻撃が要件を充足していたかどうかに迫り、無人機攻撃が政治指導者に突きつける道義的課題をクローズアップしてみる。

「区別原則」と「均衡原則」は「交戦の仕方」、「最後の手段」は戦争（武力行使の）目的を規制するための規範の範疇に入る。前章で述べたとおり、この三つは、国際人道法の基本原則でもある。しかし、ある軍事戦術が各原則に照らして合法だからといって、常に道義的に問題がないとは限らない。法秩序を前提としつつも、一層の正義を目指して「法律家のパラダイム」を超え、道義的な判断を下すことはあり得る。

区別原則と民間人犠牲の最小化義務

すでに詳述したように、区別原則は、戦闘員と民間人（非戦闘員）を常に区別し、軍事目標のみを狙うよう行為者に求め、民間人を故意に殺害することを禁止する。しかし、正戦論も国際人道法も、民間人の付随的被害を絶対的に禁止しているわけではない。戦争である以上、民間人被害は不可避であるとの前提に立ち、「不断の注意」を払って民間人被害という「副作用」を最小限に抑えるよう義務づけている。

さて、リモコン操作の無人機攻撃である。オバマ政権は、区別原則を貫徹するとともに付随的被害を回避する道義的責務をどこまで果たしたといえるのだろうか。

二〇一二年四月に当時のブレナン大統領補佐官が民間シンクタンクで行った無人機攻撃に関する演説を見てみよう。ブレナン氏は、武装無人機について、「民間人の付随的被害を最小限に抑えながら、軍事目標のみを正確に狙うことができる前例のない性能を持っている」、「アルカイダのテロリストと無辜の民をここまで効果的に区別できる兵器が初めて出現した」と評価した。続けて、こうした無人機を使う米国の攻撃は、法的にも倫理的にも「正しい戦術」であると強調した[43]。

ブレナン演説の行間から読み取れるのは、テクノロジー至上主義である[44]。技術的に優れた精密誘導兵器を使用することによって、米国（ＣＩＡ）は区別原則だけでなく、巻き添えの犠牲を最小限に抑える義務も十分果たしている、と言いたいのだ。

確かに、前節で触れたように、武装無人機は上空で長時間、標的を監視し、最適な瞬間を見計らってミサイルを発射し、正確に目標を狙うことができる。技術的には、有人機に比べ優位に立つかもしれない。しかし、いかに精密誘導兵器が優れていても、テクノロジーが自動的に戦闘員と民間人を区別するわけではない。そもそも、標的の所在情報をつかむには、人的スパイ情報が不可欠である。情報収集・分析の過程で過誤があれば、誤爆の恐れはある。アルカイダやタリバーンのシンパは、普段は民間人を装って生活している。現在のところ、彼らがどこまで敵対行為に参加すれば、正当な人的標的になるかを決めるのは人間である。優れた技術を駆使するだけでは、道義的責務を積極的に果たしているとは言い難い。

結果の均衡

では、民間人の付随的被害は、どの程度ならば、道義的に許されるのか。それを判断するのが「均衡性の原則」である。この原則の下では、攻撃に伴う我がほうの予期される軍事的利益と、予期される相手方の付随的被害が釣り合っていなければならない。前者に比べ後者が「過度」な武力行使は、倫理的に不当と見なされる。

単純化を恐れずに言えば、均衡原則とは、敵兵一人を殺害するのに絨毯爆撃は「御法度」、ということだ。故意でなければ、どんなに民間人犠牲を織り込んでも許されるわけではない。民間人を殺害する意図はなくても、多くが巻き添えで死に至る「副作用」が十分予見される場合は免責されない。刑法でも、「未必の故意」は犯罪を構成する。

問題は、釣り合っているとはどういうことか、ということだ。(45) ジュネーブ諸条約第一追加議定書は、攻撃に際し以下の「予防措置」をとることを求めている（57条2a）。

（Ⅱ）攻撃の手段及び方法の選択に当たっては、巻き添えによる文民の死亡、文民の損傷、民用物の損傷又はこれらの複合した事態を過度に引き起こすことが予測される攻撃を行う決定を差し控えること。

（Ⅲ）予期される具体的かつ直接的な軍事的利益との比較において、巻き添えによる文民の死亡、文民の傷害、民用物の損傷若しくはこれらの複合した事態を過度に引き起こすことが予測されることが明白になった場合には、中止し又は停止する。

比較考量の共通尺度を欠いているため、どこまでの民間人被害が「過度」なのかの判断は難しい。具体的な程度や規模は、その都度、個別の状況に合わせて柔軟に判断せざるを得ない。その際、個人の主観や政治的バイアスが入り込む余地があることは否定できない。

無人機攻撃の均衡性を検討する場合、とりわけ、特定のテロリストを殺害することで得られる軍事的利益の解釈は曖昧である。殺害件数だけでなく、ターゲットが重要人物かどうか、テロ組織の壊滅やテロの再発防止などへの影響も勘案する必要があろう。本来ならば、攻撃ごとに事例研究を実施し、指導者や作戦立案者がどのように均衡点を見出そうとしたのかを考察しなければならないが、ＣＩＡの機密のベールに包まれているため、それは現実には不可能に近い。民間シンクタンクのデータを基に、攻撃に行き過ぎがあったかどうかを時系列で見てみよう[46]。

表5-4　民間人被害の比較（推定値）

	死者総数（A）	民間人の死（B）	B/A（%）
部族地域での米軍の特殊作戦（1）	32	12	37.5
部族地域でのパキスタン軍の作戦（2）	1440	451	31.32
イスラエル国防軍による標的殺害（3）	427	175	40.98
1990年代の世界平均（4）	—	—	88.89

〔Avery Plaw, *Counting The Dead: The Proportionality of Predation in Pakistan*より[47]
（1）パキスタン部族地域で2008年3月12日、9月3日、2011年5月2日に行われた米軍特殊部隊の強襲作戦など　（2）パキスタン軍が2002年4月～2007年3月に行った作戦　（3）第2次インティファーダ以降の推定値　（4）世界中で起きたすべての紛争を対象〕

ＣＩＡがパキスタンで行った無人機攻撃で犠牲になったと推定される民間人は、表5－3で示したとおり、二〇〇四年～二〇一六年の間で計二七四人。死者総数の推定一～二割を占めている。無人機攻撃の対象である部族地域で行われた米軍特殊部隊やパキスタン軍の作戦などと比較すると、無人機による民間人犠牲の規模はかなり小さいといえるだろう（表5－4参照）。

一方、無人機攻撃で殺害されたと推定される「テロリスト」は、計二四四〇人を超える（表5－5参照）。通算すると、テロリスト一人の殺害に民間人〇・一一人の犠牲が付随する勘定だ。この比率をどう判断するかは難しい問題だが、アフガンにおける米軍特殊部隊による夜襲では、比率は一対一・二六に跳ね上がる[48]。二〇世紀に発生した武力紛争では、戦闘員一人の殺害に平均一〇人の民間人犠牲が伴ったという報告もあ

表5-5　パキスタンでのCIAの無人機攻撃で
殺害されたと推定される「テロリスト」

年	テロリストの推定値（人）	指導者（人）	民間の犠牲者
2004-07	58	3	98
2008	208	12	29
2009	371	12	62
2010	779	19	17
2011	416	8	56
2012	269	8	6
2013	139	11	4
2014	143	7	0
2015	53	1	2
2016	10	2	0
総計	2446	83	274

（New America Foundation のデータを基に作成。指導者とは、各年の推定数のうち、高価値標的（high value target）と呼ばれるテロ集団のリーダーを指す）

る[49]。

しかも、殺害された「テロリスト」の中には、パキスタン・アフガン運動のバイツーラ・メスードやアルカイダのアティヤ・アブドルラーマンら米国が高価値とみなす指導者八三人も含まれる。したがって、こうした数字から功利的に判断する限り、無人機攻撃に行き過ぎはなかった、軍事的利益と付随的被害が釣り合った攻撃であるという見方は一概に否定できないだろう。

然るべきケア

ここまでは、均衡原則の「一般論」を無人機攻撃に当てはめたに過ぎない。「法律家のパラダイム」の中で導き出される結論と言えるかもしれない。しかし、均衡性の判断に際し、費用対便益を機械的に弾いただけで、米側パイロットの命が危険にさらされるリスクは度外視している。この肝心の要素を勘案しないと、適正な均衡点を見出せない。実質的に公平な判断は下せないだろう。

このような考え方を共有しつつも、正反対の主張を展開する二つの正戦論を対比してみよう。一つは、アメリカの政治哲学者で正戦論の代表的論客であるウォルツァー（Michael Walzer）らの見方で、自国の戦闘員保護より敵国や介入先の民間人保護を優先する。[50] これに対し、イスラエルの哲学者であるカシャー（Asa Kasher）らは、逆の優先順位をつける。[51] 双方とも伝統的な正戦論に「バイアス」が内在するため、兵士か民間人のいずれかに「重り」をつけて推し量らないと、釣り合わないと見る。[52]

ウォルツァー流の正戦論を採用すれば、前記の比率（テロリスト一人の殺害に民間人〇・一一人の犠牲）でも、釣り合いがとれているとはとても言い難いだろう。米側パイロットの命にかかわるリスクがゼロの無人機を使用する以上、付随的被害も限りなくゼロに近づけないと、釣り合わない。たとえ大物でも、標的は一人だ。もとより多少の民間人犠牲は仕方がないといった抗弁は通用しない。

次のシナリオを考えてみよう。[53]

ある軍事目的を達成するのに二つの戦術があるとしよう。一つは、相手方の民間人被害はゼロと予期されるが、自国の兵士一〇〇人の命を危険にさらす。もう一つは、民間人一人と兵士一人の命を危険にさらす。指導者や司令官は、どちらを選ぶべきか。

ウォルツァーならば、迷わず前者と答えるだろう。たとえ自国の兵士一〇〇人の命を危険にさらしても、相手方の民間人犠牲を一人も出すなと主張するに違いない。そもそも敵対行為から身を守る手段を持ち、そのための訓練を受けている戦闘員と、その術を持たない民間人のリスクを同等に扱うことはできない。ウォルツァーは、付随的被害を最小限に抑えるために「然るべきケア」（due care）を払い、「民間人の命を救う積極的なコミットメント」を最大限に果たして当然であると言う。[54] そのために、たとえ「自国兵士の生命が危険にさらされるとしても、そのリスクは甘受しなければならない」[55]と。

しかし、自軍を犠牲にしてまで介入先の民間人を保護せよと言っても、現実には、それを指導者や司令官が責務として全うするのは容易なことではない。もとより準拠すべき正戦論の原則は許容的で、均衡性などの基準は曖昧である。それ故、武装無人機は、ウォルツァーの目には、「危険なまでに蠱《こ》惑《わく》的なテクノロジー」[56]と映る。

自国パイロットのリスクを勘案しなくて済むようになると、民間人保護の苛酷な責務から逃れようとする誘惑につい駆られる。対テロ標的殺害に対する「重石」がはずれ、注意義務が散漫になり、いとも簡単に攻撃に走り、結果的に付随的被害の発生率が上がってしまう、というのだ。ウォルツァーは、ＣＩＡが実行していたといわれる、一定地区の成人男子をみな標的と識別する特性攻撃（signature strike）を例に挙げ、「もはや、これは標的殺害とは言えない」と批判する。[57]

ウォルツァーらの議論を受け入れるならば、無人機攻撃では、米側兵士やＣＩＡ要員が生命のリスクを抱える戦術――例えば、有人機攻撃や特殊部隊の投入など――で払う「然るべきケア」より一層細心のケアを払わなければならない。具体的には、破壊力の小さい爆弾の使用やミスのない操作を意味するだろう。無論、ダブルタップのような戦術は禁物である。標的とされる個人の行動スケジュール、所在、家族、活動パターンなどについてのきめ細かな情報収集も必要だ。この過程で予見される米側の人的犠牲のリスクはとらなければならない。さらには、無人機攻撃による付随的被害だけでなく、それが引き起こすと予見されるテロ集団側のテロによる民間人犠牲への配慮まで求められるだろう。例えば、自警団やスパイ摘発組織による住民の拷問・処刑といった間接的な被害だ。

不必要なリスク回避の原則

ここまで民間人保護を重視するウォルツァー流の人道的な正戦論に対し、カシャーらは、自国の民間人を守るために戦う戦闘員の生命と尊厳をあまりに軽視していると反論する。国際人道法についても、事実上の「文民人道法」(civilarian law)だと批判的である。正戦論も国際人道法も自国の戦闘員保護より他国の民間人保護を優先する「バイアス」が内在するため、自国の戦闘員を不必要な危険に陥れ、最終的に自国民の安全を損なう悲劇的な結果を招きかねないと懸念する。(58)

カシャーらにとって、武装無人機は、こうした「偏重」を矯正する道具である。前記の比率を維持できれば、均衡性の原則を十分満たすと判断するのではないか。民間人の付随的被害を補ってなお、「お釣り」が来る、というところだろう。

カシャーによれば、自国兵士は「ユニフォームを着た市民」だ。その命は、介入先の民間人の命より重い。後者がテロに直接・間接に関与しているかを見極めるために、自国兵士が犠牲になるリスクをとることは道義的に正しくない。(59)ウォルツァーが重視する「然るべきケア」は、兵士の価値を「値引き」する行為に等しい。

もちろん、民間人保護は重要だが、いま問題にしている民間人とは、自国の実効支配が及ばない地区の住民だ。中には、自発的にテロ集団の周辺で活動し、喜んで集団の「盾」になったり、必要なときに銃を携行したりする、テロに間接的に関与している者もいる。換言すれば、危害を加える恐れが全くない無辜の民とは言い難い。それゆえ、カシャーは、こう断言する。自国兵士の生命に最終責任を負う民主国の指導者が国民に対し、テロとの共犯性を完全に否定し切れない、異国の住民の命のほうが戦闘員の命より重いと公言できるはずがないと[60]。

このような立場からすれば、パイロットのリスクを考えなくて済む無人機は、「理想の兵器」である。米海軍研究教育機関の倫理学者、ストラウーザー（Bradley Jay Strawser）は、カシャーらの議論を一歩進め、無人機使用の道義的義務論を展開する。その中核である「不必要なリスク回避」の原則は、こう指導者や司令官に指南する。即ち、ある道義的に正当化される殺害を達成するのに有人機と無人機の選択肢がある場合、無人機の区別原則を充足する能力が少なくとも有人機と同等かそれ以上ならば、不必要なリスクをとらないで済む無人機を使用する道義的義務があると[61]。

米軍の武装勢力鎮圧（COIN）作戦

さて、ウォルツァー流とカシャー流のいずれの正戦論を無人機攻撃に適用すべきなのか。

民主国であれば、命の重みは自国兵士に傾斜しがちである。無人機攻撃に関する米国内の世論調査を見る限り、それも自然の流れだと思う。現実には、ナショナリズムの制約を超えて、介入先の民間人保護を優先するウォルツァー流の道義的判断を受け入れることは困難かもしれない。自軍を犠牲にしてまで民間人保護を優先しろと言っても、犠牲が積もりつもれば、肝心の自国民の安全を損なう恐れもある。

単純な解決策などあろうはずがない。それを百も承知で敢えて言えば、二つの理由から、ウォルツァーらの説を採用するほうが無難かつ賢命ではないかと思われる。

第一に、指導者が自軍の勝利のためには、然るべきケアの道義的箍《たが》を緩めても構わないと兵士たちに指導すれば、それを兵士たちはできるだけ緩く自分たちに都合よく解釈するだろう。もとより自分たちの命がかかっているのだ。解釈の余地が広がれば、戦闘員保護と民間人保護の価値相殺(trade-off)が容易につかない場合、例えば、テロリストかどうかの判断がつかない場合は、「接近するなどのリスクをとらないで皆殺せ」と、極端な判断を許すことにつながる恐れがある。結果的に、不審者だけでなく、「無辜の通りがかりの人たち」(innocent bystanders)が危害を受けるリスクを激増させかねない。

第二に、然るべきケアを最大限払って、無人機攻撃の付随的被害を極力ゼロに近づけないと、住民の犠牲のうえで米兵の犠牲をゼロにしていると受け取られるだろう。つまり、最新テクノロジーを駆使した巧妙な「リスクのつけ回し」(risk transfer)をしているというメッセージを介入先の住民に発信しかねない[62]。それは、反米感情を煽り、さらなるテロを誘発するという逆効果を招きかねない。そもそも、無人機攻撃は、命を懸けない卑怯な、正々堂々としてない戦法と見られがちである。

ちなみに、米軍がアフガンで展開した反乱鎮圧作戦(counterinsurgency、COIN)に関する限り、カシャーよりウォルツァー流の戦争倫理観に近い。そこに派遣された陸軍兵士と海兵隊員が準拠すべき軍事提要「対武装勢力作戦FM3-24[63]」は、米軍の犠牲のうえで民間人被害を少なくすることを前提にしている。

その第七章「ＣＯＩＮのためのリーダーシップと倫理」は、現場の若手・中堅クラスに対し、次のように指導している。

- ＣＯＩＮを含む非正規戦の戦闘では、しばしば、非戦闘員に対する危害を最小減に抑えるために、兵士と海兵隊員にある程度のリスク受け入れを義務づける。このリスク引き受けは、「戦士のエトス」（Warrior Ethos）の根幹部分を成す（７－21）[64]。
- 均衡原則と区別原則は戦闘員に対し、非戦闘員に対する危害を最小減に抑えるだけでなく、潜在的な危害も最小減に抑えるため追加的なリスクをとることに積極的にコミットするよう求める（７－30）[65]。
- 兵士と海兵隊員が敵と接近して戦ったり、明けても暮れても犠牲に耐えたりしている姿をしのぐには、固い決意と強靭な精神が必要である。平時の勤勉と厳しい訓練を通して、リーダーはこうした特性を身につけ、戦闘でも維持しなければならない（７－14）[66]。

ＣＯＩＮのミッションは、武装勢力が反乱を起こしている地域に大規模の地上軍を投入して住民の安全を確保し、武装勢力を封じ込めることにある。それを成功に導くには、介入先の人心をつかむ必要がある。そのためには、住民の犠牲は極力避けなければならない[67]。それ故、敵を殺さなければ、自分も殺されてしまうギリギリの状況まで攻撃を控え、「確実に敵と分かるまで撃つな」が鉄則である。

しかし、これを遵守すれば、米軍の犠牲はほぼ確実に増す。じじつ、COINは、二〇〇九年にオバマ政権の対アフガン戦略の要として導入され、三万人が増派されたが、それまでの八年間で計四〇九人だった米兵の死者数（非戦闘による死者は省く）は、〇九年からの五年間で三・五倍に急増した[68]。

平和を遠ざける命を懸けない恒久戦争

では、オバマ政権がパキスタンやイエメンで多用した無人機攻撃は、「最後の手段」という正戦のもう一つの条件を満たしていたのであろうか。果たして、あらゆる平和的手段を尽くす努力をしたうえでの最終手段だったと言えるのかどうかを検討してみよう。

地上軍を大量に投入する戦争を最後の手段と見なせば、確かに、無人機攻撃は、戦争のハードルを上げる役割を果たしたと言える。しかし、無人機攻撃そのものが最終手段としての役割を果たしたかは甚だ疑問である。それに踏み切る前に、「テロリスト」の捕捉・逮捕に最善を尽くしたと言い切れるのだろうか。

オバマ大統領は、イエスと断言したが、万難を排して捕捉とテロ容疑者の米国内での裁きに道筋をつけた形跡はない。生きたまま米国に移送し、刑事裁判にかけるより殺害したほうが国内政治上のリスクとコストが遙かに低いと踏んだのではないか。

グアンタナモ収容所とCIAの海外秘密収容施設の閉鎖を公約に掲げた大統領にとって、捕捉した

「テロリスト」をどこに収容し、どこで刑事裁判にかけるかは頭の痛い問題であった。グアンタナモで一時的に拘禁するにしても、第三国の移転先を見つけなければならない。米国内への移送と裁判に共和党が猛反対していたからだ。9・11テロの起案者といわれるアルカイダの幹部、ハリド・シェイク・モハメド（Khalid Sheik Mohammed）をニューヨーク連邦地裁で裁く当初の計画は、ニューヨーク市長や連邦議会の反対で断念せざるを得なくなった経緯もある。米国内での裁判を押し通せば、新たなテロの呼び水になりかねないとの不安を煽り、反対運動を招く。無人機で殺害してしまえば、こうした政治的な火種を抱え込まなくて済む。

一方、無人機攻撃には、政治的な摩擦が生じにくいという「利点」がある。一般論として言えば、米兵の犠牲は、「遺体袋症候群」（body bag syndrome）を引き起こす。遺体袋が米国に戻る場面がテレビで流れると、厭戦ムードや撤退圧力が国内に生じ、戦争終結を民主的討議の俎上に載せる。COIN作戦の是非が常に問われ、米軍のアフガンからの撤退スケジュールが議論の的になったゆえんだ。

しかし、国民の「痛み」を伴わない無人機を使えば、このシンドロームから容易に免れることができる。とりわけCIAの非公然活動のベールに包めば、ことさらそうだ。民主的な監視の網に引っかからないため、介入反対の国内世論は形成されそうにもない。じじつ、無人機攻撃は、大統領選の争点にもならなかった。要するに、無人機攻撃のハードルはかなり低い。楽に飛び越えられるといえよう。

この議論を突き詰めると、果てしない「無人機戦争」（drone war）の構図が浮かび上がる。つまり、無人機を多用し、「命を懸ける戦争」に伴うリスクとコストの負担を回避すると、国内政治上の摩擦が生じにくくなるため、「戦争継続」に弾みがつき、果てしない「戦争」が常態化し、中長期的には米国の安全を損なうリスクが高まる――というパラドックスである。

通常の戦争は、平和を達成するための手段であり、時間的な終わりを前提としている。しかし、殺害されるリスクがなくなると、戦争に「ブレーキ」がかかりにくくなる。つまり、止める理由を見つけるのが難しくなる。その結果、オーストラリアの国際政治学者、エネマーク（Christian Enemark）の言葉を借りるならば、無人機戦争は、物理学でいう「永久運動」のように果てしなく続くことになる。[69]

問題は、この長期化・恒久化のモメンタムを承知で、無人機攻撃を多用することは、暴力を極力制限しようとする正戦論の立場から道義的に許されるのか、ということに尽きる。時間的な制約の必要性を意識しないで「終わりのない戦争」へ突入することは、政治的にも道義的にも無責任のそしりを免れないのではないか。

少なくとも、オバマ大統領は、こうした道義的問題の深刻さを自覚していたようだ。二〇一三年五月に行った無人機攻撃に関する演説において、「武力だけで私たちを安全にすることはできない。（中略）過激主義の源泉を削減する戦略を欠く中での恒久戦争は、自滅的であり、米国を厄介な方法で変質させてしまう」と述べている。[70]

しかし、「負けなければ勝ち」とばかりに紛争の長期化を目指すテロ集団側の抗戦意思に挫けずに、この「恒久戦争」から抜け出す体系的な戦略と政治的手腕を持ち合わせていたかは定かではない。オバマの胸中は複雑であったに違いない。グアンタナモ収容所の閉鎖問題に対する大統領の対応をより詳しく見てみよう。

〝実行不可能〟な連邦裁判所での裁き

ブッシュ大統領は二〇〇一年一一月、軍事命令を発布し、捕えたテロ容疑者を国防長官が指定する収容施設に拘留し、不法戦闘員として軍事委員会で審理する用意をするよう命じた[71]。これを受け、翌年一月にキューバのグアンタナモ米軍基地に設置された収容施設が開所し、被拘禁者はピーク時（二〇〇三年六月）に六八四人に達した。同時に、CIAもアフガンや東欧諸国に秘密の暗黒収容施設（black sites）を設けた。これらの収容所で水責めなど拷問と紙一重の強化尋問が行われ、やがて米国の内外で論争が巻き起こった。連邦最高裁は三回の判決を通して、戦争法に従って、被拘禁者を戦争が終結するまで拘置することはできるとしながらも、人身保護令状を請求する管轄権を剝奪した軍事委員会の手続きには違憲判断を示した。

オバマ大統領が目指したのは、こうしたブッシュ政権の「負の遺産」の精算であった。二〇〇九年一月の就任直後に一連の行政命令を発布し、グアンタナモ収容所を遅くとも一年以内に閉鎖する方針を打ち出した。同時に、被拘禁者の審査が終了するまでの間、軍事委員会に関するすべての手続きも停止し、軍事委員会への起訴を一時的に凍結した。

ところが、一年どころか、大統領の任期切れまでに収容所が閉鎖されることはなかった。二〇一七年一月一九日現在、四一人の被拘禁者が残ったままだ[72]。大統領の閉鎖方針に対し、「財布の紐」を握る議会から反対論が噴き出し、二〇一一会計年度国防授権法に被拘禁者のグアンタナモから米国内への移送と移送支援のために国防予算を使うことを禁じる条文が盛り込まれた。議員の多くが選挙区に危険なテロリストが移送され、米国内で裁くことに反対した。メディアの注目度の高いテロ裁判は、新たなテロの呼び水となり、選挙に悪影響が出かねないと恐れたからだ。

大統領が国防授権法案に拒否権を行使することは、対テロ戦争に必要な軍事予算を断念しなければならないことを意味し、事実上不可能である。グアンタナモ収容所の閉鎖を実現するには、予算決定権を握る議会への説得が必要であり、オバマ大統領は議会側と協力して妥協点を探る努力をしなければならなかったと言える。

オバマは当初、収容所を運営し続ければ、①世界における民主主義と法の支配のリーダーを自任してきた米国の評判を落とす、②過激派を勢いづかし、米国の安全保障を損なう、③予算と人員の浪費につながる――などの理由を挙げ、収容所を閉鎖しても米国の安全が脅かされることはないと訴えた。さらに、非戦闘地帯で捕えられた被拘禁者については、連邦地裁での裁きが最適であるとの判断を示した。しかし、オバマが議会の説得に向けて積極的にリーダーシップを発揮した形跡はない。むしろ、議会側の反対の流れに乗ったように見受けられる。

政権内のリベラル派の代表と見られていたホルダー司法長官は二〇〇九年一一月、前述のモハメドら五人の被拘禁者を移送し、ニューヨークの連邦地裁で裁く方針を発表した。オバマ大統領の理解と了承を得たうえでの決定であった。ところが、ニューヨーク市長や連邦議会から反対論が噴き出すと、オバマは政権内の現実主義派に組みするようになり、ホルダー長官は連邦地裁での審理方針を断念せざるを得なくなった。オバマは二〇一一年三月、軍事委員会への起訴凍結方針を撤回する方針を発表し、これを受け、ホルダー長官が翌月、モハメドら五人を連邦地裁ではなく、グアンタナモの軍事委員会で裁くという方針転換を正式に表明した。

こうしたオバマの優柔不断ともいえる言動に対し、大統領の支持基盤であるリベラルな人権団体と法曹団体は、ブッシュ政権時代のテロ対策と何も変わらないと痛烈に批判した。一方、ブッシュ政権で副大統領を務め、タカ派のネオコンとして知られるチェイニー氏は、テロに弱腰の大統領では米国の安全が危ういなどと煽った。

こうした左右からの「突き上げ」に直面したオバマは、同年一二月頃には非協力的な議会の説得を諦める方向へ舵を切ったように見受けられる。国防授権法に署名する際の声明(署名時声明)を手掛かりに、大統領の対応を見てみよう(73)。

二〇一一会計年度法案に対する署名時声明では、議会側を批判しつつも、被拘禁者の米国内への移送を禁じる条文の削除に向け、今後も「議会と協力していく」姿勢を表明していた。しかし、同様の禁止条項が盛り込まれた二〇一二年度法案に対する声明では、議会は権力分立の原則に反して大統領の憲法上の権限を侵害していると批判している。被拘禁者を移送して連邦裁判所で裁くため、議会と協力していくとの文言は消え、大統領権限に基づく行政府の単独行動で問題解決を図る姿勢を鮮明にしたと言える。この姿勢は、任期最後の二〇一七年度法案の声明まで変わらなかった。

この間、非公然の対テロ標的殺害か捕捉作戦かの選択を迫られると、オバマ大統領は殺害のほうに傾いたという。オバマ政権発足時にグアンタナモに収容されていた被拘禁者は計二四一人。その倍以上のテロ容疑者が一期目の終わりまでに無人機攻撃で殺害されたと推定される。オバマの側近たちによると、大統領は、高価値のテロ容疑者を捕えても拘置する場も裁く場もない以上、殺害するほうが政治的なリスクが遙かに小さい、という政権内の現実主義派の見解を受け入れたという。

完結した拘禁政策の欠如によって、捕獲より殺害を選択するインセンティブが生まれたことは否定できないだろう。ある側近は、調査報道の記者に対し「これは誰も決して公言しなかったことだが、常にみんなの脳裏を占めていた[74]」と振り返っている。


以上の検討から、為政者が「無人機攻撃は道義的に正しい」と胸を張るには、過酷な政治的決断と持続的な政治的努力が不可欠であることが確認された。ウォルツァー流の戦争倫理観に立てば、正戦論の均衡性の原則を満たすには、自軍の兵士の犠牲を増やしてまで敵側の民間人保護を手厚くするという決断が求められる。民間人の間接的被害まで積極的に勘案する責任を果たす覚悟が必要である。ただし、その責任を自国の安全を守る自軍の兵士にだけ押し付けるのはフェアではない。国民も相応の責任を負うべきだろう。テロの恐怖に怯えたり、テロ警戒で日常生活に支障が出たりする期間が長期化するかもしれない。為政者は、こうした事態を国民と議会に説得し、理解を得る努力を尽くさなければならない。最後の手段の原則でも、無人機攻撃による「戦争風」を止めるには、テロ容疑者を国内で裁くことへの理解を得る啓蒙・啓発努力は避けて通れない。

オバマ大統領は、こうした点で政治家と国民、軍人が参加する熟議の必要性は認識していたが、それを実現させるために政治的手腕（statecraft）を発揮したとは言い難い。これが、オバマ政権八年の無人機攻撃に対する筆者の総括である。

4. リモコン型から自律型ロボット兵器へ——殺害の判断を機械に委任?

無人機は、急速に拡散しつつある。米議会会計監査局(GAO)の報告書によれば、二〇〇四年に四一カ国だった保有国は、二〇一一年末には七六カ国に増えた[75]。現在、開発に従事している国は五〇カ国を超える[76]。国家だけでなく、非国家主体による入手も懸念されており、ヒズボラは対イスラエル用にすでに配備済みといわれる。イスラム国も商業用ドローンを改造し、ラッカなどで米軍を攻撃したと報じられた[77]。

各国は、航空用だけでなく陸上、海上、水中用の無人兵器も開発・保持している。その種類も増えており、大きさで言えば、マッチ箱から昆虫、歩行ロボット、ボーイング737のサイズまでさまざまである[78]。現段階では、まだ遠隔操作(リモコン)型が主流であり、人間の指示をまったく受けなくても戦闘任務を遂行できる致死性自律兵器システム(lethal autonomous weapon system, LAWS)は存在しない。

米軍は現在、攻撃・殺害の意思決定の輪(loop)の中に人間の関与が必要であるとし、自律性の高い殺人ロボット兵器の開発・使用を少なくとも二〇二二年一一月まで禁止する方針を掲げている[79]。しかし、各国は自律型ロボット兵器の研究・開発を加速化させており、その先も米国がこの方針を堅持するかは定かではない。リモコン型は、オペレーターとの間で軍事通信衛星による大量のデータ伝達が必要であり、ジャミングや電磁スペクトルによる操作妨害の撹乱リスクに脆弱である。米軍の軍事イノベーション戦略から判断する限り[80]、この分野における優位が競争相手である中ロに相殺されつつある、という脅威認識を抱いている。

こうした中、人工知能（ＡＩ）開発が進めば、ＬＡＷＳ完備のロボット兵器が実戦配備される可能性があるとして、ヒューマン・ライツ・ウォッチなどのＮＧＯは、「殺人ロボット禁止キャンペーン」を展開している[81]。国連でも二〇一四年から「特定通常兵器使用禁止条約」（ＣＣＷ）締約国会議の場で、倫理的側面を含むＬＡＷＳの諸問題について審議している[82]。この先、リモコン型から自律型兵器への流れが強まるにつれ、これまで見てきた道義的問題も一層深刻化すると思われる[83]。

人間の判断が介在しない自律型に移行すると、前節で検討した過酷な政治的決断と努力は一層閑却されてしまうのだろうか。「最後の手段」を尽くすことを怠り、リモコン型でも低い「戦争への敷居」をさらに下げかねない。リモコン型以上に区別原則や均衡原則を厳しく解釈し、民間人への付随的被害をより積極的に受け入れる用意があるのか。自律型殺人ロボット兵器を持つ国同士が対峙すると、紛争がエスカレーションしがちになるのではないかという見方も出ている。

しかし、まず問われるべきは、「人の生死にかかわる決定権を機械にどの程度委ねるべきか」であろう。これは、同じロボット兵器でも、リモコン型では生じない、自律型に特有の道義的問題であると言えよう。二つの正反対の見方に触れておく。

一つは、ジョージア工科大のロボット学者、ロナルド・アーキン（Ronald C. Arkin）らの説で、完全自律型ロボットに殺害の判断を委ねても倫理的な問題は生じないと論じる。事前のプログラミングによって、国際人道法と正戦論の区別原則や均衡原則などの原則に反するか否かを判断し、正しい選択をする「倫理的統治者」（ethical governor）のメカニズムを開発すれば、ロボットは人間以上に諸原則を遵守することができると主張する。[84]

アーキンは、米軍のイラク戦争に関する報告書を引用し、戦闘員の非戦闘員に対する暴力、冷たい対応の多くは心理的要因に根ざしていると分析し、この点、自律型ロボットは恐怖心、復讐心、偏見、興奮、疲労といった感情を持たないため、人間より判断ミスは少なく、倫理的に行動することができると指摘する。[85]

こうした楽観論に対し、オーストラリアの政治哲学者、ロバート・スパロー（Robert Sparrow）は、倫理的統治者が開発されたとしても、万能ではないと警戒感を露わにする。[86]スパローは、ロボットの区別原則・均衡原則遵守の能力について、瞬時の判断が求められる空中戦ではロボットのほうが優位かもしれないが、敵が民間人の影に隠れて暗躍する都市での対テロ戦や対反乱鎮圧戦では問題は解決されないと見る。

さらに、殺害すべきか否かの判断を自律型ロボットに委ねた場合、ロボットの行動に誰が責任を負うべきなのかと問う。完全自律型の無人機が実戦に投入され、人間のパイロットが行えば、戦争犯罪を構成する行為（例えば、武器を投棄し、降伏の意思表示を明確にしている敵部隊への爆撃）を犯した場合、道義的な責めを負うべきは、兵器のプログラマーなのか実戦配備を命令した上官なのか、それとも、機械そのものなのか。ある程度の国家責任は免れないと見られるが、国家内での責任体系が不透明になってしまうと懸念する。

スパローは、システムが自律型になればなるほど、プログラマーや上官が予測ないしコントロールできない選択をする能力を獲得するため、両者に責任を負わすことはフェアではないと考える。また、責任は賞罰を伴うが、機械に現実的な懲罰を与えることは困難であると言う。したがって、三者のいずれにも責任をとらすことができない殺人ロボットの使用は、道義的に正しくないと結論する。

両説とも未踏の分野への挑戦的な知見と言えるが、いずれもどれだけ現実的なのか疑問視せざるを得ない。こうした技術はまだ存在しないため、想像の域を出ない。LAWSをめぐる道義的な議論は、まだ始まったばかりであるが、正直、SF映画や小説の世界のシナリオのような印象は否めない。アーキンもスパローも、各国がいったん自律型兵器システムの開発に着手すれば、完全自律化への圧力は不可避でほぼ自動的であるとの見通しに立っているように見受けられる。大量のデータを瞬時に情報処理する能力が競われる戦闘空間において、感情に左右される人間の中途半端な介入・道義的判断はかえって致命的になりかねないと見ているようだ。二人の違いは、完全自律化による「戦争の脱人格化」の是非にあるといえる。

しかし、この両極端の間に「人間・機械協働システム」を位置づけることは可能である。人の生死にかかわる決定権を機械に委ねるべきか否かではなく、どの程度委ねるべきかという問題に深く向き合うべきだろう。自律性の程度は選択できるのではないかと思う。人間の判断をサポートする技術の開発が望まれる。

第6章
「オバマの正義」とビンラーディン殺害作戦

大きな犯罪は自然を害《そこな》い、そのため地球全体が報復を叫ぶ。悪は自然の調和を乱し、罰のみがその調和を回復することができる。不正を蒙った集団が罪人を罰するのは道徳的秩序に対する義務である（ヨサル・ロガト）

ハンナ・アーレント『エルサレムのアイヒマン』より(1)

はじめに

今晩は、米国民と世界のみなさん。私は今夜、アルカイダの指導者であり、何千人もの無辜の男女、そして子どもたちの殺人（murder）に責任を負うオサマ・ビンラーディンに対する殺害（kill）作戦を合衆国が遂行したと報告することができます。(2)

二〇一一年五月一日午後一一時半（米東部時間）、オバマ大統領はテレビ演説を通じて、オサマ・ビンラーディン殺害作戦の概略を発表し、アルカイダによる大規模テロの犠牲者と遺族らに対し、殺害によってついに「正義は貫かれた」と報告した。(3)

作戦暗号名「海神《ネプチューン》の槍」を敢行したのは、米海軍特殊部隊の精鋭・シールズの中でもとりわけ高い練度と士気を誇る二三人編成の特命班だ。アフガニスタンの米軍基地から二機のヘリに分乗し、標的が隠れていたパキスタンの都市アボタバードの邸宅を強襲し、隊員の犠牲も周辺住民の付随的被害も伴わずに目的を遂げて帰還した。

米国が十年近く行方を追い続けてきた9・11の首謀者をついに「仕留めた」というニュースが流れると、群衆がホワイトハウス前やニューヨークのグラウンド・ゼロに集まり、「USA、USA」を連呼した。その直後の世論調査によれば、ビンラーディンの「殺害は正当化される」と答えた人が八割以上を占めた。(4) 低迷気味だったオバマ大統領の支持率も直近の調査時に比べて一〇ポイント近く上昇した。(5)

各国政府の反応も概して肯定的であった。国際法や国内法の観点から作戦の違法性を主張した国はごく僅かである。パキスタンは、主権侵害を非難したものの、殺害そのものの合法性については論評を避けた。国連の潘基文・事務総長（当時）は声明の中で個人的見解と断りつつも、「正義が貫かれたという知らせにとても安堵している」[6]と語った。

一体、オバマ政権が力によって示した「正義」とは何か。これが本章の課題である。ここで議論したいことは、オバマ政権がどのような正義観を抱き、その正義を裁判ではなく、武力行使（戦争）を通して実現しようとしたことの是非である。

オバマ大統領は、一〇分弱の演説において「正義」という言葉を五回も使った。しかし、大統領や政権幹部の発言を実定法の観点から吟味する限り、米国政府がビンラーディン殺害によって、どのような正義をどのように追求したのかは分明ではない。米国政府による殺害の正当化には、刑罰権に基づく「応報的正義」（retributive justice）と、自衛権に基づく「戦争の正義」（just war）の言説が交錯している。このため、殺害が法執行か戦争のいずれの一環なのかは判然としない。

筆者は、「オバマの正義」に中世ヨーロッパの神学的正戦論や近世自然法学派の正戦論が色濃く反映していると主張したい。少なくとも、オバマの正義を当時の正戦論との類比で理解することは可能であると思う。邪悪なテロリストに対しては、刑罰戦争や予防戦争に訴えて不正を是正しても構わないという正義観がオバマ演説から透けて見えるからだ。しかし、かかる積極的な正戦論に照らしても、ビンラーディン殺害を道義的に正しい行為と断言することはできないと論じたい。

以下、まず、ビンラーディン殺害を公表したオバマ演説のテクストを精査し、「オバマの正義」

の輪郭を描く。次いで、この正義と近世自然法学者の代表格であるフーゴ・グロティウスの正戦思想との類比を探る。そのうえで、オバマの正義を体現したともいえる「海神の槍作戦」を事例にとり、グロティウスの正戦論に照らして、司法過程を経ない裁判抜きの殺害が必要不可欠であったのかどうかを検討する。最後に、ナチス・ドイツによるユダヤ人虐殺にかかわったアイヒマン（Adolf Eichmann）被告に死刑判決を出した裁判とビンラーディン殺害を対比し、超法規的な殺害（extra-judicial killing）による正義追求の問題点について考察する。

1.「オバマの正義」の言説分析

ビンラーディン殺害に関するオバマ演説は、米国内の各層に受け入れられるように「正義」の言説を紡いで対テロ標的殺害を正当化した力作である。善くも悪くも、9・11以降の対テロ戦争の節目を画したスピーチとして後世に語り継がれるだろう。

オバマ大統領は作戦終了直後、ビンラーディンのDNA鑑定の結果やパキスタン側の反応を確かめるまで「成果」を発表しないつもりだったが、現地からすぐに漏れるに違いないという閣僚の意見を受け入れ、一時間以内に演説の草案を作成するよう幹部に命じた。(7) しかし、広報担当者らは、正義の言説を紡ぐに当たり、事前にオバマの正義観を質し、政権内で入念な認識の擦り合わせを済ませていたと思われる。(8) それゆえ、演説に滲む正義観をオバマ氏個人の見解に過ぎないと切り捨てることはできない。政権としての見解が反映されていると見るのが自然だろう。

というのも、演説直後から政権幹部も一斉に正義に言及し始めたからだ。ホワイトハウス高官が未明に行った記者会見を皮切りに、クリントン国務長官、ゲーツ国防長官、ホルダー司法長官、カーニー大統領報道官らが会見や声明の中で、大統領と同様にビンラーディン殺害を正義と捉える発言をしている。[9] 当時、CIA長官だったパネッタ氏は、オバマ演説について「自分と同僚の心情をきちんと捉えていた」と振り返っている。[10]

もう一つの理由は、オバマの演説へのこだわりが強いからである。オバマは、その後も演説で正義について積極的に発言している。例えば、二〇一六年一月の任期最後の一般教書演説では、テロに弱腰との批判を意識して、「正義は貫かれるという米国の誓約、つまり私の公約を疑うなら、ビンラーディンに尋ねてみろ」と強気の発言をしている。[11]

それでは、この歴史的な演説において、「オバマの正義」の言説は、どのように紡がれているのか。演説のテクストを精査すると、四つの顕著な特徴が浮かび上がる。

正義の追求は大統領の責務

オバマ大統領にとって、いわば「国民の悲願」である正義の追求・実現は為政者の責務であった。この自覚を「オバマの正義」の第一の特徴として挙げておこう。正義は、米国内の文脈だけでなく、国境を越えてまで達成しなければならない理念に昇華されている。

端折って言えば、9・11テロの首謀者であるビンラーディンに正義の裁きを下すというアメリカ国民の悲願を自分が果たした、というのが演説の大筋である。オバマは、正義を追求したくてもその手段を持たぬ遺族らに代わって、大統領権限で国家の機関員を総動員して正義の鉄槌を下したというストーリーが展開する。

古典的な正義論の区分に従えば、ここでの正義は、「配分的正義」に基づき均等に分配された財や名誉、権利が侵害されたとき、制裁や賠償によって不法行為と罰との間の等価性を求める「匡正《きょうせい》的正義」(corrective justice)の範疇に入るといえよう(12)。

オバマは演説の冒頭、ビンラーディン殺害作戦を実行したと要点を簡潔に述べた中で、ビンラーディンは法的・道義的に有責であるとの見方を示した。米国にとって、ビンラーディンは数千人を謀殺(murder)した責任を負う犯罪者なのだ。この点を強調することによって、彼を殺害(kill)しても米国は法的・道義的責任を問われない、悪人の身から出た錆であると大統領が確信していることを浮き彫りにした。

演説はこの後、国民の記憶に焼き付いた9・11の惨状を振り返り、深い悲しみの中から強い団結心と愛国心が生まれたと続く。9・11の悲劇は、ビンラーディンやアルカイダの狙いに反して市民活動を活性化し、市民同士、市民と政府との紐帯を強固にし、アメリカ人は一つの家族として結束するようになったという。同時に、ビンラーディンらに正義の裁きを下すことでも一致団結したと強調する。

演説は、こうした匡正的正義の追求・実現に向け、オバマ大統領がリーダーシップを発揮したという主張に多くの字数を割いている。例えば、ビンラーディン追跡の端緒をつかんだ二〇一〇年八月以降、オバマが自ら作戦を主導し、「ついに先週、行動を起こすのに十分な情報が揃ったと判断し、オサマ・ビンラーディンを捕えて正義の裁きにかける作戦の実施を認可した」と述べている(13)。国民が正しいと信じていることをかなえられない大統領に誰もついてこない、と思っているかのようである。

ちなみに、演説の中で「I（私は）」は七回登場する。このうち五回は、自分が作戦を主導した旨の主張に関連している。米軍が二〇〇三年五月、イラクのフセイン大統領を捕捉したことを公表したブッシュ前大統領の演説では、「I」は三回出てくるが、自身の役割についての言及は皆無である。[14]ブッシュが作戦の「傍観者」だったとすれば、オバマは「最高経営責任者（CEO）」だという見方が浮上するゆえんである。[15]

神の正義

第二に、「オバマの正義」は、神の正義が自分たちの側にある、という確信に支えられている。米国政府とアメリカ人を正義の追求に駆り立てるのは、「神に選ばれた民」という選民意識に支えられたピューリタンの使命感であるともいえる。

かつて文化人類学者の故マーガレット・ミードは、ピューリタン革命の指導者オリバー・クロムウェルの「神を信じ、そして火薬をしめらせるな」（believe in God and keep your powder dry）という言葉にアメリカ的信条の神髄を見出したが、オバマ演説を読んでミードの国民性研究を想起したのは筆者だけであろうか。[16]

「神の正義を信頼し、万全の備えを怠らなければ、自分たちは無敵である」というクロムウェルの確信がいまも健在であることは、演説の最後のくだりで露呈する。

国の安全確保は、まだ完全ではない。しかし、今夜、アメリカがいったんやると決めたことは何でもできるということに改めて気づいた。追求するものが国民の繁栄だろうが、全市民の平等のための闘争だろうが、我われの価値のために海外で立ち上がろうというコミットメントだろうが、世界を安全な場所にするための犠牲だろうが。これこそ、我われの歴史だ。我われがこうしたことをできるのは、自分たちの富や権力の故ではない。まさに我われたるゆえんである。つまり、神の下で、万民のための自由と正義が約束された一つの不可分な国だからである。

「神の下で、万民のための自由と正義が約束された一つの不可分な国」(one nation, under God, indivisible, with liberty and justice for all) という成句は、公立校の公式行事などでしばしば暗誦され、アメリカ人なら誰でも知っている「アメリカ合衆国旗への忠誠の誓い」からの引用である。全体として、神の国・アメリカでは、万民のための正義が担保されているのだから、目的を貫徹しようという意志を堅持し、万全の備えを怠らなければ、自分たちは必ず勝利するというメッセージが込められている。逆に、アルカイダが世界のどこで暗躍していようとも、アメリカによる正義の鉄槌から決して逃れることはできないという警告と受け取ることもできる。

ここで指摘しておくべきは、演説はイスラム圏との「文明の衝突」を避けようとしているものの、基本的には、キリスト教の神を念頭に置いているということだ。

たしかに、キリスト教以外の宗教にも寛容で多様な国柄であることを強調して、「出身がどこであろうが、どの神に祈ってようが、人種や民族が何であろうが、我われは、あの日、一つのアメリカの家族として結束した」という。「アルカイダは、わが国を含む多くの国でムスリムを大量殺戮している。だから、彼（ビンラーディン）の死去は、平和と人間の尊厳を信じてやまないすべての人に歓迎されるだろう」とも語っている。

しかし、「今日成し遂げたことは、この国の偉大さと、アメリカ人の決心の固さの証である」(today's achievement is a testament to the greatness of our country and the determination of the American people）とアメリカ精神を鼓舞するくだりでは、聖書や神と人間との聖約という意味も含むtestamentという単語を使い、キリスト教の神に見守られている中での証であることを言外に誇示している。

米国は、政教分離の原則を掲げる共和国であるが、ピューリタン的な宗教言説がいまも政治に深く入り込んでいる。「神の正義」に訴えるオバマ演説は、アメリカのアイデンティティーをある意味で如実に示している、と言えるのではないか。

戦争は法執行の手段

さて、オバマ大統領は、どのような正義を追求しようとしたのであろうか。「オバマの正義」の第三の特徴は、戦争を法執行の手段と捉え、応報的正義の実現を目指している点にある。この核心的な特徴に迫る手がかりは、演説に登場する「正義」という言葉の前後に「戦争」についての言及があることに見出される。二つはワンセットになっているかのようだ。正義の手段と目的について触れたくだりを見てみよう。

我われは、自分たちの国を守り、残虐な攻撃を行った者たちを正義の裁きにかけるという決意でも一致団結した。すぐに我われは、9・11攻撃がアルカイダの仕業だと分かった。オサマ・ビンラーディン率いる組織で、アメリカに公然と宣戦布告し、この国と世界中の無辜の人々の殺害を使命にしている組織だ。それ故、我われは、この国の市民や友好国、同盟国を守るため、アルカイダとの戦争に踏み切った。（We are also united in our resolve to protect our nation and to bring those who committed this vicious attack to justice. We quickly learned that the 9/11 attacks were carried out by al Qaeda—an organization headed by Osama bin Laden, which had openly declared war on the United States and was committed to killing innocents in our country and around the globe. And so we went to war against to protect our citizens, our friends and our allies.）

ここで着目したいのは、bring to justice という成句だ。この言い方には、公正な手続きが約束される裁判所（法廷）へ悪人を連行し、裁いて処罰することが含意されている。つまり、ビンラーディンを刑事司法（criminal justice）に基づく法執行（law enforcement）を通して正義の裁きにかけることでもアメリカ人は結束したと言いたいのだ。

ただし、その直後に対アルカイダ戦争に突入したと続くことから、戦場で正義の裁きを下し、加罰しようとしたというのが文章全体の趣意である、と読み取るのが自然であろう。とすれば、「オバマの正義」は、裁判と戦争を同一視し、戦争を法執行の究極の手段と捉えているといえる。この点は、次のくだりでより鮮明になる。

戦争は代償を伴う、とアメリカ人は承知している。とはいえ、我われは、国として、自分たちの安全保障が脅かされることを決して容認しないし、国民が殺されたのに手をこまねいたりはしない。我われは、この国の市民や友好国、同盟国の防衛を徹底的に追求する。我われは、自分たちを自分たちたらしめる価値観に正直でありたい。今日のような夜には、アルカイダのテロで愛する者を失った家族に対し正義は貫かれたと言うことができる。(So Americans understand the costs of war. Yet as a country, we will never tolerate our security being threatened, nor stand idly by when our people have been killed. We will be relentless in defense of our citizens and our friends and allies. We will be true to the values that make us who we are. And on nights like this one, we can say to those families who have lost loved ones to al Qaeda's terror: Justice has been done.)

最後の justice has been done という慣用句は、通常、刑罰(法執行)による応報的正義の実現を意味する。つまり、9・11などの不正なテロ行為を犯したビンラーディンらに相応の報いとして刑罰をついに科した、処罰したと遺族らに言いたいのである。テロの犠牲者が被ったものと同等の報いをビンラーディンらに受けさせることによって、道徳的な原状回復を求めることに正義の狙いがある。

オバマ大統領はビンラーディン殺害の三日後、9・11の救援活動で活躍したニューヨークの消防隊員らに対し、作戦を実行した特殊部隊について、こう語っている。「パキスタンに入って、とてつもないリスクを厭わなかった男たちは、この州で亡くなった犠牲者のためにやったのだ。亡くなった君たちの同志の名においてやったのだ」[17]と。殺害から五年目の節目には、CNNとのインタビューにおいて、あのときの正義について問われ、「願わくは、あの（ビンラーディンの最後の）瞬間、アメリカ人は彼が殺したほぼ三千人のことを忘れていなかった、と理解したならばいいのだが」と回顧し、応報的正義にこだわる姿勢を示した[18]。

こうした発言も踏まえると、文頭にある「戦争」という言葉は、正義の戦争（正戦）を意味し、その範疇には不正な犯罪者に対する応報を目指す刑罰戦争も含まれていると解釈すべきだろう。戦争は、不正に対する刑罰権の行使と了解されており、オバマ氏にとって、刑事司法の手続きを経た処刑と武力行使（戦争）による懲罰は大同小異のようだ。

広い「防衛」の範域

ここで看過すべきでないのは、オバマ演説で戦争の目的として掲げられている「防衛」（defense）の範域がかなり広いことである。第三の特徴に関連してはいるが、広い「防衛の範域」を「オバマの正義」の第四の特徴として挙げておく。

先の引用の中にある、米国の安全が脅かされたり、米国人が殺されたりするのを決して座視しないという主張や、「この国の市民や同盟国、友好国の防衛を徹底的に追求する」という決意表明などと勘案すると、差し迫った脅威に対する自衛や進行中の侵略に対する反撃だけでなく、刑罰とその威嚇（みせしめ）によるテロ再発の抑止と予防まで防衛の範疇に含まれていると理解すべきだろう。時間的にいえば、現在の攻撃や侵略をかわすだけでなく、過去と想定される未来の脅威にも配慮して自国を守ることまで防衛に入っている、といってよい。

演説の後半で「対米再攻撃を防ぐためなら何でもするという決意のほどは決して揺るがない」と力説するくだりは、先制自衛攻撃どころか予防戦争まで容認した「ブッシュ・ドクトリン」を想起させる。短期的には、テロの脅威はたいしたことがないように見えても、年月を経るうちに米国側は不利になり、対米再攻撃という最悪事態を招きかねない。そう常に警戒すべきだと主張しているようだ。

じじつ、オバマ政権は、国際法から海神の槍作戦を正当化するに当たり、「脅威の急迫性」の意味を広く捉え、「差し迫った脅威」に対する自衛の範疇に先制・予防攻撃も含めている。

はかりかねる大統領の真意

繰り返すと、演説に滲む「オバマの正義」は、①応報的正義の追求は大統領の責務という自覚、②神の正義に支えられているという確信、③戦争は法執行の手段という考え方（刑罰戦争の容認）④広い「防衛」の範域、の四つに特徴づけられる。

しかし、このような正義観は、現代の法システム下では、奇妙に映るかもしれない。とりわけ、違和感を覚えるのが第三の特徴ではないだろうか。法実証主義が支配的な現代の法体制では、戦争と法執行は相互に関連しつつも、別個の異なるカテゴリーに属する法規範を形成しており、和戦の状況に応じていずれか一方を二者択一的に適用することが当然視されている。[19] この思考方法にとらわれ続ける限り、戦争を法執行の範疇の中で特徴づける考え方は奇異に映るだろう。

ビンラーディン殺害が刑事司法的な意味での正義の問題ならば、「法執行モデル」を用いて正当化されなければならないはずだ。法執行モデルは、平時に適用される法規範の枠組みであり、国際・国内刑法と国際人権法から成り立つ。被疑者は逮捕・訴追され、裁判にかけられ、罪を認定して罰を確定する「法の適正手続き」(due process of law)を通じて処罰されるのが鉄則である。犯罪者を処罰(例えば、死刑に)するか否かの判断基準は、その者の行為にある。どのような違法行為を犯したか、犯そうとしているかが決定的に重要であり、それが裁判で証拠に基づいて争われる。法の適正手続きを踏まずに警官ら国家の機関員が犯人を殺害することは、やむを得ない状況でしか許されない。一般論として言えば、急迫不正の脅威に対する正当防衛や緊急避難の場合を除けば、対テロ標的殺害は違法な殺人である。

他方、ビンラーディン殺害が「正義の戦争」(正戦)の問題ならば、戦時に適用される「戦争モデル」の枠内で正当化されるはずだ。戦争モデルは、国連憲章と国際人道法に依拠する。一九世紀には、戦争には正も不正もなく、交戦国の立場は平等であるとする無差別戦争観が支配的だったが、二〇世紀に入って戦争を違法化する動きが進展した結果、国連憲章は武力行使の全面的禁止を原則(憲章二条四項)に掲げるようになった。その代表的な例外が侵略に対する自衛権の発動(憲章五一条)である。その場合でも、自衛権の行使は「安全保障理事会が国際の平和及び安全の維持に必要な措置をとるまでの間」に限られ、限定的にしか認められていない。もう一つの例外は、安保理決議に基づく武力行使(憲章七章)であるが、安保理のお墨付きのない邪悪な体制や非国家主体に対する刑罰戦争は違法と見なされる。

いったん戦争が始まれば、交戦国は、国際人道法に定められた「正しい戦争遂行の方法」（jus in bello）を順守しなければならないが、戦時における殺害の要件は、平時の場合と比べるとかなり緩い。殺害するか否かの判断基準は、標的の行為ではなく、所属や戦闘員といった法的地位に求められ、戦闘員は平時であれば殺人に該当する行為を戦場で行っても自国や敵国の国内法で訴えられない免責特権を有する。

こうした法執行モデル（応報的正義）と戦争モデル（正義の戦争）の二者択一的な使い分けに慣れた目でオバマ演説を読む限り、大統領発言の真意をはかりかねるという当惑は禁じ得ない。オバマがビンラーディン殺害をいずれのモデルに依拠して法的に正当化しようとしたのかははっきりしないからだ。ビンラーディンは「犯罪容疑者」であり、且つ、「敵司令官（戦闘員）」であるように映る。演説には、両モデルの言説が錯綜しており、いずれの法規範を適用すべきか葛藤しているかのように見える、という声が国際法学者の間でも根強い[20]。

この第三の特徴と関連して、広い「防衛」の範域という第四の特徴についても違和感を覚えるのではないか。刑罰戦争や予防戦争まで「防衛」の範疇で括る発想は、現代の国際法の一般的な解釈に逆行している。少なくとも戦後の国連体制下における武力行使の正当原因は自衛に限定され、防衛と言えば、自衛を指す。刑罰（応報）や予防のための武力行使を提唱すれば、好戦的と見られかねないだろう。

世界大戦の反省から、国連憲章は武力行使の全面的な禁止を原則に掲げるようになった。武力行使が容認されるのは、安保理の決議がない限り、「武力攻撃」（armed attack）が実際に起きた場合の自衛か、せいぜいのところ攻撃を目前にした先制自衛の場合に限られるというのが一般的な解釈である。今の国際法は、国際社会における国家自衛権を国内社会における個人の自然権である正当防衛との類推で捉えているが、応報や予防との類推は排斥している。しかも、前述したように、憲章に規定された自衛権の行使は限定的に認められているに過ぎない。

現代の正統派正戦論も同様で、正戦の大義を「侵略に対する防衛（自衛）」に限定する消極的な戦争観が顕著である。[21] 修正学派の戦争倫理学者マクマハーン（Jeff McMahan）は、以下のように整理している。

一九世紀と二〇世紀の大多数の哲学者と法学者にとって、戦争を刑罰の一形態として捉える考え方は、アナクロニズムのようであった。（中略）ほぼ二〇世紀を通して、戦争の唯一の正当原因は侵略に対する防衛という見方が倫理・法学者の間で支配的であった。[22]

筆者の見るところでは、現代は、細分化にあまりに慣れた時代である。三権分立、政教分離、戦争と法執行（平和）、法と道徳、防衛と刑罰の分離……。こうした細分化の意識にとらわれている限り、「オバマの正義」はどこか釈然としない。

この違和感を多少なりとも晴らしてくれるのが西洋中世から近世初頭の正戦論である、当時の知恵は、現代的な課題を詰める際にいくつかの重要な手がかりを与えてくれる。かつては正義の名の下に、政治も、宗教も、戦争も、法執行（裁判）も、道徳もすべてつながっていた。認識パラダイムを過去にタイムトリップさせると、「オバマの正義」の意味もはっきりしてくる。現代の硬直化した意識から脱却し、分離ではなく、一体化の視点で改めて「オバマの正義」を眺めてみよう。

2．中世から近世初頭にかけての正戦思想と「オバマの正義」

グロティウスの現代性

以下では、当時の正戦論者の中でも、とりわけ「国際法の父」といわれるグロティウス（一五八三～一六四五年）の思想に焦点を当てたい。[23] 筆者の知る限り、オバマ政権の幹部が中世の神学的正戦論者であるアウグスティヌスとトマス・アクィナスの名を挙げたことはあるが、中世から近代への移行期を生きた近世自然法学派の代表、グロティウスについてオバマ本人も政権幹部も言及したことはない。それにもかかわらず、グロティウスに着目するのは、彼の普遍主義的な刑罰戦争論がオバマ政権の対テロ標的殺害の要請に適合していたと思われるからだ

裁判などの司法制度が十分に機能しない場合、その程度に応じて「自然」が頭をもたげるというグロティウスの議論は、当時の海賊や追いはぎ（highwaymen）のように自然法を破る現代のテロ集団には、国家であれ個人であれ、誰でも武力で制裁を加えることが許される、という正当化に道筋をつける。当時、オランダ東インド会社の商船がポルトガル商船を襲う行為を正当化するのに彼を必要としたように、オバマ政権も彼の伝統に寄りすがったかのようである。

無論、当時の戦争は、現代の戦争に比べ破壊力の規模が小さく、総力戦というよりも戦闘の様相が

強く、法執行活動（警察行為）で十分対処が可能な紛争であった。それ故、戦争を法執行の手段と捉えた当時の刑罰戦争論をそのまま二一世紀の戦争に適用するのは的外れであるという見方もあるだろう。確かに、国民国家体制の確立に伴い、それ以前の刑罰戦争論は影を潜め、主権平等の原則を掲げる国家同士では公平な裁きは期待できない、と考えられるようになった。

しかし、この主張は、主権平等の原則が当てはまらない国家対非国家の非対称戦では説得力を持たないのではないか。[24] 対テロ戦争の主敵は、テロという犯罪を行ったとされるテロリストである以上、この戦争から「犯罪性」（criminality）の要素を除去することは難しい。とりわけ、特定のテロリストを狙い討ちにする対テロ標的殺害では、ことさらそうだ。法的責任（culpability）や道義的咎めの個体化（individuation）は避けられない。[25] それ故、対テロ戦争を含む非対称戦の考察に関する限り、グロティウスが展開した議論を古風な理論と切り捨てるわけにはいかない。

二一世紀の世界は、中世や近世の世界に似てきたと言われる。主権国家を中心としつつも、NGOネットワークや多国籍企業、国際組織、テロ集団など多様な非国家アクターの影響力が増大している。国際関係論でも「新しい中世」論は盛んだ。[26] 国家間の枠組みを超えて、人類社会をも視野に入れたグロティウスの普遍的な法思想が再評価されるのも当然かもしれない。[27] ブル（Hadley Bull）やワイト（Martin Wight）ら英国学派は、早くからグロティウスの連帯主義的世界観に着目していた。[28] しかし、対テロ戦争の研究では、道義的アプローチは盛んであるものの、グロティウスは必ずしも重視されてこなかった。標的殺害のテーマに限定しても、グロティウスの正戦論に着目した分析は十分ではない。

まず、彼の正戦論を理解する準備作業として、彼以前の西洋中世の神学的正戦論を駆け足で見ておこう。

西洋中世の神学的正戦論

中世の世界は、極めて暴力的だったといわれる。残酷な刑罰が横行し、血の復讐は日常茶飯事であった[29]。権力闘争も激しかった。しかし、キリスト教の「ラディカルな平和主義」の浸透で、国際関係は平和が常態で、戦争は例外と考えられていた。

「悪人に手向かってはならない。誰かがあなたの右の頬を打つなら、左の頬を向けなさい」（マタイによる福音書5・39）、「もし、誰かが貴方を強いて一マイル行かせようとするなら、その人とともに二マイル行きなさい」（同5・41）といった教えと矛盾なく暴力という例外を認めるには、正義を名分にした正当化が必要不可欠であった。

こうした正当化に大きな役割を果たしたのが、人間の理性に訴える世俗的な自然法である。教父アウグスティヌスは、神の教えと自然法を結び付け、本来、暴力を否定するはずのキリスト教に条件つきで許容される暴力の形態があり得ることを示した。後生の教会法（カノン法）学者は、彼の言葉を盛んに引用し、正戦思想を洗練させていった。その過程で、正戦といえば、刑罰戦争を連想するようになった。

一二世紀ボローニャの教会法学者、グラティニアヌスが編纂した『グラティニアヌスの教令集』を見てみよう[30]。それまで数世紀に及ぶ教会法の註解を体系化した画期的な法典と言われているからだ。

この権威的な教令集は、戦争の正当原因に「刑罰」と「防衛」の二つを挙げている。前者の「刑罰」については、アウグスティヌスの有名な言葉を引用し、「一般的に、正戦とは不正に対する報復を目的とする戦争と定義される」とし、「市民が犯した邪悪な行為を正そうとしない、または不正に奪われたものを回復しようとしない国家を罰すること」と説明している。後者の「防衛」については、セビリヤの神学者イシドールスの言葉を引用しながら、「正戦とは、盗まれたものを取り戻すか、敵の攻撃を撃退するため、予告によって行われる」と定義している。

ところが、正戦論の体系化に大きな役割を果たしたトマス・アクィナスが約一二六五年後に著した『神学大全』では、正戦の正当原因から防衛は抜け落ち、刑罰のみが掲げられている。しかも、アウグスティヌスの同じ言葉を引用して正戦を定義している。[31] 米国の神学者であるジョンソン（James Turner Johnson）によれば、戦争＝刑罰権の行使という観念に収斂する過程で無視できないのが、教会法の権威でローマ教皇にのぼりつめたイノケンティウス四世（一一八〇～一二五四年）の影響力である。[32]

彼は、自分の前任者であるイノケンティウス三世の教勅に対する註解「略奪品の返還について」（『グレゴリウス九世教皇令集』所収）において、防衛と戦争を質的に異なる概念として明確に区別した。

一定の領地を所有していた宗教騎士団が司教によって強制的に立ち退かされた――このケースを基に宗教従事者が武力で抵抗することは許されるのかとの問いに対し、前任者は許容される場合もあり得ると答えた。これに賛同する立場から四世は考察を精緻化し、「自衛や財産を守るために戦争を行うことは誰にでも許される。否、正確を期せば、これは『戦争』（bellum）とは呼べない。むしろ、

『防衛』と呼ぶべきだろう」と記している。[33]

強制退去させられた場合の防衛については、「直ちにその場で撃退しても違法ではない。この撃退は、（自然）法によって許されているのだから、君主の権威は不要である。撃退しても破門にもならない」[34]という。しかし、それでも財産や領地を取り戻せない場合、自制的な防衛の限度を超え、自力で悪人を処罰することは許されなかった。それは、「君主の権威」が必要な戦争の範域に入るからだ。

イノケンティウス四世は、戦争について「上長を持たぬ君主だけが布告できる。君主が宣戦布告できる相手は、裁治権の執行に責任のない者、例えば、他の君主の支配下にある者だけに限られる」と語り[35]、伯爵や騎士らと上長を持たないトップの君主を分け、君主には神の命を受けた裁判官の役割を担う義務があると説いた。

以上から分かるように、自己防衛（正当防衛）と戦争を質的に異なる観念として区別する考え方が中世を通して発達した。自己防衛は、私人の権利と見なされ、聖職者を含む誰もが有していると考えられた。自己保存に由来する自然法上の権利であるため、正戦の必要条件である「君主の権威」は必要なかった。ただし、現に進行中か急迫不正の脅威に対する撃退に限定され、懲罰的な追撃は自衛目的の限度を超えた戦争と見なされたため、私人が自力で行うことは許されなかった。

他方、君主の「お墨付き」が必要な戦争は、法執行活動の一環であり、正義の回復を目的にした刑罰戦争を意味した。それゆえ、悪人の不正を裁くという目的のために必要と判断される限り、自己防衛のレベルを超える暴力の行使も許容された。

こうした正戦論は一七、一八世紀の正戦論に継承されたが、神学的・聖戦的要素は希薄化していった。近世に入ると、戦争は、より世俗化した自然法を根拠に正当化されるようになった。「自然法は神もこれを変え得ないほど不変のものである」（『戦争と平和の法』一巻一章一〇節）と言い切ったのはグロティウスである。[36] 彼は、中世の正戦論を体系化しただけでなく、さらに近代的ともいえる自然権思想を吹き込んだことから、ホッブスやロックの自然権思想の先駆けとも言われている。

グロティウスの戦争観と「オバマの正義」

グロティウスにとって、戦争は、まさに他の手段をもってする訴訟の継続である。権利侵害に対する司法的救済の道が閉ざされたとき、戦争は始まる。[37] 彼は、戦争を正当化する主要な原因について、「危害を受けることを除いては他に何も存し得ない[38]」と語り、防衛と財産の回復、刑罰（復讐）の三つを挙げた。[39] 以下では、「オバマの正義」を理解するうえで重要だと思われる防衛と刑罰を取り上げる。

ここで、グロティウスによる戦争の分類について確認しておこう。戦争には、①裁治権を有する公的権威者が存在する主体（例えば、主権国家）間の「公戦」、②こうした公的権威が存在しない私人間の「私戦」、③公私の「混合戦」の三つの形態がある。[40] いずれも正戦とされるには、前述の正当原因のどれかが必要である。

さて、先に輪郭を描いた「オバマの正義」である。その四大要素との類比で、中世から近代への激動の移行期を生きたグロティウスの正戦思想の特徴を整理しておこう。

まず、「正義の追求は大統領の責務」という特徴から言えば、グロティウスも戦争による正義の回復、つまり、政治共同体の共通善の維持・促進に向け、裁治権を行使して不正を正すために戦争に訴えることは、主権者の責務であると考えていた[41]。主権者にコミュニティーのために裁判官の役割を果たすことを期待していたと言える。

中世正戦論では、誰でも（刑罰）戦争を始めることはできず、私人は上長の判断を仰がなければならなかった。つまり、正戦には、神の僕《しもべ》である「君主の権威」が必要であった。しかし、グロティウスの場合、交戦権や刑罰権が君主に固有の権利として描かれていないことに注意を払うべきである。国家が成立する以前の自然状態では、交戦権や刑罰権は個人の権利であり、自然権の一種と見なされた。国家の成立に伴い、各人の自然権は社会契約によって主権者に委譲されると考えるようになったところに、グロティウスの「近代性」が見てとれる[42]。

オバマ演説に滲む大統領の強い責任感も、中世的と言うよりは近代的と言えよう。国民に代わって正義を追求する姿を強調しており、神の代理としての責務や支配者ゆえの責任と言うよりは、国民との社会契約に由来する為政者の責務と捉えているように響く。9・11を受け、国民がビンラーディンらテロリストを裁きにかけることで一致団結した以上、その願いをかなえられない契約違反の大統領に誰もついてこないと自覚していることがオバマの言辞からうかがわれる。

では、「神の正義は自分たちの側にあるという確信」については、どうであろうか。この点では、一見、グロティウスの法理論の世俗性と矛盾するように見える。

中世の戦争に「聖戦」の色彩が強かったことは過言を要しないだろう。正戦は、悪人を矯正し善導することにより、究極的に教会の平和を守るために行われるものであり、「神の命令」に基づいて君主が行う「神聖戦争」であった。しかし、残虐な宗教戦争の時代を生きたグロティウスの場合、中世の正戦論とは異なり、人間の理性を重視する自然法の道徳神学からの自立を目指した。その自立的な姿勢を評価すれば、彼の正戦論は「世俗的」と言えるかもしれない。

ただし、その世俗化は限定的であったという見方が学者の間では支配的である。[43] グロティウスは、「神は存在しない」という説について、ある程度の理解を示しつつも、理性と恒久の伝統などによって認められないことも明白であると語っている。また、福音の法に訴えて、軽々しく戦争を企てないように警告している。神から完全に切り離された自然法など存在しないと考えていたようである。

ここでは、深く立ち入らないが、そもそも、宗教抜きで政治を語ることができない米国の政治風土は「中世的」であるという見方さえある。合衆国憲法修正一条が定める「政教分離の原則」も教会と国家の分離であり、特定の宗派と政府の癒着の禁止に狙いがある。しかし、この原則の解釈において連邦最高裁は、政府の行為が合憲であるためには、「世俗的な目的を持たなければならない」との判断を示している。

オバマ演説も聖俗の言説が混在しており、その「中世色」を薄めようとしている点において、「グロティウス的」と言えるかもしれない。「神の正義」に訴えてアメリカ精神を盛んに鼓舞する一方で、キリスト教の神に見守られている中での正義の追求を全面に押し出さないで言外に誇示している。非キリスト教世界と共存する姿勢もアピールしている。総じて、キリスト教色を控え目にしていると言えよう。

グロティウスの刑罰戦争論

次に、オバマの正義の核心的な特徴である「戦争は法執行の究極の手段」について言えば、まさにグロティウスの「復活」と総括することができる。彼の刑罰論を見てみよう。

中世の正戦論では、戦争は、自然法に基づく法執行活動（警察的行為）と考えられていた。戦争の正当原因は刑罰で、刑罰権を行使して不正を犯した悪人を応報的正義の裁きにかける手段が戦争だった。当時の戦争は決闘と異なり、敵対する兵士は法的・道義的に平等とは見なされず、まさに正邪の戦いであった。

米国の国際法思想史家ネフ（Stephen C. Neff）の言葉を借りれば、戦争とは、「保安官と犯人、正当と不当、犯罪と刑罰、非行と制裁、善人と悪人との間の紛争であった」[44]。不正な側には、正当な側への武力行使の権利は認められず、不正な側による殺害は違法な殺人と見なされた。法執行活動の一環である戦争では、第三者に中立の余地はなく、常に正しい側につかなければならないと考えられた[45]。

こうした中世正戦論を引き継いだグロティウスの革新性は、刑罰目的の私戦を容認した点にある。これまで見てきたように、中世の私戦は自己防衛に限定され、刑罰戦争には「君主の権威」が必要であった。一方、グロティウスの場合、自然に由来する私人の刑罰権は、国家の成立に伴って主権者に委譲されると考えた。それ故、彼も国家成立後の刑罰目的の私戦を基本的に否定している。各人から委譲された刑罰権の行使は、裁治権を有する国家の主権者に限定される。

しかし、国家成立後も刑罰目的の私戦が許される例外的な場合がある。一時的にせよ、恒久的にせよ、裁判が機能しない、という中世の正戦論が想定していなかったケースだ[46]。例えば、身の危険や損失なしに裁判に訴えられない場合とか、公平な裁判が期待できない場合である。無人島や公海のように、そもそも裁判所が存在しない空間に身を置いているケースも含まれる。

グロティウスは、『戦争と平和の法』において、こうした状態では、「悪行を為した者が、かかる行為によって、自らを他の何人よりも下位者と為したと考えられ、あたかも人間の地位から、人間に従属する動物の地位に引下げたと考へられる限り」（二巻二〇章三節[47]）、「刑罰は、自然によれば、健全なる判断を有し且つ同種または同等の悪行を為さざるいかなるものにも許されてゐる」（同七節[48]）と語る。裁判が機能しない自然状態では、犯罪者は個人であれ国家であれ、まさに犯罪行為によって、自分を他のすべての者より下位に貶め、上位に立つすべての者（同様の犯罪を行った者は除く）が、たとえ直接被害を受けていなくても、他国や異民族、さらには人類共同体のために刑罰戦争で犯罪者を制裁できる、というのだ。

対テロ戦争に即して言えば、当時の海賊に相当するテロ集団は放置すべきではなく、国際社会は処罰する義務さえ負う。そのメンバーを見つけ次第、誰にでも——米国の場合、米軍人であれ、戦闘員資格を有しないＣＩＡ要員であれ、警官であれ、自警団であれ——武力制裁を加えることが自然法の下では許される。テロリストは、テロ行為によって、その他のすべての者の（普遍的）管轄権下に入るからだ。

戦争を法執行の手段と捉える刑罰戦争のロジックがオバマ演説に組み込まれていることは既述のとおりである。では、中世正戦論を超えて、誰でも制裁することができるというグロティウスの斬新な主張は、演説のどこに見出されるだろうか。

オバマ大統領は、ビンラーディン殺害作戦の実行主体について、「米国」と「少人数規模のアメリカ人チーム」とだけしか述べていない。米軍だとか、CIAだとか、具体的な機関名を明らかにしていない。そこに、疑問を解く手がかりがあるのではないかと思う。真実は藪の中だが、オバマ氏や政権がグロティウス流の思考に浸っていたとすれば、誰でも刑罰権を手にする状況である以上、どの機関が殺害の実行権限を持つ正統な公的機関（public authority）かは道義的には些細な問題である、と考えたとしても不思議ではない。次節で詳述するように、米軍特殊部隊が一時的に文民機関のCIAに転籍してCIA要員として殺害を実行したというのが実態であるが、パネッタCIA長官ら政権幹部は、その戦法を包み隠さずに公言している。その是非が法的・倫理的な論議を呼ぶことを恐れる素振りすら見られない。

防衛戦争論

では、予期的自衛を含む「防衛」の広い範域という特徴と、グロティウスの正戦論のどこが似ているのであろうか。

この特色が色濃い国家の公戦と混合戦は、一般に「防衛戦争」（defensive war）と呼ばれ、その観念はグロティウスを含む当時の自然法学派の間で広く共有されていた[49]。

グロティウスは、中世の正戦論者と同様に、自己防衛（正当防衛）を私人の権利と見なした。同時に、私人の場合の自己防衛の観念が原則として国家にも妥当すると考え、国家が公戦と混合戦で国家自衛権を行使する防衛戦争について論じている。もちろん、論理的に詰めれば、国家にも自然法が適

表6-1　防衛戦争の概要

暴力の形態	自己防衛（自衛）	防衛戦争
権利の保持者	個人の権利	国家の権利
要件	攻撃が現在進行中か急迫。攻撃に比例した反撃。その限度を超えた懲罰的な反撃は侵略。	将来の攻撃を予期して、脅威の除去に向けて、事前に先制・予防攻撃することも許容。
宣戦布告	不要	必要
殺害の許容性	反撃に必要な限り	殺害は常態化

用されるため、自衛権を持つと考えられるが、国家自衛権の萌芽は近世を待たねばならなかった。

ここで着目すべきは、私戦における自己防衛の権利と、公戦と混合戦における国家自衛権では発動要件が異なるという点である（表6-1参照）。前者の場合、「生命を危うくする目前の危害が加えられ、他の方法によっては避けられぬ場合は、たとひ加害者の殺害を含むとも、戦争が許される」（『戦争と平和の法』二巻一章三節）[50]。私人の自己防衛権は、加害者の不正や犯罪から生じるのではなく、自然から派生するため、その発動に「君主の権威」も宣戦布告も必要とはされなかった。

ただし、①明白で確実と思われる危害が目前に存在し（具体的には、実際に武器をとり、殺害の意図が明白）、しかも、②武力以外の手段では避けられない――という場合のみ反撃は許される。「単なる推測」によって、相手が武器を手にしていない段階において、先手を打って攻撃を仕掛ける先制・予防的な自衛は認められない[51]。

これに対し、国家が開始する防衛戦争の要件は私戦の場合より緩く、急迫不正の脅威に対する狭義の自衛だけでなく、先制・予防自衛まで許される。グロティウスによれば、「私戦では、常に単なる防衛のみが考えられるが、公戦は防衛のみならず、復讐の権利をも有するのである。故に、公戦にとっては、当面せる暴力でないが、その虞れありと予測されるものに対しても、機先を制することが許され、開始されたが未だ終らない違法行為に復讐《ウルキスケント》することによって、直接的ではなく――けだしそれは既に述べたやうに不正であるから――間接的に機先を制することが許されるのである」(二巻一章一六節[52])。

この一文から分かるように、防衛戦争は、刑罰戦争と重なり合う部分がある。グロティウスにとって、刑罰は防衛の手段でもあるのだ。犯罪に相応する報いを犯罪者に与える応報は、犯罪者本人や第三者を対象にした将来の犯罪を抑止・予防する積極的な機能も兼ね備えており、ひいては社会を犯罪から守る「社会防衛」につながると考える。彼は、ローマ時代の哲人セネカの定義を引用して、「復讐」(応報)とは、「我々を防衛し、且つ復讐することによつて、我々自身ならびに我々に親しき者達を、暴力と侮蔑から排除するものにして、且つ犯罪を罰するものである」(二巻二〇章八節[53])という。

刑罰が国家や社会の防衛に資するという観点に立てば、先制攻撃も刑罰の一種として積極的な意味を持つ。侵略の企てなど犯罪の計画・準備段階や、犯罪の実行に着手したが、まだ遂げていない未遂の段階で踏み切る第一撃は、当事者や第三者がさらなる犯罪(侵略)に手を染めることを抑止・予防する効果がある、とする。

先制・予防自衛の条件

無論、刑罰権の濫用は許されない。国家による先制攻撃が許されるには、①開始された犯罪が重大で、すでに深刻な被害を受けている、②当事者（国）による犯罪の意図と能力が明白で、違法な陰謀（謀議）に加担していること――が確実視されなければならない[54]。

それ故、グロティウスは、国益や勢力均衡の観点から、そのまま放っておくと将来、隣国の脅威が増大し続けるという恐怖から予防戦争に走ることには原則反対である。

万民法に従へば、自己を脅かす力が増大しつゝあり、そしてそれが余りにも大となれば害を及ぼすやうな場合は、これを弱めるために武器を執ることが正しいと主張するものがあるが、これは全く認めるべきではない。（中略）攻撃を受ける可能性が、攻撃を行う権利を與へるというふことは、あらゆる衡平の原則に全く反するところである。完全な保障が決して我々に與へられないというのが人間の生活である。（二巻一章一七節[55]）

隣国が軍事力を増強しているが、「慎慮」しても行動から侵略の悪意が見抜けない場合、国家に許されるのは、せいぜいのところ自国の防衛力アップであり、予防戦争は許されないというのだ。

万民の公敵と獣害防除の発想

ただし、相手の悪意と能力に関して「道徳的事柄に見られるような確実性」がある場合は別である[56]。グロティウスは、ある種の予防攻撃を例外として想定する。彼によれば、道徳的確実性は、ある程度の広がりを持ち、曖昧なときがしばしばあるため、判断に迷うことがある。ある予防攻撃が正しいかどうかを判断するには、「経験と熟達」が必要とされる[57]。要するに、賢者の実践知が求められるのである。

しかし、相手が自然法を甚だしく侵犯する「野獣の如き野蛮人」の場合は、それが「正戦」であるかどうかを逡巡する必要はないという[58]。例えば、現代のテロ集団に匹敵する海賊は、自然法を甚だしく犯す「万民の公敵[59]」と見なされた。各国は、たとえ被害を受けなくても見つけ次第、人類共同体の代表として海賊相手に刑罰目的で先制攻撃はもとより、予防攻撃を実行することが許された。同様に、海賊をかくまったり、放置したりする国家や集団も制裁の対象となった[60]。

予防攻撃の目的は、国際社会を犯罪から守ることにある。グロティウスは、しばしば海賊を危険な野獣にたとえ、殺害しないで放置すれば、獣害は拡大し続け、国際社会は「犯罪の氾濫」や「悪行の洪水」に見舞われ、長期的には、そのしわ寄せが自国にまで及ぶと懸念する[61]。彼の防衛戦争論には、「獣害防除」的発想が豊かである。海賊のような「野獣の如き野蛮人」は、裁判による刑罰では更生をもはや期待できない。グロティウスは、このようなタイプの犯罪者に対しては、犯罪の計画段階以前でも、具体的な準備行為が行われていない段階でも、「自然」によって武力制裁が許される、とする。その際、たとえ少数の幼児と女性が乗っている海賊船を攻撃し、無辜の市民が巻き添えで犠牲になっても罪には問われないとさえいう[62]。

では、なぜ、私戦では許されない先制・予防攻撃が国家の防衛戦争では許されるのか。グロティウスにとって、以下の一文が示すように、裁判所の有無が大きいと思われる。

私戦ではこの権利（引用者注：自己防衛権）はいはば、状況的であって、事態が裁判官への付託を許す場合は直ちに止むのである。しかし公戦は、裁判所がないか或は機能を止める場合を除いては生じない故に、公戦は拡大され、断えず新しく起る損失と危害を伴って行わるのである（二巻一章一六節[63]）。

国家権力が確立した国内社会では、各人が被る権利侵害は政府や司法機関による保護と救済措置が保証されるが、世界政府が不在で国法を共有しない分権的な国際社会では、国家間の公戦は歯止めなく続き、エスカレートする恐れがある。もはや裁判でも更正を期待できない海賊が野放しになれば、国際社会の法秩序は崩れてしまう。それ故、国家にかけられる安全網は、個人の場合より広くて当然であり、先制自衛や予防戦争も容認せざるを得ないという理屈である。

3．ビンラーディン殺害の道義的査定——海神の槍作戦の事例

対テロ標的殺害の正当化に必要な要件

さて、米国によるビンラーディン殺害を正当化するには、どのような要件が必要なのだろうか。標的が国際テロ組織の指導者で、過去に大規模テロを主導した危険人物とされるが、現時点で特定のテロ攻撃を共謀しているかどうかの確証をつかめないまま、国家の機関員が予期的自衛の一環として非公然の標的殺害を実行するケースだ。グロティウスの正戦論に照らすと、何が言えるのだろうか。

これまでの議論を整理すると、少なくとも以下の三つの査定基準が導き出される。

（1）犯罪の重大性
（2）正当な原因
（3）公正な裁判の不在

「犯罪の重大性」――グロティウスは、「さほど重大でない普通の刑罰犯罪は復讐すべきでない」と諭す。問題の危険人物は、アメリカ人らの生存権を侵害し、道義的・法的に有責（culpable）でなければならない。しかし、単に有責であるだけではなく、①米国を含む国際社会が国際秩序を脅かすと見なす危険なテロ犯罪集団に所属し、②すでに米国や各国が受けたテロ被害の規模がかなり深刻なレベルに達している必要がある。そのうえで、③さらなる大規模テロを実行する意図と能力を有していることが明白であり、④たとえ日時、場所などの詳細を確定できなくても、再び大規模なテロを共謀していることが確実視されなければならない。

「正当な原因」――グロティウスが戦争の正当な原因として挙げた「防衛」と「刑罰」のいずれかを有している必要がある。正しい戦争といえば、いまでは自衛戦争に限定されると考えられるようになったが、彼流の防衛戦争論は刑罰戦争論の裏返しでもある。問題の危険人物が犯した過去の悪行に対する応報目的の刑罰戦争であっても、応報として刑罰（制裁）が科せられることによって、彼が所属する組織の他のメンバーによるテロを抑止・予防し、ひいては国際社会の秩序の維持にも貢献するのであれば、広い意味での防衛を目的にした戦争といえる。したがって、防衛を標的殺害の大義に掲げるならば、過去の犯罪に対する応報とともに、将来を見据えたテロの予防が殺害の理由でなければならない。応報を理由にするだけでは、片手落ちで、正当な防衛とはいえない。

「公平な裁判の不在」（最後の手段＝必要性）――やみくもに戦争を始めるべきではない、とグロティウスは戒める。たとえ正当原因がある場合でも、極力、戦争を差し控えることが求められる。戦争の結果、無辜の民にまで多くの災害が降りかかると認識しているからだ。戦争という「最後の手段」に訴える前に、まず、他の平和的な手段――彼の場合、会議、仲裁、抽選、果たし合い、訴訟――を尽くさなければならない[64]。そのうえで、「司法的解決が失敗した時に、戦争は始まる」。

しかし、この原則を遵守しても司法的救済措置に訴えることが不可能な場合もある。一時的にせよ、恒久的にせよ、裁判を含む司法制度が機能していない場合である。その場合、その限りで自然が「復活」する、とグロティウスは考えた。対テロ標的殺害に即して言えば、それが許されるのは、①危険人物の捕捉・裁判が不可能な状態、②危険人物を裁判にかけても、公平な審理が期待できず、報復テロを招くだけの状態になることが予期される場合、に限定される。民間人の犠牲において、殺害より裁判のリスクが上回ることが確実視される場合だ。

では、ビンラーディン殺害は、前記の基準を充足しているのだろうか。海神の槍作戦を事例にとり、殺害の正当性について査定してみる。言うまでもないが、殺害の真相はいまだ藪の中だ。9・11同時多発テロと異なり、現場からのテレビ実況中継はなかった。国防総省が保管していた海神の槍作戦に関する公文書は、すべてCIAに移管されたため、今後も長期にわたり公開される見込みはない。したがって、確定的な結論を導き出すには限界がある。しかし、作戦にかかわった閣僚や隊員らによる証言、調査報道等は年月の経過とともに増えつつある。[65]

以下では、これらを頼りに、作戦の道義的評価に必要な事実関係に光を当てながら、当該標的殺害の正当性の評価を試みる。まず、作戦の概要を押さえておこう。[66]

兵士ではなく、シビリアンによる殺害

海神の槍作戦を主導したオバマ大統領にビンラーディン殺害を命じる公的権限があったことは明白である（第2章参照）。大統領は憲法上、米軍の最高司令官としての権限を有している。9・11に関連するとされる個人や団体、国家に対して武力を行使する権限も議会から授権されていた。こうした強大な公的権限に基づいて、大統領は、就任からほどなくパネッタCIA長官に対し、ビンラーディンの「捕捉ないし殺害」（kill or capture）を最重要任務に据えるように命じた。[67]

アボタバードの邸宅がほぼ間違いなくビンラーディンの隠れ家であるとの報告をCIAから受け、大統領は二〇一一年三月、作戦計画を練るよう関係閣僚らに指示した。民間人の死傷者が避けられないB2爆撃機による空爆や、情報漏れが懸念されたパキスタン側との共同作戦の選択肢を最終的に排除したのもオバマだ。[68] 閣僚たちは、オバマが大統領の責務として作戦を一貫して主導したと口を揃え

る。

オバマと閣僚の証言を総合すれば、邸宅に隠れていたのがビンラーディン本人かどうかの確証は最後の最後まで得られなかった。[69] 仮に彼でなければ、国際的に米国のメンツを失う。作戦が失敗すれば、パキスタン側と交戦する羽目に陥るかもしれない。さまざまなリスクを比較衡量したうえで、オバマは、「この時機を逃せば、彼は行方をくらまし、再び表面に浮上するまで数年かかるかもしれない。今しかない」と決断した。[70]

海神の槍作戦は、一見、電光石火の軍事作戦のように映る。作戦に従事した米軍特殊部隊員は、サポート班も含めると総勢七九人。ヘリ一機がビンラーディン邸の敷地内で揚力を失って墜落し、代替ヘリが出動するという不測の事態が発生したにもかかわらず、二三人の実行班が敷地内で費やした時間はわずか三八分に過ぎない。

しかし、パネッタ長官は作戦終了後、テレビ局とのインタビューで、この作戦が実は、CIAのタイトル（合衆国法典）50上の非公然活動（第2章参照）と位置づけられていたことを明らかにした。[71] つまり、隊員たちは、米軍の軍事作戦として任務を全うしたのではない。一時的に米軍から文民機関であるCIAへ移籍出向（転籍）し、CIA要員として出向先の準軍事（paramilitary）作戦に従事したのだ。

じじつ、パネッタ長官がCIA本部で作戦を最後まで統括し、下位隷属する形で米軍のマクレーブン統合特殊作戦軍（JSOC）司令官がアフガニスタンの基地から現場を「指揮」した。

パネッタ長官とゲーツ国防長官の回想によれば、CIAの準軍事班に作戦を担わせることも選択肢の一つであったが、作戦の規模と複雑さを鑑みると、遂行能力の点で無理があり、米軍特殊部隊のほうが適任であるという結論に至った。とはいえ、米軍主導の作戦となると、戦闘能力の点で優れていても、不測の事態に陥った場合、米国政府の関与を否認しづらい。そこで、特殊部隊員を米軍からＣＩＡへ転籍させ、ＣＩＡの権限下で作戦を実施すれば、否認できる余地をごくわずかでも残せる。そうゲーツ長官は踏んだと振り返っている[72]。しかも、このカメレオンのような変幻自在の戦法は、国防総省がよく使う手で、当時までに「おなじみの慣行」となっていたため、政権幹部の間で特に異論は出なかったという[73]。

しかし、通常、ＣＩＡが担う非公然活動を米軍の特殊部隊に担わせることに問題がないわけではない。米軍のＣＩＡへの「貸し出し」をめぐり、大統領権限の使い方が果たして「正統」であったかは疑問である、という見方も出ている。この点で看過すべきでないことは、作戦に従事した隊員の国際法上の地位が「戦闘員」ではなく、戦闘員資格のない「文民」であるということだ。文民が敵対行動に参加し、捕まってもジュネーブ条約上の捕虜として扱われない。仮にパキスタン軍に拘束されれば、現地の国内刑法違反の疑いで訴追され、犯罪者として処罰される恐れもある。

もう一つ、文民統制（シビリアン・コントロール）の問題も無視できない。連邦議会上院の「助言と同意」を得て就任した国防長官の職務を行政府だけの判断でＣＩＡ長官に勝手に〝代行〟させてよいのだろうか。国防長官は制定法（タイトル10）上、軍事全般に関し、米軍の最高司令官である大統領を補佐する職務を担う。その重要な職務の一つが米軍の統括であり、下位の各司令官は国防長官が有する指揮命令権（command authority）に服さなければならない。問題は制定法上、ＣＩＡ長官に同様の権限がないことである。このため議会は、国防総省以外の機関への国防長官の指揮命令権を一時的に移管することに神経をとがらせる。容易に予想されるように、米軍内からも反発の声が上がっている。[74]

9・11級テロの能力と意図を有するアルカイダの首領は野放しのまま

それでは、ビンラーディン殺害は、「犯罪の重大性」の基準を満たしているのかという問題から見ていくことにする。

9・11の首謀者であるビンラーディンが法的・道義的に有責（culpable）であることに異論はないだろう。一九九八年に起きたケニア、タンザニアの米大使館同時爆破事件を共謀したとして、ニューヨークの連邦地裁から起訴されていた身であった。[75] 裁判で有罪が確定したわけではないが、彼がアルカイダによる過去のテロを首謀したことに誰も疑いの目を向けない。彼自身、犯行を認めるような声明を出しており、民間人殺害を認めていたと言えなくもない。

アルカイダが国際社会の脅威であるという認識は米国だけでなく、国連なども共有していた。ほぼ三千人が犠牲になった9・11などの対米テロが重罪に値することは明白である。しかし、米国がビンラーディンを殺害した時点で、彼の指示を受けたアルカイダのメンバーが対米テロ行為にすでに着手していたことを示す証拠は見当たらない。次の対米テロの実行犯を特定し、予期される時期と場所を大摑みにでも把握していたとも言えない。テロの予備（準備）行為を示す証拠もなかった。作戦後、特殊部隊員がビンラーディンの隠れ家から押収した手紙などから、彼がアルカイダのメンバーとモス

クワの米国大使館爆破を企てていたことが判明したが、その情報を米国政府が事前につかんでいたわけではない。(76)

とはいえ、具体的な確証がなくても、ビンラーディンが次のテロを共謀していたのではないかと疑う理由はある。第一に、ビンラーディンは、アルカイダのテロ・オペレーションを統括する立場にあった。当時、彼がテロリストを煽動するカリスマ性を依然として持っていたことは否定できない。そもそも、アルカイダはピラミッド型ではなく、自律分散型のテロ組織とされる。(77) 彼がオペレーションの詳細にかかわる必要はなく、「いつ頃、大規模な対米テロを実施しろ」と命じるだけで、幹部らが独自のテロを計画・実行していたとされる。(78) 海神の槍作戦を統括したパネッタ氏は、当時のビンラーディンについて、「これまでのどのテロリストよりも米国人を殺害し、さらに積極的にもっと殺害しようとしているが、いまだに野放しのままだ。この点を大統領は問題視した」と語っている。

第二に、アルカイダが将来もテロを続け、大勢の無辜の民を殺害する意思と能力を有していたと結論づけることはできる。9・11以降、世界各地で米国を狙ったアルカイダとその関連集団によるテロは絶えないからだ。二〇一一年一月から作戦が実行された五月までの間に限っても、その件数は五〇件を超えている。(79) たとえ確証がなくても、次の対米テロを予期するのに十分な数字ではないか。当時のブレナン大統領補佐官（対テロ担当）によれば、ホワイトハウスはアルカイダが9・11に匹敵する結果を伴うような攻撃を実行したがっていることは確かだと確信していた。

作戦の大義――応報刑罰とテロの予防

次に、正当原因（just cause）という基準ではどうであろうか。海神の槍作戦の大義は、グロティウスの言う広い意味での防衛だったと言えるのか。言い換えれば、作戦の目的には応報とともにテロの予防も含まれていたのであろうか。

オバマ大統領は、二〇一六年五月のCNNの特別番組において、五年前のビンラーディン殺害の決断について詳細に振り返っている[80]。要約すると、作戦はさまざまなリスクを孕んでいたが、二つの重要なポイントが大統領のゴーの決断を後押しした。

一つは、9・11の犠牲者の遺族感情で、遺族の苦しみを思うと、「彼（ビンラーディン）を裁きにかける（bring him to justice）ことが、我われにとって重要であった」。米軍やCIAのおかげで、「9・11に我が国を攻撃したテロリストのリーダーは、もう二度と米国を脅かすことはない」。これは、言い換えれば、オバマ政権が応報的正義の実現をいかに重視していたかを表現していると見ることができる。

もう一つは、殺害によって「アルカイダの脅威を削減することの重要性」で、当時、「アルカイダによって進められていた（テロの）企てを常時、モニターしていた」という。ビンラーディンの死去によって、テロを根絶することはできないが、「アルカイダの大規模テロ遂行能力はかなり削がれた」と分析する。対テロ標的殺害にさらなるテロの予防効果があると見ていたことは確かである。ブレナン大統領補佐官やパネッタ長官も作戦終了直後の会見などで同様の見解を示している。

当時、オバマ大統領らは、応報とテロの予防の目的を共有していた。それ故、殺害の大義は防衛であった。事後の発言ではあるが、そう思ってもよいのではないか。この暫定的な結論を受け入れるならば、グロティウスの防衛戦争論に従う限り、次の対米テロの時間と場所を特定できなくても、ビンラーディン殺害作戦は許される。グロティウスによれば、道徳的問題における不確実性の幅は広いからだ。

実際に、第4章で指摘したとおり、オバマ政権時代の司法省の報告書や意見書は、自衛に必要な「脅威の急迫性」の概念を拡大解釈している。以下の条件を満たせば、アルカイダ指導層に対する予防攻撃は許される。即ち、標的が①今もアルカイダと、その関連集団のオペレーションに携わる指導者である、②対米テロ攻撃の計画に絶え間なくかかわっている、③アルカイダの構成員が最近、テロ活動に従事した、さらに④以上を否定する証拠が得られない場合、である。

この概念が埋め込まれたレンズで見ると、アルカイダは、グロティウスの時代の海賊のように映る。9・11など自然法に甚だ反するテロを悪いとも思わない「悪道者」の像である。「人類社会の敵」を相手に次のテロの共謀を立証する必要はまったくない、もはや裁判や通常の刑罰では更正を期待できないと確信できさえすれば十分である、と当時の司法省は言っているに等しいのではないだろうか。

米軍のCIAへの「貸し出し」は、現代の国際法や米国内法制の観点から見れば、些細な問題として片づけるわけにはいかない。しかし、伝統的な正戦論が「戦争への正義」（jus ad bellum）の必要条件として掲げる「正統な公的権威」は、グロティウスの普遍主義的な自然法理では求められない。私人を含む誰もが刑罰権を行使できる以上、殺害の実行主体が米軍かCIAかは問われないだろう。

ここまで肥大化した自衛概念は、米国による独善的な単独武力行使につながりかねない、と筆者は懸念する。[81] しかし、グロティウスならば、こう反論するのではないか。国際社会を律する法制度が機能していない以上、単独で制裁することも許される、と。ネフも国連憲章七章の集団安全保障体制における強制措置（enforcement measure）――とくに軍事的措置（43条）――の機能不全と、自衛の範域が拡大する「自衛革命」は連結していると見る。[82] ここでは論じないが、安全保障理事会の法執行活動が憲章起草者の理念どおりに機能しているとは言い難いだろう。

殺害よりも裁判のほうがテロの犠牲者は多いと予期？

三つ目の基準に入ろう。防衛の大義（正当原因）を貫くのに殺害は必要不可欠だったのだろうか。捕捉・裁判が不可能だと認識していたのか。捕まえて裁判にかけても、公平な裁判が機能しないと予期していたのだろうか。仮に「犯罪の重大性」と「正当な原因」の基準を満たしたとしても、「裁判の不在」では大きな疑問が残る。

（1）捕捉より殺害

ブレナン大統領補佐官は、作戦終了後の会見において、ビンラーディンが投降の意思を明確に示せば、生け捕りにする用意があったが、ビンラーディン側と銃撃戦が起きたため、その過程でビンラーディンをやむを得ずに殺害したとの見解を示した。[83]

確かに、ビンラーディンの連絡係兼ボディーガードの男二人とビンラーディンの息子と、特殊部隊の実行班側との間でそれぞれ発砲の応酬があり、男三人は殺害された。この間、ボディーガードの妻一人も銃撃戦に巻き込まれて亡くなった。

ところが、ホワイトハウスの報道官はその後、ビンラーディンが最後の瞬間、丸腰であったことを認めた[84]。複数の隊員の証言によると[85]、暗視鏡をつけた特殊部隊員三人が三階のビンラーディンの寝室に入ると、暗闇の中、女性三人の後ろにビンラーディンが立っていた。近くにカラシニコフ銃があった。ビンラーディンが自分の前にいた女性を前に押すような素振りを見せた瞬間、隊員の一人が額に二発撃ち込んだ。さらに、ベッドの前の床に倒れた彼の胸に止めの一撃を加えた。つまり、ビンラーディン自身は武器で抵抗もしなかったし、投降の意思も示さなかったのだ。

「ジェロニモ（ビンラーディンの暗号名）、ＥＫＩＡ（Enemy Killed in Action の略）」――。現場からこう連絡を受けたワシントンの指揮所は歓喜に包まれた。その直後、ホワイトハウスで「吉報」を聞いたオバマ大統領は、閣僚たちに「やつを仕留めたぞ」と伝えた。

オバマは後に、ノンフィクションライターに対し、ビンラーディンが投降すれば、捕捉して連邦地裁で裁くというオプションも検討したと語っている。「法の適正手続きと法の支配を見せつけることができれば、対アルカイダの最善の武器になる。彼を殉教者に祭り上げないで済むと考えた」と回顧している[86]。

しかし、大統領がパネッタ長官に委任したのは、あくまでも「殺害の権限」であった[87]。

問題は、国際人道法上、投降の意思を明確に示し、もはや脅威と見なせない敵の殺害は禁止されている点にあった。ホワイトハウスの法律顧問らは、ビンラーディンの殺害が法的に許される状況を具体的に洗い出した。その結果、「裸で両手を挙げて現れてこない限り」、殺害しても違法ではない、との結論に至った[88]。つまり、少しでも不自然だと思われる素振りがあれば、発砲してもよいということだ。

隊員たちは、現実問題として、ビンラーディンが無抵抗で投降する事態はあり得ない、抵抗の末に銃撃戦になるに違いないと確信していた。それでも、ＣＩＡとの会合で、「『やつを殺せ』がパネッタ長官のメッセージだ」と念を押されたという[89]。

一方、ホワイトハウスの法律顧問らは、ビンラーディンの投降が実際にはあり得ないと思いつつも、念のため、捕捉した場合の対応についても検討した。決まったのは、軍艦の営倉で尋問する計画まで、その後の対応は「要検討」のままにして作戦に突入したという[90]。そもそも、この中にホルダー司法長官は入っていなかった。ホルダーは、作戦実施の前日にホワイトハウスから説明を受け、作戦について初めて知った[91]。司法長官は、作戦立案に関する上層部の政策決定過程から外されていたのだ。

まとめると、大統領や政権幹部の間で、ビンラーディンを捕捉する選択肢が真剣に検討された形跡はない。そもそも、彼を裁判にかける選択肢は用意されていなかった。「はじめに殺害ありき」だったようである。ビンラーディン殺害は、捕捉・裁判の努力を尽くしたうえでの最後の手段であったとは、とても言えない。

（2）鉄拳制裁

では、オバマ大統領らは、ビンラーディン裁判では公平な審理は期待できない、との結論に至っていたのであろうか。世界中で報復テロが多発し、裁判は機能不全に陥ると見ていたのか。この点を解明する資料は存在しないが、一般論として以下の三点が言えると思う。

第一に、海神の槍作戦の現場であるパキスタンのアボダバードは、自然が支配する無法地帯ではない。軍の士官学校がある都市で、警察の法執行活動や裁判を含む司法制度は機能していた。ここの治安当局は、インドネシア・バリ島のクラブを狙った大物のテロ逃亡犯を逮捕したこともある[92]。それ故、この作戦とパキスタン政府の統治力が弱いアフガン国境沿いの地帯での無人機攻撃を同列に置くことはできない。

しかし、治安当局に法執行の能力はあっても、パキスタン政府がビンラーディンを逮捕して裁いたり、米国に引き渡したりする意思はない、とオバマらは判断していた。その場合でも、国際法的にはともかく、海賊が出没する自然状態の公海や遊牧地帯とは異なり、権力の実効的な法執行が行きわたる領域での標的殺害は、道義的には原則許されない、という見方は現代の正戦論者の間で根強い。グロティウスも、皇帝ユリウスが私人のとき、総督が捕まえた海賊を罰しなかったので、自ら彼らを海に連れ出し、十字架に掛けた、という例を引いている(『戦争と平和の法』二巻二〇章八節[93])。

第二に、米国での裁判が物理的、制度的に可能であったという見方に異論はないだろう。クリントン政権時代のＣＩＡの文書を見る限り、ＣＩＡはビンラーディンを拉致して米国へ移送し、裁判にかける方針に固執していた(第3章参照)。当時の司法省は、彼を捕捉してニューヨークの連邦地裁で裁く方針だった。もちろん、前章で指摘したとおり、オバマ政権時代の米議会は、テロリストの米国内での裁判に反対であった。しかし、これは政治的問題であり、安全且つ公平な審理が期待できない状況ではなかった。

アメリカの人権団体ヒューマン・ライツ・ファーストによれば、9・11から二〇一七年五月までの間に、三九州にある計六三の連邦地裁において六二〇人以上のテロリストの有罪が確定している[94]。オバマ政権のホルダー司法長官は、「関係した地裁は、どれ一つも報復攻撃を受けていない」と語り、米国内でのテロ裁判の実行可能性に自信を示していた[95]。

第三に、ビンラーディン裁判が殺害より危険だとは断定できない。コロンビアで国際麻薬組織「メデジン・カルテル」を築き、一時期、世界の闇取り引きを牛耳った麻薬王・パブロ・エスコバルは、何度も捕まったが、いったん収容された刑務所が「ハーレム状態のホテル」と化し、そこから手先を使って法相や判事、弁護士らを脅したり殺害したりしたため、裁判は機能しなくなった[96]。彼は最終的に、一九九三年に治安部隊によって殺害され、組織も壊滅したが、このように裁判に伴う民間人被害のリスクが標的殺害に伴うリスクを上回るケースは極めて稀である。

米海軍大学で戦争倫理学を教えるストラウーザーは、エスコバル裁判と同様に、ビンラーディン裁判は、世界各地でアルカイダによるテロの多発を誘発しただろうと推測する。誘拐事件も発生し、彼の釈放と人質の交換を要求するケースが増えただろうと見る。彼によると、殺害の場合も報復テロは増えるが、一時的な現象に過ぎないのに対し、裁判の場合は、テロや誘拐は判決が確定し、処刑されるまで続く。結果的に見れば、殺害より裁判のほうが民間人の犠牲者は多くなるに違いない、という[97]。

しかし、これはあくまでも憶測の域を出ない。ビンラーディン殺害が間接的にせよ、イスラム国の（IS）台頭や欧州での自国産テロの増発を招いた要因なのかもしれない。オバマ政権は、彼の後継であるザワヒリ（Ayman al Zawahiri）の指導力欠如がアルカイダの弱体化を誘発することを期待していたが、それが裏目に出た可能性も否定できない。ビンラーディン殺害は、アルカイダの「ブランド力」低下を招き、イスラム国という「怪物」を生み出すことに寄与したのかしれない。

いずれにしても、オバマ大統領は、必ずしもビンラーディン裁判がテロの増発を招くとは思っていなかったようだ。現職時代のオバマをインタビューした著作家のボーデン氏（Mark Bowden）がCNNに語ったところによると、オバマは、仮にビンラーディンが投降した場合、連邦地裁で裁くことを強く望んでいた。この裁判が世界中のテロ集団を活性化させるとは思っておらず、「逆に、世界中に米国のメッセージを伝える最も効果的な場になるだろう」と見ていた。とはいえ、当時、米議会は、グアンタナモ収容所の被拘禁者を連邦地裁で裁くことに猛反対していたので、ビンラーディン裁判を実現させるには、国民の支持など「政治的資本」（political capital）が必要になるだろうとも認識していた、という[98]。

本節の課題に戻ろう。ビンラーディン殺害作戦は、道義的に正当と言えるだろうか。グロティウスの正戦論から導き出した「重犯性」と「作戦の大義」の基準についてはパスしたとしても、「裁判の不在」では大きな疑問が残る、という評価になる。ビンラーディンの捕捉・裁判が不可能であったとは必ずしも言い切れない。少なくとも、現時点では受け入れ難い危険とリスクを予期していた形跡は見当たらない。

結局、オバマ政権にとって、ビンラーディン殺害は、「鉄拳制裁」であった。無法地帯でも、自然が復活すると予期される状態でもないのに、裁判抜きの「処刑」が行われた。それは、たとえ大義があったとしても、グロティウスの容れるところではなかろう。

4. 司法過程を経ない裁判抜きの殺害の是非――アイヒマン裁判との対比

悪の陳腐さ

裁判抜きの殺害で正義は実現できるのか。最後に、ビンラーディン殺害とアイヒマン裁判を対比し、裁判抜きの処刑がはらむ正義の問題点について検討したい。

一九六一年四月、第二次世界大戦下でユダヤ人絶滅計画（ホロコースト）を指揮したナチスの元将校アドルフ・アイヒマンを裁く「アイヒマン裁判」が、エルサレムの文化センターを改装した特別法廷で始まった。欧州各国からユダヤ人をドイツやポーランドの強制収容所へ移送する業務を統括していたアイヒマンは、戦後、アルゼンチンに身を隠していたが、一九六〇年五月に、イスラエルの諜報機関モサドに拉致され、そのままイスラエルへ連行された。「人道に対する罪」などで訴追され、六一年一二月に死刑判決が下された。上告、棄却を経て刑は翌年五月に執行された。

世界中の耳目を集めたアイヒマン裁判を米誌の特派員として傍聴した政治哲学者のハンナ・アーレントは一九六三年、裁判レポートをまとめて本として出版した。タイトルは、『エルサレムのアイヒマン――悪の陳腐さについての報告』[99]。まず、そのエピローグと追記を中心に解読し、著者が直面した正義の問題に迫ろう。

アーレントが問うたのは、「どの程度までエルサレムの法廷が正義の要求を満たすのに成功したか」[100]であった。彼女は、正義を定義していないが、匡正的正義を意味している、と受け取ってよいだろう。

彼女にとって、正義は、善悪の「判断の問題」であった。[101] ニュールンベルグ裁判や東京裁判などこの種のすべての戦後裁判が投げかけた根本的な問題は、「人間の判断力の性格と機能」という道義にかかわっているとされる。

アイヒマン裁判が突きつけた正義の問題のポイントは二つあった。一つは、「違法性の意識」の問題であった。傍聴席から見る被告は、悪の権化ではなかった。狂信的な反ユダヤ主義者でもなく、「凡庸な人間だった」。命令を実行しただけと紋切り型の答えを繰り返す彼の姿に、アーレントは「悪の陳腐さ」を確信した。彼は、全体主義国家の非人道的な悪法を悪とも思わずに忠実に守り、ユダヤ人を死に追いやる輸送業務を粛々とこなした「思考停止」の小役人だった。

「悪をおこなう意図」が欠如している単なる「歯車」に罪を問えるのか。法破りではなく、遵法者に死刑を言い渡せるのか。結局、裁判は、思考停止であるが故の「大罪」を十分に裁くことができなかった、とアーレントは皮肉たっぷりに批判する。

この点については、彼女を主人公にした映画でも取り上げられ、すでに多くの論考があるので、アーレントの専門家に任せよう。[102] より本章の課題と深くかかわっているのがポイントの二つ目のほうである。

正義の可視化

それは、「正義の可視性」の問題と括れるだろう。[103] 「正義は単におこなわれねばならないだけでなく、目に見える形でおこなわれねばならぬ」。[104] こうアーレントは喝破する。

公判でのリアルな審理——罪状認否、検察側と弁護側の立証、被告人の意見陳述、判決等——を通して正義が見えてくる。法廷での生々しいやりとりは、少なくとも、人々に正義について考えるきっかけを提供する。しかし、裁判抜きで殺害してしまえば、たとえ実行者がいかに正義だと熱弁しても、それは万人が納得するには至らない。

アーレントは、裁判と裁判抜きによる殺害を比較し、裁判による正義追求の利点を強調する。アイヒマンをモサドがブエノスアイレスの路上で殺害する考えも「悪くはなかった」。「問題の事実は疑う余地のないものだったからである」[105]。ただし、「自ら法律を代行する者」は、次のことを忘れるべきでないと釘を刺す。即ち、「法律が再び効力を発し得るような具合に現状を変えようとしており、しかも彼の行為がせめて事後にでも正当とされ得る場合にのみ正義に貢献し得る」[106]と。この条件を満たさない限り、裁判抜きの殺害と正義が融和することはあり得ない、とする。

アーレントは、一九二六年にパリでポグローム（ユダヤ人に対する集団的迫害行為）の責任があるとされたウクライナ軍の元司令官を射殺したシャロム・シュヴァルツバルトのケースを挙げる[107]。彼女によると、彼は殺害後に警察に自首し、裁判を要求し、裁判で無罪を勝ち取った。ユダヤ民族に対してどのような罪が犯されたか、そして、それに対して処罰が行われなかったことを法廷の審理を通して世界中に訴えるために裁判を利用したのだ。芝居がかった「見せもの裁判」であることに違いないが、それでも「裁判を行うことを妨げる合法性の問題をこのように解決することの利点は明らかである」。今や被告は本物の「英雄」であり、それでいながら、以下のような「裁判的性格」も失われないからだ、と論じる。

その結果があらかじめ決められている演し物《だ》」ではなく、（中略）すべての刑事裁判の不可欠の要因であるあの「減らすことのできないリスク」という要素を含んでいるからだ。のみならず、犠牲者の立場からすれば絶対に欠かすことのできないあの「私は弾劾する《ジャキューズ》」の声ももちろん響いてくる。しかもこの声は、何のリスクを冒すこともできない政府に任命された代理人よりも、法律を代行せざるを得なかった一人の人間の口から出たほうがはるかに説得的なのだ。(108)

「もう一つの真実」の再生

アイヒマンとビンラーディン――二つのケースの違いは大きい。アイヒマンは、公人であり、ドイツ法に基づいて公務を忠実に全うしたが故に裁判で死刑判決を受けた。ビンラーディンは、私人であり、法を破ったが故に裁判抜きで「処刑」された。同じ重犯罪でも、民族全体に対するジェノサイドと大規模テロでは質的に異なる。

しかし、アーレントの主張は、ビンラーディン殺害のケースでも説得力を持つと思われる。彼女が傍聴したアイヒマン裁判から教訓を学ぶことができるのではないか。

仮にビンラーディンを捕まえたとしても、裁判はアイヒマン裁判と同様、「見せもの」（ショー）となることが予想される。アーレントは、エルサレムの法廷について、当時のベン・グリオン首相の意向を反映した一種の国策裁判であり、ユダヤ人の苦難を世界に示す巨大な「パノラマ」と化してしまったと嘆く。彼女のエルサレムの法廷に対する評価は低い。正義の要求を完全に満たしたとは思っていない。

彼女にとって、この法廷が犯した最大の失敗は、「事実上 hostis generis humani（人類の敵）」である新しいタイプの犯罪者に既成の法規や法概念で対処したことにある。ある人種集団全体の殲滅が、「国際秩序のみならず人類全体がこれによって重大な損害を被り、危険に見舞われたかもしれない」という点も疎かにされた。

しかし、それにもかかわらず、公開裁判の一連の審理を通して、ユダヤ民族に対するジェノサイドが行われたこと、それに対して「人道に対する罪」がふさわしいというメッセージを全世界に伝えることには成功したと見る。確かに、ドイツとアルゼンチンを含む各国から特段の抗議や異論はなかった。正確を期せば、アルゼンチンは当初、アイヒマンの拉致は主権侵害であるとイスラエルに抗議した。しかし、両国は、付託された国連安保理の決議を受け入れ、拉致問題は決着したという共同声明を発表した。決議は、イスラエルに原状回復（身柄の返還）を求めなかった。ナチスによるユダヤ人迫害とアイヒマンが犯した罪の重大性に鑑み、彼は処罰されなければならないことを安保理としても支持している。(109)

一方、ビンラーディン殺害のケースでは、正義の可視化が働かなかった。起訴事実や罪状、犯意も示すことができない。彼とアルカイダの「悪」が具体的に見えてこない。オバマ政権がいかに大義を主張しても、自画自賛としか響かない。しかも、主権侵害を抗議したパキスタン政府との関係は冷却したままだ。二〇一一年六月公表の調査結果では、パキスタンの国民の六割がビンラーディン殺害作戦に反対と出た。(110)

オバマ政権は、作戦を非公然活動のベールに包んだため、その模様を収めたライブ映像や遺体の写真は非公開のままだ。作戦直後に世界二五カ国で実施された調査によれば、ビンラーディンが殺害されたと信じている人は五三％に過ぎない。とりわけ、ムスリム圏で信じない人が多く、アルジェリアとボスニア、チュニジアではいずれも過半数を超えている。殺害を嘘だと思っている人も二割を超えた。[111]

作戦の事実関係について、今もさまざまな修正論が飛び交う――ビンラーディンは生存している。パキスタンの情報機関がアボダバードの刑務所に収容していたビンラーディンを邸宅に移送し、そこに米軍特殊部隊が突入するというシナリオを両国で協議し、それが実施されただけ。遺体は海ではなく、山に埋められた……。[112]事実が確定できない以上、世界中の人々が、オバマの正義が真の正義であるかを公平に判断できないのも当然であろう。裁判抜きの非公然の殺害では、実行者側がいかに正義を主張しても、「もう一つの真実」（alternative truth）が絶えず再生産される。

アーレントの議論に従えば、こうした疑念を払拭するには、二つの選択しかない。リスクはあるが、ビンラーディンを捕捉して裁判にかけるか、シュヴァルツバルトのように、作戦の実行主体である特殊部隊員が自ら自発的に警察に出頭し、殺人罪を裁く裁判で勝訴を勝ち取るかのいずれかである。後者が現実的でないとすれば、公開裁判を通して目に見える形で正義を追求するしかないのではないか。

終章 対テロ標的殺害《ターゲテッド・キリング》と日本

説明と答えを求めて再び提訴したが、政府は今回も、標的殺害は裁判所の手が届かないプログラムだと主張する。権力の抑制と均衡に基づく立憲民主主義において、そんな主張が合法だとはとても信じられない。アメリカ政府は、一六歳のアメリカ人青年を殺害したのだ。少なくとも、なぜ殺害したのかを説明すべきではないのか。

イエメン系米国人の息子と孫を無人機攻撃で殺害されたと
米紙に投稿したナセル・アル・アウラキ氏[1]

アメリカの大統領とは、殺人を命じる職でもあるのです。政治のトップとは、なんとも辛い職業です。もっとも、日本の政治家に、果たしてどれだけの自覚・認識があることやら。

ビンラーディン殺害について
池上彰[2]

これまで、オバマ政権下で活発化した対テロ標的殺害を「パーツ」ごとに見てきた。米国の法政と歴史、国際法、倫理、無人機攻撃、特殊部隊の致死作戦……。最後に、各パーツをつなぎ合わせ、オバマ政権二期八年の総括を試みたい。それによって、国際政治の現実が露呈し、将来を展望することができると思うからだ。

この試みは決して、二〇一七年一月に発足したトランプ新政権にも無関係なことではない。政権は交代しても、対テロ標的殺害は依然続いている。その行方は、日本にとっても目が離せない。対テロだけでなく、その文脈を離れて、核とミサイル実験を繰り返す北朝鮮の指導者に対する斬首作戦の可能性まで匂わせている。

終章では、まず、オバマ政権八年の対テロ標的殺害政策を振り返り、その長短所を評価する。次いで、この政策から透けて見える国際政治の「異変」に喚起を促す。そのうえで、日本のあるべき姿について、筆者なりの考えを提示することにする。

1. オバマ政権の対テロ標的殺害――二期八年の総括

標的殺害のデータ公表

結局、オバマ大統領とは、どのようなタイプの大統領だったのか。「戦争と平和」について、どのように考えていたのか。どんな安全保障観を抱いていたのであろうか。

「強靭な理想主義者であると同時に、冷徹な現実主義者である」（渡辺靖氏）。こんな見方を新聞で目にした。[3] たしかに、そうでなければ、二〇一六年五月の広島訪問はあり得なかっただろう。自身のレガシーを残すことに躍起になっていたとしても、大統領による被爆地訪問の政治的リスクは極めて高い。「両者のはざまに落としどころを模索しようとする矜持を強く感じた」(同)という意見に筆者も同感である。

問題は、どのように両者の落としどころを模索したかである。これまで見てきたことから分かるように、対テロ標的殺害に関する限り、正戦論の道義的規範を拠りどころにしたというのが筆者の結論である。オバマは、絶対的平和主義論者でも、国際政治に倫理は不要と唱える狡猾な超リアリストでもない。原因と方法が正当であれば、という条件付きで戦争を容認する正戦論者であった。戦争は極力避けるべきだが、やむを得ぬ場合は、正しく武力を行使すべきだという立場である。

大統領選さなかの二〇一六年七月と二〇一七年一月の任期切れ直前に、オバマ政権は、「活発な敵対行為が進行している地域外」(outside areas of active hostilities)において、米国が実施した対テロ攻撃(counterterrorism strike)に関するデータを公表した。[4] CIAと米軍特殊部隊がオバマ政権の二期約八年(二〇〇九年一月二〇日~二〇一六年一二月三一日)を通して、パキスタンのアフガン国境地帯やイエメン、ソマリア等の非戦闘地域で行使した非公然の対テロ標的殺害の総数と受け取ってよいだろう。

それによれば、オバマ政権が行使した標的殺害は計五二六件(表1参照)。ブッシュ前政権二期の約一〇倍の規模と推定される。その多くは、CIAの無人機攻撃と見られる。前政権から継承した無人機攻撃は一期目に頻繁に行われ、パキスタンでは二〇一〇年にピークを迎える。その後は減少の一途を辿るが、その代わりにイエメンで増え、二〇一五年頃からはソマリアで急増した。このため、オバマは、「ドローン大統領」（Drone President）とも揶揄されるようになった。

アルカイダとその関連テロ集団が各領域国で暗躍し、そこから対米攻撃の脅威を放っているにもかかわらず、いずれの政府もテロを掃討する能力か意思（あるいは、その両方）を欠いていると見られた。しかし、米国と戦争状態にないため、正規の米軍ではなく、ＣＩＡ要員と米軍特殊部隊が非公然活動のベールに包んで標的殺害を実行した。攻撃に際し、事前に領域国の同意を取り付けたり、「暗黙の合意」を前提にしたりした場合もあるし、無断で領域侵犯を断行したこともある。

無人機攻撃も特殊部隊の致死作戦も効率的といわれる。オバマ政権が公表した公式データを使えば、対テロ攻撃は、一件当たりテロリスト五、六人を手にかけたことになる。しかし、それでも民間人の付随的被害は避けられない。ワシントンの民間シンクタンクNew America Foundationが収集したデータによると、民間人の犠牲者数に関しては、政権側の公式データと少なくとも倍の差がある（表2参照(5)）。

とはいえ、死者総数に占める民間人の割合は、ブッシュ時代に比べれば激減した。パキスタンでの無人機攻撃に限っても、ブッシュ時代の三分の一の規模に減っている。無論、公式データは標的殺害が行われた地域、戦術の形態などの内訳を明らかにしておらず、確定的なことは言えない。民間のデータも推定値に過ぎない。しかし、単純に数字だけ見れば、大雑把ではあるが、二期目のオバマ政権では民間人の巻き添え死は減る傾向を示している。無論、決して十分とは言えないが、少なくとも、

表１　オバマ政権の公式データ：２期８年の対テロ攻撃

攻撃件数	526
戦闘員の死者数	2803 ～ 3022
非戦闘員の死者数	65 ～ 116

敵対行為が活発な地域外における米国の対テロリズム攻撃（2009年１月20日～2016年12月30日）
Office of the Director of National Intelligence(DNI)が2016年７月１日と2017年１月19日にそれぞれ公表したデータを基に作成。
件数／戦闘員の死者数＝5.32～5.75人
非戦闘員（民間人）／死者総数＝0.02～0.04

表２　New America Foundationの無人機攻撃に関するデータ（2017年4月10日現在）

オバマ政権	件数	武装勢力の死者数	民間人の犠牲者数	身元不明	死者総数
パキスタン	353	1659 ～ 2683	129 ～ 162	146 ～ 249	1934 ～ 3094
イエメン	183	1118	95	46	1259
ソマリア	32	281	3	10	294
総計	568	3058 ～ 4082	227 ～ 260	244 ～ 305	3487 ～ 4647

ブッシュ政権	件数	武装勢力の死者数	民間人の犠牲者数	身元不明	死者総数
パキスタン	48	218 ～ 326	116 ～ 137	65 ～ 77	399 ～ 540

NAF のデータベースを基に筆者が作成。

対テロ標的殺害を慎重に行う努力をした跡はうかがえる。

ＰＰＧ――標的殺害の道義的なルールづくり

では、オバマは、何を先導したのであろうか。彼の大きな功績は、対テロ標的殺害に対し説明責任（アカウンタビリティー）を曲がりなりにも果たそうとしたことにある。ブッシュ政権時代は不透明だった、ＣＩＡによる非公然の標的殺害の存在を公に認め、それを規制するルールを策定しようとした点は評価できる。

オバマは二〇一三年五月、国防大学での演説において、対テロ標的殺害を行使する際に政策決定者らが遵守すべきガイドライン（Presidential Policy Guidance：PPG）を策定したことを明らかにした。着目すべきは、その際、以下のように述べ、自分が道義を重んじる正戦論者であることを強調した点にある。

我われは、これでもかと多くのアメリカ人を殺そうとしている組織と戦争をしている。これは、均衡原則と最後の手段、自衛の要請を満たす正戦（just war）だ。（中略）軍事戦術は、合法且つ実効的であっても常に道義的で賢明であるとは言えない。[6]

このとき、オバマ政権は、ＰＰＧの要旨[7]のみを公表したが、二〇一六年八月には、ＰＰＧの機密指定を解除して全文（伏字の部分はある）を一般に公開した。[8]この全一八頁の文書には、米国政府が対テロ標的殺害を行う際に満たさなければならない要件と、殺害するか否かを決定するまでの標準活動手続き（standard operating procedure）が詳細に書かれている。煎じ詰めて言えば、それらは、標的殺害を規制するための道義的なルールである。ＰＰＧは、一見、官僚が作文した無味乾燥な行政文書のように見えるが、実はオバマが抱く正戦論の原則に裏付けられている、と見てよいだろう。

ＰＰＧが定める標的殺害の要件は、以下の七つに集約できる。

①標的は、米国人に継続的且つ急迫不正の脅威（continuing, imminent threat to U.S. persons）を突きつけており、法的観点から標的にすることが妥当と見なされる人物でなければならない。
②標的の所在がほぼ確実視（near certainty）される必要がある。
③標的の周辺に非戦闘員がいないこともほぼ確実視されなければならない（付随的被害が皆無に近い）。
④捕捉（capture）が実行不可能という判断。
⑤領域国政府が対米脅威に効果的に対処できないか、その意思がないという判断。
⑥他に適切な手段がないという判断。
⑦戦争法の原則を遵守しなければならない。

これらの要件は、現代の国際法（戦争法）が求める要件とは必ずしも一致しない。戦争法の基準に従えば、将軍であれ、一兵卒であれ、武器を公然と携行する戦闘員である限り、見つけ次第、いつどこで殺害しても構わない。区別原則の遵守は当然としても、民間人の付随的被害について皆無であるべきとまでは求めていない。オバマ政権が標的殺害を純粋の「戦争モデル」で捉えていなかったことは明らかだ。一連の要件は、「法執行（警察）モデル」の要件により近い。殺害するか否かの基準を標的の所属や法的地位ではなく、行為に求めており、戦争を法執行の手段と捉えた西欧中世から近世にかけての正戦論を彷彿とさせる。

例えば、①の要件。これまで見てきたように、オバマ政権は、脅威の急迫性を幅広く解釈し、大勢の犠牲者が出ると見られるテロ犯罪の準備、予備段階で危険人物に先制・予防的に懲罰を科すことも自衛行為の一つと捉えている。自衛の範域を幅広く捉え、差し迫った脅威だけでなく、予期的自衛をも容認しているという点では、グロティウスが生きた時代の「防衛戦争」（defensive war）の概念と相通じるものがある。③と④、⑥は、まさに正戦論が求める「最後の手段」と同じである。

他方、標的殺害の決定過程における標準活動手続きについては、その中核をＰＰＧは以下のように描いている。

①標的殺害の実施を検討している省庁の長（ＣＩＡ長官か国防長官）が、それぞれの法律顧問によるレビューを経たうえで標的を指名（nominate）し、その人物のプロフィールを作成。
②国家対テロセンターがプロフィールを精査、関連機関の法律顧問が殺害要件を満たしているか否かを検討。
③国家安全保障会議を構成する各省庁の副長官（deputies）から成る会議において検討、満場一

致の同意で長官級の会議にあげる。

④長官級の会合で満場一致の同意を得られれば、大統領が最終的に承認。同意が得られない場合は、大統領の判断に任される。

この手続きの特徴は、ホワイトハウス（国家安全保障会議と大統領）への権限集中である。PPGの実行に割かれる人員は一〇〇人を下らないといわれているが、標的殺害の実行機関（CIAか国防総省）への殺害の権限委任、現場の自由裁量の余地はほとんどないと言っても過言ではない。これは、最終判断をCIA長官らに委譲することもあり得ると規定している捕捉の場合と好対照である。殺害案件に関する限り、大統領は下や周りに任せないで、自ら指揮し、最終的に標的一人ひとりの名に目を通すことになっている。対テロ標的殺害に為政者として道義的な責任をとる姿勢を鮮明にした、と言ってよいだろう。この点でも、中世の正戦論が「正しい戦争」に求めた「君主の権威」の原則を想起させる。

では、なぜ、PPGを策定し、文書の公開にまで踏み切ったのだろうか。

その直接のきっかけは、イエメンで暗躍していた米国籍のテロリスト、アウラキ師の殺害だと思われる。アメリカ人を標的にしていたことが表面化し、自国民に対する裁判抜きの殺害の是非が米国内で論争の的になった。結局、彼は二〇一一年九月、CIAによる無人機攻撃で殺害された。これに対し、人権・法曹団体は、情報公開訴訟を通して、標的殺害の要件と内部手続きの公開を求めていた。

もう一つ、オバマ自身が長期化する対テロ戦争に懸念を抱いていたことも無視できない。標的殺害の中でも、とりわけ、無人機攻撃は安価で命中精度が高い。しかも、パイロットの犠牲は皆無である。オバマは前述の演説において、命を懸けない戦争が恒常化することに警鐘を鳴らした。(9) 同時に、海外でも武装無人機は拡散しており、米国が指針を世界に示すことで範を垂れるべきだという考えも示した。さらに、次の大統領が誰になっても、いったん公開したPPGを反故にするには、それなりの正当化が必要になると踏んだ、とも言われている。じじつ、後で指摘するように、トランプ大統領は、PPGを骨抜きにしようと躍起になっている。

一般論として言えば、先進民主主義国では、メディアに否定バイアス（negativity bias）がかかっているため、有権者は、政策の成功より失敗に敏感に反応しがちである。それ故、世論に敏感な政治家ならば、手柄よりも非難を受けるリスクに敏感にならざるを得ない。とりわけ、米国の標的殺害政策は、政治家を「非難回避の政治」（politics of blame avoidance）(10) に走らせる強力な誘因を内包している。(11) 非公然の殺害であるため、自分の活動と政策の効果が有権者に見えにくいからだ。それゆえ、避難回避の政治ゲーム（表3参照）(12) では、大統領は、自分で標的殺害を指揮して最悪の結果に陥る事態（2）を回避し、失敗しても下や周りのせいにできるように殺害の権限をCIAなどに委譲するほう（4）が無難だと考えられる。ゲーム論でいえば、ミニマックス戦略をとりがちである。成功しても手柄を世間に公表することができない以上、CIAを失敗した場合の非難の「受け皿」、「避雷針」にすることさえ合理的であると思われる。

しかし、オバマは、この「力学」に抗して、標的殺害を直轄し、自ら采配を振るった。野球に例え

表3　非難回避の政治ゲーム

戦略の選択	肯定的な結果	否定的な結果
自ら指揮・監督（direct）	（1）　称賛　大 非難　小 結果　手柄獲得へ	（2）　称賛　小 非難　大
委任（delegate）	（3）　称賛＜（1） 非難　小	（4）　称賛　小 非難＜（2） 結果　非難回避へ

（Christopher Hood, The Blame Game, p.73を基に作成）

れば、球団経営者と監督を兼任したかのようだ。失敗した場合の最終責任をとる覚悟をしていたと言える。この点では、オバマを高く評価してもよいと思う。無論、オバマの再選を決定的にしたビンラーディン殺害作戦では、大きな手柄を獲得したが、あのときのように非公然活動を公表することは極めて稀有なケースである。作戦が失敗に終わった場合、政権は崩壊していたかもしれない。オバマは、少なくとも五〇〇件以上の標的殺害を認可したが、そのほとんどのケースで自分が脚光を浴びることはなかった、孤独な大統領であった。

弱い応責性――法の適正手続きを欠く殺害

もっとも、対テロ標的殺害に対する説明責任のプロセスを制度化しようとしたと言っても、行政府内の内部監視に過ぎない。独立委員会や司法、連邦議会による監視でもなく、国民への応責性の度合いは弱いと言わざるを得ない。米市民は、ＰＰＧの存在を知ることはできても、個々の標的殺害がＰＰＧの要件や手順を満たしているかどうかまでは判断できないからだ。いかに身内のチェックを厳格化しても、所詮、仲間内の監視である。標的選定における誤審や作戦に過誤があった場合、政策決定者による恣意的な判断や権力の濫用につながる恐れがある。結果的に、身内に甘い制裁になりかねない。ＰＰＧは、連邦議会側への標的殺害の通告義務も明記しているが、米国の国内法（タイトル50）で求められる非公然活動に必要な議会通告の要件を超えるものではなかった。可視度の低い非公然活動である以上、選挙で有権者から制裁を受ける恐れもないと言える。

とりわけ、「法の支配」（rule of law）の観点から、標的殺害に至る決定プロセスと事後のレビューに司法の関与が抜け落ちていることを問題視する声は根強い[13]。合衆国憲法は、「何人《なんぴと》も、法の適正な手続きによらずに、生命、自由または財産を奪われない」（修正５条）と定めている。公平な陪審による迅速な公開裁判を受ける権利（同６条）も保障している。しかし、当時のホルダー司法長官は、裁判抜きの殺害の是非を問われ、「法の適正手続き（due process）と司法手続き（judicial process）は同じではない」と述べ、たとえ外部の司法によるチェックがなくても行政府内で適法性を判断する適正手続きを厳格に踏んでいるとの考えを示した[14]。

確かに、ＰＰＧは、標的殺害をめぐる省庁間協議を制度化した。審議の過程で各省庁の法律顧問と法務官の活発な参加も求められている。しかし、そうだからといって、法の適正手続きと同一視することはできない。法の適正手続きには、外部の司法・裁判所の何らかの介入が必要であるが、オバマ政権の標的殺害に司法による事前や事後の関与はない。対外情報監視法に基づき、当局が通信傍受の令状を特別裁判所に請求し、裁判所が非公開で審理するような仕組みを標的殺害のケースにも適用し、司法・裁判所を何らかの形で関与させるべきだという意見もあったが、オバマ政権では検討の俎上にも載らなかったようだ。

この点、注目すべきは、イエメン系米国人のアウラキ師に対する標的殺害の差し止め訴訟だ。既に述べたとおり、アウラキ師はイエメンでＣＩＡの無人機攻撃によって殺害されたが、殺害に至る過程で後見人を自称する父親が息子の殺害計画は違憲であるとし、殺害の執行を中止するよう国側に求めていた。首都ワシントンにある連邦地裁のベイツ（John D. Bates）判事は二〇一〇年一二月、①父親に提訴資格（近友、next friend standing）がない、②仮に資格があったとしても、標的殺害のような高度な安全保障問題に裁判所が司法判断を下すことはできない、という統治行為論を持ち出して訴えを却下した。したがって、実質的な審理には入らなかったが、ベイツ判事は、意見陳述書において興味深い判断を示した(15)。

「米捜査当局から逃れ、西洋に対するジハードを唱え、多くの対米テロを実行したことのある組織のために作戦計画を練っている米市民が、同時に、自ら又は誰かを通して、自分の憲法上の権利を守るために米国の刑事司法システムを利用することはできるのか」。こうベイツ判事は自問する。オバマ政権側に対しても、「行政府は、単にテロ組織の危険な構成員という理由だけで、司法手続きの機会をまったく与えずに米市民に対する暗殺を命令することはできるのか」と問いかける(16)。

これに対する答えは、次のようなものである。即ち、「米市民ならば、何人も捜査当局から逃れる身でありながら、刑事司法システムを利用することはできない(17)」。ベイツ判事にとって、アウラキ師は、死刑に値する重犯罪でいわば「起訴」され、裁判所への召喚を無視し、当局から逃げ続ける「国際逃亡者」のようだ。基本的には、法（の手続き）を遵守する意思のない者は、法の保護を受けられない。対テロ標的殺害で殺されても自業自得だという考えが透けて見える。

しかし、大統領による問答無用の法外放逐（outlawry）は許されない。それでは、リンチが横行した「西部開拓時代の裁き」（frontier justice）と大同小異である。判事は、アウラキ師について、仮に米国の裁判所に出廷することができないとしても、少なくとも、イエメンの米大使館に将来、裁判に応じる意思を表明することは不可能ではないと主張する。原告側は、殺される恐れがあるのに、それは無理だと反論するが、テレビ会議など現代のテクノロジーを駆使すれば、隠れながらでも司法的救済を受ける道はいくらでもある、と言うのである。[18] 要するに、政府が標的殺害を行うには、裁判所が介入する通告や聴聞といった、最低限の適正手続きが必要であると判事は示唆している。やはり、大統領に判事の代行を許せば、権力の濫用につながるという不安は隠せないようだ。

アメリカにおける法外放逐の考え方は、一二一五年のマグナカルタ（大憲章）以来の伝統が連綿と受け継がれている。[19] その三九条は、イングランド国王の恣意的な権力行使に制限を加え、裁判や国法に基づかない法外放逐を禁止した。逆に言えば、裁判所が介入し、法の適性手続きを踏めば、法外放逐による殺害も合法と見なされたのだ。英国では、この慣行は一九世紀末に廃止されたが、アメリカでは植民地に輸入され、二〇世紀まで存在した。ちなみに、ノースキャロライナ州では、一九七六年まで逃亡犯に適用され、正式に廃止されたのは一九九七年に過ぎない。

こうした法手続き重視の国柄を勘案すると、オバマは、標的殺害と法の適性手続きの要請の落としどころを徹底的に探るべきだったと悔やまれる。実質的な正義とは別に、マグナカルタ型の標的殺害を制度設計する余地はあったのではないか。[20]

さて、オバマ政権の対テロ標的殺害は、正戦論が掲げる「戦争の正義」（jus ad bellum）の条件を満たしていたのであろうか。

正当な理由、正当な権威、結果の均衡などのテストには「合格」したとしても、果たして標的殺害が平和的手段を尽くしたうえでの「最後の手段」であったのかは疑問である。無人機攻撃とビンラーディン殺害作戦の章で指摘したように、ターゲットを捕捉して裁判にかける真剣な政治的努力をした形跡は見えない。オバマは、二期目に入って米国内での裁判に反対する議会共和党の説得を諦めてしまったのではないか。米国内での裁判という国民と議会に不人気な選択を避けるために、あえて標的殺害の規模を拡大したのではないか、という疑念は消えない。

PPGには、捕捉の手順が詳細に規定されている。それによると、オバマ政権の選好は、第一に、捕捉したテロリストを第三国へ移送、その国に拘留してもらうことであった。それが実行不可能な場合は、米国内の連邦地裁か軍事委員会に起訴することが次善の策であるとしている。しかし、いかなる場合でも、オバマが閉鎖を宣言したグアンタナモ米海軍基地の収容所へは移送しないと付け加えている。標的殺害は、起訴の代替策として提案されるべきではない、とPPGは記しているが、それを可能にする政治的手腕をオバマが発揮したとは言えない。

まとめると、アフガンとイラク以外の非戦闘地域から放たれる対米テロの脅威にどのように対処すべきか、という新たな問題に直面したオバマ大統領は、対テロ標的殺害の道義的ルールを策定し、決定に至る手続きを行政府内で制度化しようとしたと評価できる。しかし、殺害に対する説明責任を十分に果たしたとは言い難い。法の適正手続きを標的殺害に組み込む努力の形跡も見当たらない。自身が参照する正戦論の基準に照らしても、標的殺害が正当化されるかは疑問である。オバマは、結局、改革途上で退場せざるを得なかったと言えよう。

2．国際社会の異変——頭をもたげる自然

法の間隙

では、非公然の対テロ標的殺害との関連において正戦論の復活をどのように理解すべきなのか。ここで、オバマから目を転じて、国際社会の現実について考察してみよう。

グロティウスの概念を借りれば、いま起きている対テロ戦争とは、「公私混合戦」である。非国家のテロ集団と主権国家間の非対称戦と言ってもよいだろう。彼の説に従えば、この戦争では、ＣＩＡの準軍事部隊であれ、正規の米軍であれ、誰でも参戦できる。

しかし、国家対国家の公戦の場合と異なり、米国と戦争状態にない領域国の非戦闘地域が「戦場」になることがしばしばある。脆弱国家や破綻国家にテロ集団が「聖域」（sanctuary）を築き、そこを拠点に対米テロの脅威を放つからだ。こうした脅威に対処するうえで、米軍を展開することは得策ではない。かといって、警察の域外法執行活動では十分に対処できない。そこで白羽の矢が立ったのがＣＩＡと米軍特殊部隊の非正規班である。

問題は、非正規班による致死行為を規制する米国内法と国際法の狭間に抜け道が開く、という「異変」が起きていることにある。アメリカの大統領は、ＣＩＡなどのエージェントに非公然の武力行使（標的殺害）を命じる権限を有する。第２章で詳述したとおり、制定法（タイトル50）が規定する手続

きに沿って、大統領事実認定に署名し、議会に通告すれば、米国憲法と国内法に触れない限り、シビリアンのエージェントが非公然の武力を行使することも許される。米国では、非公然の暴力を民主的に管理・規制する仕組みが曲がりなりにも制度化されているのだ。

しかし、ことが国際的な規制となると、こうしたエージェントの行動を縛る実定法は存在しない。第4章で指摘したとおり、CIAの工作員が標的殺害という敵対行為に直接参加すること自体は違法ではないが、戦闘員資格を有しないため国際人道法上の保護は受けられない。次いで、活発な敵対行為が行われていない非戦闘地域で行われる対テロ標的殺害を規制する国際法のルールは不確定である。主に国連憲章と国際人道法に依拠する戦争モデルと、国内刑法と国際人権法等から成る刑事司法的な法執行モデルのどちらを適用すべきかをめぐり、アカデミックな場でも論争が今も続いている。さらに、非公然活動を禁止する国際法規も存在しない。国家に対外活動の帰属と内容を開示する義務はないのだ。

要するに、非正規班は米国の憲法や国内法には縛られるが、国際的には「法の空白」に近い領域で活動している、ということである。そこでは、裁判が機能しないのだ。国家同士のエージェントならば、お互いの行動を規制する暫定的な「暗黙の了解」が醸成され、それなりの秩序が保たれるかもしれないが、相手が非国家のテロ集団では、共通了解はつくれない。そんな敵が世界中で跳梁跋扈し始めた。国際社会に頭をもたげた「自然」の範囲に応じて、アメリカも実力行使するようになった。その手段が非公然の対テロ標的殺害だったのである。

対テロ標的殺害容認の国際規範

こうした視座に立つと、オバマが策定したＰＰＧは、国際社会における法の間隙を道義的なルールで埋める役割を担ったと解釈することもできる。つまり、ＣＩＡなどの非正規班が海外で活動するうえでの「交戦規定」（rule of engagement）の役割を果たしたとも言える。ミイラとりがミイラにならないための最低限の道徳律である。

ただし、正しい標的殺害か否かという自然法の解釈の判定をアメリカの大統領だけに任せてよいのかという問題はある。判定にバイアスがかからないのか。前章で指摘したとおり、「オバマの正義」に流れるグロティウス流の防衛戦争観は、自衛権の拡大解釈を許し、予防攻撃の正当化に道を開く。最悪の場合、米国による独善的な単独武力行使につながる恐れがある。善悪二言論に陥り、邪悪な集団の排除に高揚するあまり、民間人の巻き添えもやむを得ないとする風潮もつくりやすい。国連の集団安全保障体制（七章）に基づく法執行活動に期待が寄せられるゆえんである。

しかし、筆者の知る限り、本来、国際社会で何が正当で不当かを判断するはずの国連安保理が米国の対テロ標的殺害を議題にしたことはない。常任理事国（Ｐ５）の拒否権によって機能不全をきたしているという理由だけからなのだろうか。ビンラーディン殺害のときは、歓迎の声明すら出している。米国を除くＰ４も対岸の火事ではいられない。「明日は我が身」と受けとめ、自分たちのカウンターテロリズムの選択肢を狭めたくないのだと思う。非対称の敵に対する非正規の対抗手段は温存しておきたいのではないか。要するに、対テロに関する限り、標的殺害という戦術の行使を容認する規範が国際社会においてゆっくりと形成されつつある、と言ってよいだろう。[21]

その背景には、第二次世界大戦後の二つのトレンドが見て取れる。一つは、戦争犯罪で国家の指導者を裁く慣行である。国家ではなく、個人を訴追の対象とするトレンドは、ニュルンベルグ・東京裁判で始まり、ルワンダや旧ユーゴでの国際刑事法廷を経て、一九九八年のローマ規定採択による国際刑事裁判所（ＩＣＣ）の設立で結実した。もう一つのトレンドは、人権重視の国際的な潮流である。それは、一九九〇年代の人道介入の反省を踏まえ、「保護する責任」（Ｒ２Ｐ）に関する議論に発展した。二〇〇一年以降、ジェノサイドや民族浄化から国家が保護できない場合、安保理を通じて国際社会が介入する責任に関する合意形成が国連を舞台に進んでいる。国家の指導者といえども、基本的人権を蹂躙すれば、もはや訴追は免れないという規範が追い風となって、対テロ標的殺害を容認する規範が強まっていると考えられる。

トランプ政権による標的殺害——規制緩和の兆候

トランプ政権も前政権と同様に対テロ標的殺害を多用している。New America Foundation の推計によれば、トランプ政権が二〇一七年に実施した対テロ標的殺害は、パキスタンとイエメン、ソマリアだけでも計八七件にのぼる。殺害されたテロリストは、計四二〇〜五〇〇人と推定される。[22] 現時点ではまだ、トランプ大統領の標的殺害に対する姿勢は不透明であるが、実効性の観点から見て魅力的なカウンターテロリズムの戦術と映っていることは間違いなさそうだ。

ただし、オバマが策定したＰＰＧの規制は緩和されるのではないか。米紙の報道によると、[23] ＰＰＧでは標的の対象をアメリカ人に継続的且つ急迫不正の脅威を突きつけるテロ集団の指導者や幹部に限定していたが、下級の歩卒にまで広げることを検討している。それによって、イエメンやソマリア以外の領域国で暗躍するテロリストまで網にかけることを狙っているという。また、殺害の最終権限をＣＩＡや米軍に委譲することも検討していると報じられる。ＣＩＡや米軍の内部からオバマによるマイクロマネージメントに対する批判が出ていた。現場が標的殺害を実施するには、大統領の最終承認を得るために煩雑な手続きを踏まなければならず、脅威に即応できないという批判である。ＰＰＧに人員と時間を割かれると、ホワイトハウスはテロ以外の戦略的な問題への対処が疎かになりがちになるとの批判も出ていた。ＰＰＧの規制緩和が実現すれば、対テロ標的殺害は、公然か非公然を問わず、オバマ時代より頻繁、且つより広範囲に行使されることになりそうだ。

さて、トランプも正戦論者なのだろうか。一見、倫理と無縁のリアリストのように見えるが、トランプは、敬虔なキリスト教徒である。現時点では、確定的なことは言えないが、少なくとも、対テロ戦争を法執行活動の手段と捉えているようには見える。二〇一七年八月に対アフガン戦略を公表した際、彼はテロリストについて「まさに残忍な悪党、犯罪者、捕食者であり、かつ天敵である」とし、「もはや殺し屋に隠れ場所はないと自覚すべきだ」、「すばやく且つパワフルな応報（retribution）に値する」と強調した。[24] テロリストは、「突然の裁き」（sudden justice）を受けても仕方がないと言い放ったブッシュの言説を想起させる。[25] 刑罰戦争を事実上容認する点では、トランプとブッシュ、オバマとの間に連続性はあるようだ。

また、自衛の範域を広く解釈し、テロリストに対する先制・予防攻撃を容認する点でも二人の前任者と大差はない。トランプ政権が二〇一七年一二月に発表した文書「国家安全保障戦略」は、聖戦テ

図1　脱国家的なテロのネットワーク

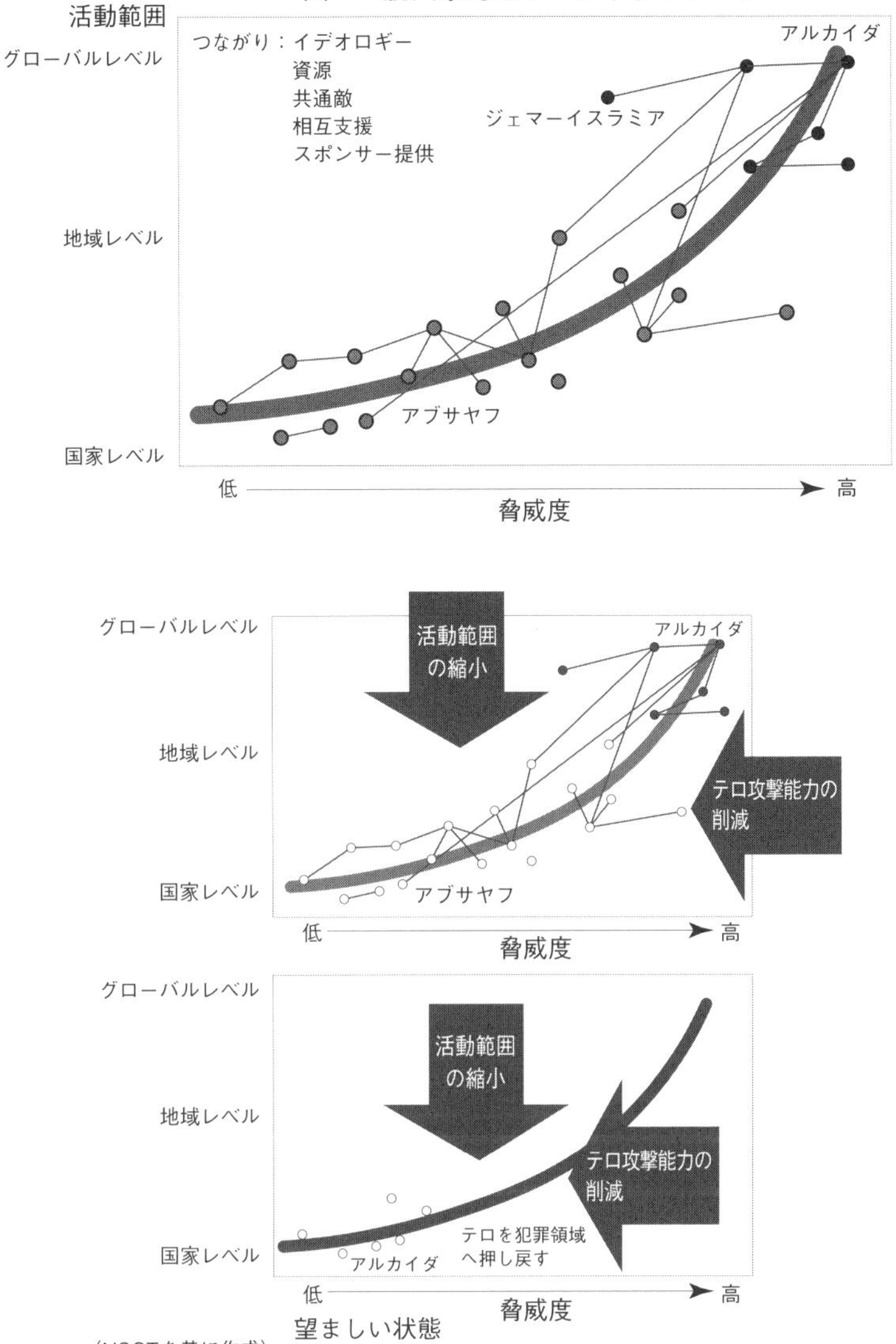

（NSCTを基に作成）

ロリストを米国土に対する国境を越える最大の脅威と位置づけ、「米国は脅威の根源に狙いを定める。われわれは、脅威がわれわれの国境に到達する前に、あるいは国民に危害が及ぶ前に脅威に立ち向かう」としている。

ここで、ブッシュ政権が二〇〇三年に公表した報告書「テロリズムと戦うための国家戦略」（NSCT）を見てみよう。(26) 対テロ戦を法執行活動の延長線で捉える考え方を端的に図示しているからだ。NSCTは、アルカイダのようなテロ組織を民族自決や独立を目指すテロ組織と区別し、国境を跨ぐ脱国家（トランショナル）組織と位置づけ、そのうえで、テロ組織の活動範囲を縦軸に、組織の脅威度を横軸にとって各テロ組織を分類し、それぞれのつながりを線引きしている（図1参照）。グローバルなレベルで暗躍し、最も脅威度の高いアルカイダ、東南アジア一帯で中規模の脅威を放つジェマー・イスラミヤ、主にフィリピンで低レベルのテロを繰り返しているアブサヤフ……。お互いに情報共有、資金援助、訓練と聖域、武器供与、イデオロギーなどでつながっていると警戒する。対テロ戦略の目的は、武力行使を含む総力戦によってネットワークを遮断し、各組織の活動範囲をグローバルから国家レベルへ、同時に組織のテロ能力を低下させ、最終的には、テロの水準を各国の法執行機関が対処できる「犯罪領域」（criminal domain）に押し戻すことにある。

9・11からすでに一六年――。果たして、対テロ標的殺害によってテロのレベルが図のように左下の方向に低下したのだろうか。テロを撲滅することは不可能であるにしても、各国の法執行機関で十分対処できるレベルに抑え込むことには成功したと言えるのだろうか。

我われを囲む戦況は、あまり好ましくない。ビンラーディンの息子でアルカイダの後継者と目されるハムザは二〇一七年秋、ビデオを公開し、イスラム教徒に対し、聖戦に加わってアメリカへ復讐するよう呼びかけた。アラビア半島のアルカイダや、シリアのアルカイダと言われるヌスラ戦線などは対米権益に対する攻撃の意図を明確にしている。イスラム国（ＩＳ）の事実上の崩壊で、テロリストは各地へ拡散するだろう。すでに、その分派が旅客機爆破などを狙ったテロ未遂事件を起こしている。欧米では、自国産テロが増えている。ＩＳが煽動した欧米での自国産テロは、二〇一四年六月から三年間で計五一件にのぼる。そのうち、一六件が米国内で起きている。[27]ソーシャル・メディアを介したテロリストの電子空間も形成されつつある。

道義を重視したオバマでも完結した出口戦略は描けなかった。トランプは公約を翻し、アフガンへの米軍の増派を決定した。米軍を引き揚げれば、タリバーンが勢いを増し、米本土へのテロの危険が増すと判断したからだ。一方、イスラム国を崩壊に追い込んだが、シリアの内戦が終結したわけではない。イラクも政情不安が続く。この先、トランプ政権による「テロリスト狩り」が穏健なイスラム教徒を聖戦（ジハード）に目覚めさせ、危険なテロリストの増殖を招かないことを願うばかりだ。

さらに言えば、トランプが対テロリストの文脈を超えて、標的殺害の対象を反米政権の指導者にまで拡大することが懸念される。核実験とミサイル発射実験を繰り返す北朝鮮の最高指導者である金正恩・朝鮮労働党委員長ら幹部を狙う斬首作戦や拉致を検討している。ビンラーディン殺害作戦を担った米海軍特殊班が米韓合同訓練に参加したと伝えられる。グロティウスは、海賊と国家を明確に区別し、国家同士の公戦の場合は、単なる恐れから予防攻撃を仕掛けることは許されないと釘を刺す。ビンラーディンと金正恩を同列に扱うわけにはいかない。

9・11後のアメリカは、テロリストと独裁者の相違を無視する傾向が顕著である。アルカイダと無関係だったにもかかわらず、無理やりテロリストとフセイン大統領の結びつきをこじつけて突入したイラク戦争の二の舞が懸念される。米国は、いざというときに備え、米韓合同作戦計画において普段からステルス機や特殊部隊による標的殺害を含むあらゆる軍事オプションを用意している。しかし、金正恩殺害作戦のリスクは大きい。北朝鮮が核を含む大量破壊兵器を持っているからだ。仮にトランプが正戦論者ならば、正戦論の「成功の見込み」などの原則も含め、正しい標的殺害の要件と現実との整合性の精査を徹底することが望まれる。元凶は、金正恩なのか。それとも、彼を取り巻く北朝鮮指導部なのか。(28) 後者ならば、標的殺害で根本的な問題解決につながるのかは疑問である。

3. 日本と標的殺害

張作霖爆殺と金大中暗殺未遂

日本も標的殺害と決して無縁ではない。歴史を振り返れば、標的殺害に日本が翻弄された時代があった。一つは、一九二八（昭和三）年六月四日に起きた張作霖爆殺のケースで、標的殺害の負のイメージを戦後の日本人に植えつけたと思われる。

「満州某重大事件」といわれた事件は、早朝、奉天近郊の京奉線と満鉄線のクロス架橋下で起きた。(29) 北京から張を乗せた列車が爆破された。通説によれば、首謀者は関東軍の高級参謀の河本大作大佐であったが、「村岡軍司令官を含む関東軍司令部首脳の、全員ではないにせよ、大半が暗殺計画に関与していたことはほぼ明らかである」[30]。関東軍将校の独断専行によって奉天軍閥の巨頭であった張を殺害し、その混乱に乗じて関東軍を治安維持の名目で満州に出動させることを目論んでいた。

田中義一首相は当初、軍法会議による犯人処罰を企図したが、陸軍と一部の閣僚が反対したため、不処罰の方向へと変説した。張作霖爆殺は、政府首脳のお墨付きを得た標的殺害ではなかったが、政府は事件にかかわった軍人を処罰しないで、真相の公表を避けたことから、結果的に標的殺害を追認したといえる。謀略の責任をうやむやにしたこの事件は、その後の軍人の政治化を許し、日本を亡国の道へ追いやった。三年後の満州事変を仕組んだ関東軍参謀らは、張作霖爆殺の教訓を学び、鉄道爆破から一気に満州制圧をやってのけた。日中戦争に突入する過程で、9・11後の米国の対テロ戦のように、「討匪戦」という考え方が軍人の間で芽生えてきたともいわれる[31]。

日本を翻弄した、もう一つのケースは、一九七三年八月八日に発生した金大中暗殺未遂事件である。後に韓国の大統領になった金大中氏は、このとき、母国の民主化を願って独裁政権を批判し続けてきた野党政治家だった。滞在していた東京・九段のホテルで白昼、韓国中央情報部（ＫＣＩＡ）の工作員六人によって拉致された。その後、金氏は大阪でＫＣＩＡの工作船に押し込まれ、手足に錘をつけられ、玄界灘で海中に投げ込まれそうになったが、殺害計画は突然中止になった。

政敵に悩まされた朴正熙大統領の意向を忖度した李厚洛ＫＣＩＡ部長が総指揮をとって標的殺害に着手したが、工作員の動きをつかんだアメリカのＣＩＡが朴政権に対し、民主化運動のリーダーである金氏を殺害しないように圧力をかけて未遂に追い込んだのだ。金氏は一三日夜になって、ソウルの自宅近くで釈放された。

田中伊三次法相（当時）は当初から、ＫＣＩＡによる組織的な犯行だが、金氏の命は助かると確信していた。後に毎日新聞とのインタビューで次のように答えている。

これにはね、大変な大国がこの情報のキャッチには関係がある。そこここの国じゃない。世界一の大国ね。その国の情報が八日の夕方には入っておったから、私のいうことには自信があるわね。大国はいいことやっているんですよ。拉致を助けておったんじゃなくて「殺しちゃいかん」という指示を出しておる。米国のＣＩＡからＫＣＩＡに対する指示ですわ。僕は、これで金大中氏の命は助かったと思った。(32)

当時、ＣＩＡのソウル支局長を務めたグレッグ（Donald Gregg）氏も、回想録でハビブ（Philip C. Habib）駐韓米大使の命を受け、情報収集に動いたことを認めている。(33)金大中氏自身も二〇〇六年、「海に沈められそうになったが、ＣＩＡが命を救ってくれた」と振り返っている。(34)日本では、主権が白昼堂々と侵害された事件に各界は強い衝撃を受け、野党は激しく批判した。金鍾泌首相が来日し、遺憾の意を表明し、事件は一応の政治決着をみたが、日韓関係は険悪化していった。

ビンラーディンとヒロシマ、ナガサキ

こうした体験にもかかわらず、あるいは、こうした体験のせいでと言うべきか。いま、無人機攻撃を含むアメリカの対テロ標的殺害について、日本での関心は概して低い。国会での議論も皆無に近い。

政府は、当事国でもなく、そのオペレーションの詳細を承知していないことを理由に挙げ、法的評価についてのコメントを控えている(35)。

しかし、日本も対岸の火事ではあり得ない。グローバル化に伴い海外で活動する日本人は増えている。9・11テロでは、二四人の日本人が犠牲になった。日本人が海外で人質にとられ、殺害される事件も絶えない。一方、日本を舞台に、グアンタナモの収容所に収監されているアルカイダの元幹部が二〇〇二年の日韓ワールド・カップを狙ったテロを計画したことがあると供述した、と伝えられる。

ビンラーディンは九〇年代後半、ヒロシマ、ナガサキに言及し、原爆投下で日本が無条件降伏したように、核でアメリカを屈服させることができるという考えを示した。

アメリカは、世界のテロリズムと犯罪の先導者に見える。アメリカは、数千マイル離れた国に原子爆弾を投下し、その爆弾が軍事目標以外のものを破壊したのだ。そして、いまでも、日本にはその爪痕《つめあと》が残っている(36)。

広島、長崎を爆撃したのは貴国ではないのか。そこに女、こども、民間人、非戦闘員はいなかったのか。恐ろしいゲームをつくったのはアメリカ人だ。我われは、同じ戦術をアメリカに対して行使しなければならない(37)。

9・11当時でも、日本は、アルカイダの標的リストには入っていなかったと推察される。こうした発言から、自分たちに刃向かう欧米に追従する日本のイメージは読み取れない。むしろ、アメリカの国家テロで亡くなった子ども、母親への同情すら感じる。ところが、二〇〇三年のイラク戦争の頃までには、日本は米国とともに標的として名指しされるようになってしまった。もはや我われも傍観者でいられない以上、同盟国のアメリカが多用している対テロ標的殺害という影の戦術について理解を深める必要があると思う。

この戦術を改めて問い直すことで、グローバル社会における日本の使命と役割が見えてくる。

日本は何をすべきか

我われ、一人ひとりに何ができるのであろうか。

ことがインテリジェンスに絡むだけに、残念ながら、できることは極めて限られていると言わざるを得ない。同盟国といえども、アメリカのトップが「密室」で判断することに日本人がアクセスし、超軍事大国の行動に影響を与えることは難しい。

とはいえ、同時代人として、イスラム過激派対アメリカの「影の戦争」の現状を悲観しているだけにもいかない。なぜならば、日本もまた標的殺害の当事国であったことは間違いないからだ。そして、今、我われは、みな、アメリカの対テロ標的殺害に潜在的な利害関係を有するステークホールダーの立場にある。

まず、事実を見つめることから始めよう。世界に目を向け、知的探究心をもって国際ニュースに接し、世界と日本について能動的に、主体的に考えてみよう。日本政治に問題がないわけではない。しかし、日本は、専制・独裁国家ではない。世界各国の民主主義度を調査しているアメリカの団体「フリーダム・ハウス」（Freedom House）の評価によれば、日本社会の自由度は常に高ランクに分類される。主権者が関心を抱くことは、為政者に確実に影響を与える。そう前向きに考えよう。オバマ氏の言葉を借りれば、「Yes. we can」の精神である。

では、日本は、何をすべきか。アメリカの対テロ標的殺害が日本に投げかけているものは何か。

第一に、アメリカがイスラム過激派のテロを、国家安全保障上の問題と捉えていることをしっかり認識すべきである。聖戦テロを放っておくと、いつか彼らが核を含む大量破壊兵器を入手し、対米攻撃を仕掛けてくるのではないかと戦々恐々としている。領土を持たないテロ集団に核や通常戦の抑止は通じない。報復先の「住所」さえ分からない状態である。結局のところ、対テロ標的殺害もテロリストが大量破壊兵器を使うことを未然に防止するための手段の一つである。脆弱国家や破綻国家にテロリストが結集して、外敵のアクセスを拒否する「聖地」（sanctuary）を築き、そこを拠点に対米攻撃を企てたり、訓練したりすることを防ぐことに、この戦術の主眼がある。隠密行動に長けている無人機や特殊部隊班は、テロリストの聖域へのアクセスを容易にする。対テロ標的殺害の是非はともかく、日本人として、少なくともアメリカの不安感に理解を示すことはできるはずだ。アメリカの身から出た錆などと突き放すべきではない。

かつてアメリカの政治哲学者シュクラー（Judith Shklar）は、政治的観念としてのリベラリズムの核心を「残酷さが惹き起こす恐怖」からの自由に求め、「恐怖のリベラリズム」について論じた[38]。残酷さとは、「より強い者・集団が（有形無形の）目的を達成するために、より弱い者・集団に対して意図的に加える物理的な苦痛、第二次的には感情的な苦痛」を意味する。ナチズムやスターリニズムの時代を生きたシュクラーの念頭にあったのは、主に国家の公権力がもたらす身の毛もよだつ残酷さであった。しかし、恐怖のリベラリズムは、非国家主体の残酷なテロのただ中にあるポスト9・11の時代でも説得力を持ち続けている。

いま、日米とも、テロ集団の私的暴力から生み出される恐怖に直面し、その恐怖を除去するために必要な政治的条件をなんとか確保することに懸命に取り組んでいる。問題は、安全と市民的自由（civil liberty）とのバランスをどのようにとるべきかにある。テロのリスクを減らすためには、自由を一定程度は制限しなければならない、と政府側は主張する。これに対し、市民の側は、仮に帰結主義的な発想が正しいとして、自由をある程度削減すれば、本当に望ましい結果が得られるのか、テロに遭遇する確率はどの程度減るのかを示せと政府側に迫る。このような緊張関係の中で、為政者は政治的な折り合いをつけなければならない。そういう意味で、両国は、まさに恐怖のリベラリズムという政治的価値を共有していると言えよう。

次いで、アメリカの懊悩を理解しよう。対テロ標的殺害は、所詮、対処療法に過ぎない。アメリカのトップも、それだけでテロリストの聖地が消滅し、大量破壊兵器絡みのテロの恐怖から解放されるわけでないことは重々承知している。しかし、問題は、それにもかかわらず、この戦術に固執せざるを得ないところにある。

非対称の対テロ戦争では、攻撃側のテロ集団に比べ、防御側のアメリカが費用や人員などで著しく不利だ。正規軍同士の戦争が当然視されたクラウセヴィッツの時代は、攻防バランスは防御側に有利だといわれた。しかし、いま、テロから守らなければならない原子力を含む発電所や給水系統など死活的なインフラ施設は、アメリカ各地に密集している。テロリスト側は自由にターゲットを選択できるが、防御側がすべての重要施設を常に死守することは至難の業である。安全保障問題の専門家であるベッツ（Richard K. Betts）によれば、アメリカが非対称な対テロ戦争において防御（passive defense）に徹するならば、費用や人員などで攻撃側のテロリストに比べ、一〇倍以上の不利を覚悟しなければならない。アメリカにとって、防護に比べ費用対効果で効率的な「攻撃的なカウンターテロリズム」（offensive counterterrorism）である標的殺害が魅力的に映るゆえんだ[39]。9・11後の米歴代政権がとっている「最善の防衛は攻撃なり」という姿勢は今後も崩せないに違いない。

しかし、大量破壊兵器の脅威に直面すると、こうした攻撃型の姿勢は、テロリストであるにもかかわらず、そうでないと判定する誤り（第一種過誤）より「冤罪」の誤り（第二種過誤）のほうがましだ、という心理を生みやすい。繰り返しになるが、誤殺や現地住民の付随的被害が増えれば、住民の対米感情は悪化し、テロリストの増殖を招くだけだ。その増殖率より早いペースでテロリストを「無き者」にしていかない限り、対テロ標的殺害は「モグラたたき」と化してしまう。

この点、ただでさえイスラム圏の嫌米は根が深いことを特記すべきだろう。アメリカは、イスラム圏の人心をつかむことの重要性を認識しているが、そのソフトパワーには限界がある。ＳＮＳやインターネットなどで情報が瞬時に流れるようになり、人心をつかむ宣伝戦やイメージ戦略が以前にも増してものをいう情報化時代に入り、アルカイダやＩＳなどイスラム過激派は、自分たちのテロをイスラム共同体対欧米の「文明の衝突」という図式で語りかけることで民衆の共感を広げている。歴代の米政権が彼らのテロは「文明世界に対する挑戦」という語り口（narrative）で対抗しても、イスラム圏の民衆への浸透はいま一つである。背景には、イスラム世界が欧米によって蹂躙されてきたという意識がある。

右記の諸点を踏まえたうえで、日本に求められる国際テロ戦略について簡潔に述べたい。

〈抗体療法で臨め〉　これまでの議論から、アメリカが対テロ標的殺害という対処療法で攻めるならば、日本は抗体療法のアプローチで対処すべきだという指針が導き出される。国際テロ対策における日米の役割分担を明確にする時である。

アメリカが同盟国の日本に対し、対テロ標的殺害を依頼するとは考えにくい。そんな能力も制度もない国に頼むなんて、間が抜けたことをするはずはないと思う。日本としては、テロリストの聖地化が懸念される脆弱国家や破綻国家の支援において、これまで以上に知恵を絞るべきだ。「混沌圏」の秩序形成に構想力を働かせ、そもそもテロリストの聖域を出現させないための基盤づくりで一層の国際貢献が望まれる。日本主導の脆弱国家支援――治安維持やガバナンス回復のための民生支援、ノウハウ提供、自衛隊のPKO派遣等――は、中長期の観点から見れば、アメリカが抱く核テロの恐怖を軽減させることにもつながるはずだ。

「国際協調主義に基づく積極的平和主義」を掲げる「国家安全保障戦略」（NSS、二〇一三年一二月一七日閣議決定）も地球的規模の脅威に、国際テロと大量破壊兵器の脅威を挙げ、「テロ対処能力が不十分な開発途上国に対する支援等に積極的に取り組み、国家安全保障の観点から国際社会と共に国際テロ対策を推進していく」としている。総論は賛成である。日本がとるべき正しい進路が示されている。

外交・政府開発援助（ODA）の分野では、すでに、テロ対処能力が必ずしも十分でない開発途上国に対するテロ対処能力向上（キャパシティ・ビルディング）支援が動き出している。ただし、残念ながら、国際テロ対策は、ODA全体の中では、「安定・安全のための支援」という括りの一項目に過ぎない。NSSを受けた形の「国防の基本方針」に至っては、どこにも具体策が示されていない。

官邸（国家安全保障会議）主導の目に見える国際テロ対策の取り組みが必要だ。まずは、PKOと平和構築分野でのODAとの連携を図るオールジャパン方式を国際テロ対策の一貫として意識的・積極的に明確に位置づけることを検討してみてはどうか。

〈戦術にこだわれ〉 脆弱・破綻国家への自衛隊のPKO派遣について言えば、駆け付け警護が可能になったいま、武器使用に伴う隊員のリスクだけでなく、現地住民のリスクとも真剣に向き合う必要があると思う。誤射はもとより、住民の巻き添え被害が起きれば、テロの温床をなくすという理念に支えられた日本のソフトパワーの効用は台無しになってしまう。対処療法をとるアメリカとの「分業」の効果も薄れてしまう。

この点、政治指導者の責任は重い。本書で見てきたように、アメリカの場合、大統領も議会も標的殺害や非公然活動という戦術にこだわり、その詳細を曲がりなりにもチェックしている。日本も現場の自衛隊のプロだけの判断に任せたら、駆け付け警護などで「危ないと思ったら撃て」になってしまうのではないか。現在の自衛隊の法的位置づけを所与とすれば、政治指導者が発砲の際の至近距離など戦術の詳細（交戦規定、ROE）にまで口をはさむ必要がある。国家の政治指導者とは辛い職である。たとえ隊員に犠牲を強いても、より大きな目的に立ち向かわなければならないこともある。[40] その場合、国民も隊員のリスクを共有しなければフェアとは言えない。まずは、武器使用をめぐる国民的コンセンサスの形成を急ぐべきだろう。

〈自衛隊の位置づけを議論せよ〉　中長期的には、憲法改正論議との関連で、自衛隊の位置づけについての議論の活発化が望まれる。現状の自衛隊は、国際法上は軍隊であるが、国内法的には行政機関であり、軍隊というよりは警察に近い。[41] 自衛隊は、法律によって授権されたこと以外のことは一切できないポジティブリストの考え方で構成された実力組織であり、戦時や緊急時には法律で禁止されたこと以外は何でもできるというネガティブリストで構成される他国の軍隊とは異なる。軍隊であって、軍隊ではないという実力組織は世界でも極めて稀だ。

自衛隊は一人前の軍隊ではないと受けとめ、「恥ずかしい」と思う人もいるに違いないが、この自衛隊の特性は、国連PKOや集団安全保障体制の理念と親和性がある。戦略的に広報すれば、アメリカのソフトパワーが破綻しているイスラム圏の住民に好意的に受けとめられるかもしれない。そもそも欧米とは異なる歴史・文化・伝統と平和憲法を持つ日本のメッセージは、脆弱国家や破綻国家に対する国際的な支援ネットワークづくりにおいて有益であると思われる。

ポジティブリストの自衛隊は恥ずかしいどころか、世界に胸を張って然るべきで、法執行的要素の強いＰＫＯや集団安全保障に限定すれば、派遣国の軍隊は自衛隊を見習うべきかもしれない。とはいえ、武器使用でさまざまな制限を抱えたままでは、現場の隊員を不必要な危険にさらしかねない。現状では、ネガティブリストの他国軍との連携でも支障をきたす。

では、自衛隊を「普通の軍隊」に改変すべきなのか。それには、ポジリストからネガリストへと防衛法制の抜本的な見直しが必要である。憲法九条の改正だけでは済まない。それが突破口になるにしても、新たに制度設計をしなければならない。国民が納得する軍（刑）法をつくらなければならない。軍事審判所（軍法会議）を置くにしても、裁いたり、弁護したりする人材をどのように確保するのか。国際法遵守の組織であることをどのように内外に証明するのか。国内法に縛られない自由裁量が増える分、軍人に厳しい道義的な制約を課す必要があるが、どのような倫理規範（honor code）をどのような教育で徹底させるのか。それらは果たして可能なのか。それとも、現行以上に自衛隊を法律で雁字搦めにするほうがよいのか。憲法改正論議においても、こうした点の議論を尽くすべきだと思う。

〈対外情報庁の創設を急げ〉　日本版ＮＳＣ（国家安全保障会議）が設置されたいま、「対外情報庁」（仮称）の創設を急ぐべきだ。ＮＳＣの対外情報の収集・分析を一括して行い、国家安全保障に関する情報をインテリジェンスとして総合評価し、それをカスタマーであるＮＳＣに提供する機関である。日本では、内閣調査室、外務省、防衛省情報本部、警察庁、公安調査庁などが対外情報を扱っているが、霞が関の縦割り行政の弊害で情報が共有されにくいという問題がある。海外での人的情報（ＨＵＭＩＮＴ）にも弱い。対外情報庁の設置は、大森義夫・元内閣情報調査室長が提唱し、当時、話題を呼んだ。[42] その後、対外情報機関の創設問題が政府内で検討され、与野党の間でも論議の俎上に載った経緯がある。

このような対外インテリジェンス機関が創設されれば、国家安全保障問題としてのテロに関する情報の共有が日米間で一層進むと思われる。インテリジェンスは、ギブ・アンド・テイクが原則である。日本が強い情報分野をつくることができれば、アメリカが世界中に張り巡らせているテロ情報網の恩恵を得やすくなるだろう。また、海外での邦人人質事件の解決に役立つ情報の収集にもつながると思う。無論、海外の人的情報収集を含むインテリジェンス活動を扱う以上、国会による厳しい監視は絶対不可欠である。まずは、監視の制度設計を真剣に討議すべきだ。

〈核セキュリティでリーダーシップをとれ〉 テロリストによる核テロ防止のためのグローバルな取り組みでは日本が音頭をとるべきだと思う。[43] オバマ大統領が提唱し、二〇一〇年から二〇一六年末までに四回の核保安サミットが開催され、核物質の管理強化に関する国別進捗報告が定例化し、各国の間で自発的な規制強化の機運が盛り上がった。その大きな成果の一つとして、改正核物質防護条約の発効が挙げられる。二〇一六年四月、締約国が発行条件の一〇二カ国に達した意義は大きい。国際輸送中の核物質の盗取や不法移転を防ぐための措置を締約国に義務づけており、効力発行から五年後の二〇二一年に条約の実施状況をレビューする会議が開催されることになっている。

サミットが終了したいま、このモメンタムの維持・拡大が大きな課題となっているが、そのための準備会合の開催などを日本が積極的に国際社会に働きかけるべきだ。この過程で、条約の規制対象外である国家の管理外の核物質の密輸や闇市場（ブラックマーケット）を通した不法取り引きなどの規制につなげる努力が期待される。

国際社会には、パキスタンの「核開発の父」といわれるカーン（Abdul Qadeer Khan）博士の地下ネットワークを通した「核の闇取り引き」を防ぐことに失敗した「前歴」がある。本気で対処しなかったため、核関連技術・部品がイラン、リビア、北朝鮮などへ流れてしまった。この痛い反省を踏まえ、核の闇商人を取り締まる核テロ防止のレジーム構築へ道筋を付けることが待ち望まれる。

〈正戦の基準を精査せよ〉　最後に、アメリカの標的殺害の根底に流れる正戦論とどのように向き合うべきかについても触れておく。

理想主義者たちから見れば、憲法九条の下では、正しい戦争という考え方は受け入れ難いかもしれない。対テロ戦争を法執行活動の延長で捉える刑罰戦争論は言語道断の思想かもしれない。しかし、理想主義者の「教科書」ともいえる国連憲章を「正戦論の再生」という文脈で捉えることはできると思う(44)。憲章が投射する世界は、グロティウスの時代の正戦論のように、平和を国際関係の常態と捉え、国際社会の構成国の協調を前提としている。

武力不行使の原則（国連憲章2条4項）が確立する中で、例外的に武力行使が認められるのは、以下の正当事由のいずれかが存する場合に限られる。即ち、憲章7章が規定する集団安全保障体制に基づく強制執行措置と憲章57条に基づく自衛権の発動である。

強制措置は、勝手に戦争その他の武力を行使する違反者（国）に対し、国際社会を構成する他のすべての国が被害を受けたと同然と捉え、一致協力して実力行動をとることを意味する。それ故、安保理決議に基づく軍事的・非軍事的な強制措置（制裁）は、国連コミュニティーによる法執行活動（公の警察活動）であり、戦争を法執行活動の延長で捉えた中世から近世にかけての正戦論と通底する。一方、各国による自衛は、安保理が警察活動を行うまでの間の暫定的な私的措置と考えられる。

冷戦時代は集団安保体制が機能しなかったため、私的な自衛が現実的なオプションであったが、冷戦後は強制措置の発動が多くなり、7章を援用するPKOも増えた。それだけ、国連による警察活動の範囲が広がってきた、と捉えることはできる。

これまで見てきたように、詰まるところ、アメリカにとって、対テロ戦争とは、国際的な警察活動である。ただし、国連の集団安全保障体制とは異なり、単独行動主義の様相が強い。そもそも、アメリカの正戦論は、中世・近世の自然法学派の伝統に根ざしており、欧米の文明とそれ以外の野蛮との対立軸が透けて見える。神の国・アメリカの独断的な要素が前面に出れば、イスラム圏との「文明の衝突」を煽りかねない。あまりに強い思い入れが、共謀罪のようにテロ犯罪の準備段階で予防攻撃まで認める防衛戦争論を助長する恐れもある。正戦論の再生という観点に立てば、アメリカの単独武力行動をできるだけ国連の法執行活動の枠組みに引き込む努力が望まれる。

正戦論で重要なのは、戦争を含む武力行使が本当に正当なのかという批判的な「問いかけ」であると思う。最後の手段や均衡原則などの基準は、我われに正しい武力行使かどうかを判断するための手がかりを与えてくれる。また、正戦論に流れる自然法的発想は、あらゆる人権・人道思想の根底に定着している。法の空白や間隙が生じた場合、自然法は有力な判断・行動基準を提供してくれる。

アメリカの正戦論とは別に、我われの「正しい戦争」の基準から、「世界の正当な潮流」を判断し、各国の武力行使に行き過ぎがないかをチェックすることに意義はあると思う。

仮にパートナーが武力行使で熱くなり過ぎだと判断すれば、率直にアドバイスすべきである。

注

第1章

（1）アーサー・シュレンジンガーJr.『アメリカ大統領と戦争』藤田文子、藤田博司訳（岩波書店、二〇〇五年）、八一頁。

（2）Micah Zenko, "Obama's Final Drone Strike Data," Politics, Power, and Preventive Action, Council on Foreign Relations, January 20, 2017,
http://blogs.cfr.org/zenko/2017/01/20/obamas-final-drone-strike-data/

（3）Department of Defense, *DOD Dictionary of Military and Associated Terms,* As of March 2017, p.37, p.58
http://www.dtic.mil/doctrine/new_pubs/dictionary.pdf

（4）米上院軍事委員会の指名承認公聴会におけるクラッパー国防次官（インテリジェンス担当）候補の証言を参照。
U.S. Senate Armed Services Committee, Nominee for the Position of Under Secretary of Defense for Intelligence, *Nominations before the Senate Armed Services Committee, First Session, 110th Congress,* March 27, 2007, pp. 419-420,
https://fas.org/irp/congress/2007 hr/sasc.pdf

（5）UN News Centre, "UN independent expert voices concerns over the practice of targeted killings." June 2, 2010
http://www.un.org/apps/news/story.asp?NewsID=34896#.WQKZoem1srk

（6）White House, George W. Bush, "Remarks by the President in Photo Opportunity with the National Security Team," September 12, 2001,
https://georgewbush-whitehouse.archives.gov/news/releases/2001/09/20010912-4.html

（7）White House, George W. Bush, "Address to a Joint Session of Congress and the American People by the President," September 20, 2001,
https://georgewbush-whitehouse.archives.gov/news/releases/2001/09/20010920-8.html

（8）National Commission on Terrorist Attacks upon the United States, *The 9/11 Commission Report, Final Report of the National Commission on Terrorist Attacks upon the United States* (New York: W.W. Norton & Company, N.Y., 2004), p.357

(9) George W. Bush, *Decision Point* (New York : Crown Publishers, 2010) p.154

(10) Douglas J. Feith, "U.S. Strategy for the War on Terrorism," Remarks to the Political Union, University of Chicago, April 14, 2004
http://www.dougfeith.com/docs/2004_04_14_UChicago_GWOT_Strategy.pdf

(11) George Tenet, *At the Center of the Storm* (New York: Harper Collins Publishers, 2007), p.110

(12) Bob Woodward, "CIA Told to Do Whatever Necessary to kill Bin Laden," *Washington Post*, October 21, 2001

(13) シュローエンとブラックのやりとりについては、以下から引用。Gary C. Schroen, *First In : An Insider's Account of How the CLA Spearheaded the War on Terror in Afghanistan* (New York: Presidio Press, 2005), p.38

(14) Bob Woodward, Obama's Wars (New York: Simon & Schuster, 2010), p.8, p.367

(15) Wikileaks, War Diaries, https://wardiaries.wikileaks.org/

(16) Mark Hosenball ,"CIA Kill Teams Modeled on Islaeli Hit Squads," Newsweek.com, July 13, 2009

(17) Wikileaks, War Diariesを参照。

(18) Department of Defense, *Sustaining U.S, Global Leadership: Priorities for 21st Century Defense*, p.3

(19) 調査報道局（Bureau of Investigative Journalism）のDrone Warfareに関するデータベースで総件数を探索。
https://www.thebureauinvestigates.com/projects/drone-war

(20) White House, "Press Gaggle by Ali Fleischer," November 5, 2002
https://georgewbush-whitehouse.archives.gov/news/releases/2002/11/print/20021105-2.html#3

(21) Bush, "Address to a Joint Session of Congress"

(22) White House, George W. Bush, "President Bush Delivers Graduation Speech at West Point," June 1, 2002
https://georgewbush-whitehouse.archives.gov/news/releases/2002/06/print/20020601-3.html

(23) John Lewis Gaddis, *Surprise, Security, and the American Experience*, paperback edition (Cambridge MA : Harvard University Press, 2005), p.86

(24) Mark Mazzetti, *The Way of The Knife: CIA, a Secret Army, and a War at the Ends of the Earth* (New York: Penguin Press, 2013), pp.9-10

(25) White House, John O. Brennan, "Strengthening our Security by Adhering to our Values and Laws," September 16, 2011
https://obamawhitehouse.archives.gov/the-press-office/2011/09/16/remarks-johnbrennan-strengthening-our-security-adhering-our-values-an

(26) Bruce Berkowitz, *The New Face of War: How War will be Fought in the 21st Century* (New York: Free Press, 2002), p.132

(27) 戦争の形態論についての無数の文献を網羅することはできない。筆者なりの整理に役立った文献を二つ挙げておく。国際法制史の観点から戦争の変遷を俯瞰したものとして、Stephen C. Neff, *War and the Law of Nations: A General History* (Cambridge : Cambridge University Press, 2005)は示唆に富む。国際関係史の分野では、F.H. Hinsley, *Nationalism and the International System* (London: Hodder and Stoughton, 1973) Chapter 6."The Modern Pattern of Peace and War," pp.85-96も参考にした。

(28) グローチウス『戦争と平和の法』第二巻、一又正雄訳（復刻版、酒井書店、一九九六年）特に、第二〇章参照。

(29) 例えば、山内進『文明は暴力を超えられるか』(筑摩書房、二〇一二年)。特に第三章3「二十世紀の新正戦論——グロティウスの再生とアメリカ」、一九七～二三二頁参照。

第2章

(1) Louis Fisher, "Basic Principles of the War Power," *National Security Law & Policy*, Vol.15, No.2 (February 2012), p.319

(2) High Court of Justice, *Public Committee Against Terrorism in Israel v. The Government of Israel*, HCJ 769/02 (2005), 英訳は、以下を参照。
http://elyon1.court.gov.il/Files_ENG/02/690/007/a34/02007690.a34.HTM

(3) Department of Justice, White Paper, *Lawflness of a Lethal Operation Directed Against a U.S. Citizen Who Is a Senior Operational Leader of Al-Qa'ida or an Associated Force*, November 8, 2011, p.1. この文書は二〇一三年二月、NBCなどにリークされた。
https://www.law.upenn.edu/live/files/1903-doj-white-paper,%201

(4) ギブス氏がMSNBCとのインタビューで語った。Sal Gentile, "Robert Gibbs: I was Told 'not even to Acknowledge

the Drone Program'," MSNBC, February 24, 2013,
http://www.msnbc.com/up-with-steve-kornacki/robert-gibbs-i-was-told-not-even-acknowl

(5) John Brennan, "The Efficacy and Efficacy of the President's Counterterrorism Strategy," delivered for the Wilson Center, April 30, 2012
https://www.wilsoncenter.org/event/the-efficacy-and-ethics-us-counterterrorism-strategy

(6) Christof Heyns, *Report of the Rappaorteur on extrajudicial, Summary or arbitrary executions, Addendum Follow-up to country recommendations –United States of America*, A/HRC/20/22/Add.3, March 30, 2012

(7) パキスタン提出の決議案（A/HRC/25/L.32）に対する投票結果については、U.N. Human Rights Council, "Action on Resolution on Ensuring Use of Remotely Piloted Aircraft or Armed Drones in Counter-Terrorism and Military Operations," *Human Rights Council Morning*, March 28, 2014 を参照。サキ国務省報道官の発言は以下を参照。U.S. Department of State, Jen Psaki, "Daiy Press Briefing," March 20,
https://2009-2017.state.gov/r/pa/prs/dpb/2014/03/223771.htm#PAKISTAN

(8) 46 Fed.Registry.599541, Executive Order 12333 of December 4, 1981, Part 2, 2.11

(9) 例えば、William C. Banks and Peter Raven-Hansen, "Targeted Killing and Assassination: The U.S. Legal Framework," *University of Richmond Law Review*, Vol.37 (March 2003)を参照。米国政府も暗殺を平時と戦時の二つに分けて解釈している。 W. Hays Parks, *Memorandum on Executive Order 12333 and assassination*, Department of the Army Pamphlet 27-50-204, from Army Law 4 (December, 1989)

(10) Nils Melzer, *Targeted Killing in International Law* (Oxford: Oxford Univ. Press, 2008); David Kretzmer, "Targeted Killing of Suspected Terrorists: Extra-Judicial Executions or Legitimate Means of Defense?," *European Journal of International Law*, Vol.16, No.2 (2005), pp.171-212 ; Gabriella Blum and Philip Heymann, "Law and Policy of Targeted Killing," *Harvard National Security Journal*, Vol.1(June 2010), pp.145-170; Jennifer K. Elsea, *Legal Issues Related to the Lethal Targeting of U.S. Citizens Suspected of Terrorist Activities*, Memorandum, Congressional Research Service (May, 2012)も参照して欲しい。

(11) Daniel Statman, "Targeted Killing," *Theoretical Inquiries in Law*, Vo.5, No.1 (2003), pp.178-198; Michael L. Gross, "Assassination and Targeted Killing: Law Enforcement, Execution or Self-Defense?," *Journal of Applied Philosophy*, Vol.23,

No.3 (August 2006), pp.323-335 ; Jason W. Fisher, "Targeted Killing, Norms, and International Law," *Columbia Journal of Transnational Law*, Vol.45, No.3 (2007), pp.711-758 ; Ward Thomas, "The New Age of Assassination," *SAIS Review, Vo.25*, No.1 (Winter-Spring 2005), pp.27-39 ; Christopher Kutz, "How Norms Die: Torture and Assassination in American Security Policy," *Ethics & International Affairs*, Vol.28, No.4 (Winter 2014), pp.425-449

(12) Daniel Byman, "Do Targeted Killing Work?," *Foreign Affairs*, Vol. 85, No.2 (March/April 2006) , pp.95-111; Peter Bergen and Katherine Teidemann, "Washington's Phantom War: The Effects of the U.S. Drone Program in Pakistan," *Foreign Affairs*, Vol.90, No.4 (July/August 2011), pp.12-18 ; Hafez M. Mohammed and Joseph M. Hatfield, "Do targeted assassinations work? A multivariate analysis of Israel's controversial tactic during Al-Aqsa uprising," *Studies in Conflict & Terrorism*, Vol.29 (2006), pp.359-382 ; Jenna Jordan, "Attacking the Leader, Missing the Mark," *International Security*, Vol.38, No.4 (Spring 2014), pp.7-38 ; Patrick B. Johnson, "Does Decapitation Work: Assessing the effectiveness of Leadership Targeting in Counterinsurgency Campaigns," *International Security* Vol.36, No.4(Spring 2012), pp.47-79 ; Daniel Jacobson and Edward H. Kaplan, "Suicide Bombings and Targeted Killing in (counter-)Terror Games," *Journal of Conflict Resolution*, Vol.51, No.5 (October 2007), pp.772-792; Todd Sandler, "Collective versus unilateral responses to terrorism," *Public Choice*, Vo.124, No.1(July 2005), pp.75-93 ; Jennifer Varriale Carson, "Assessing the Effectiveness of High-Profile targeted Killings in the 'War on Terror': A Quasi-Experiment," *Criminology & Public Policy*, Vol.16, No.1 (February 2017), pp.191-220

(13) Gregory S. MacNeal, "Kill-Lists and Accountability," *Georgetown Law Journal*, Vol.102, No.1 (March 2014),pp.681-793 ; Allen Buchanan and Robert O. Keohane, "Toward a Drone Accountability Regime," *Ethics & International Affairs*, Vol.29,No.1(Spring 2015),pp.15-37. この号は、標的殺害の応責性についての特集を組んでいる。

(14) Andrew Altman, Claire Finklesstein, and Jens Ohlin(eds), *Targeted Killing: Law and Morality in an asymmetrical World* (Cambridge: Cambridge University Press, 2012) は、多角的な視点から優れた論考を集めている。;Oliver Kessier and Wouter Werner, "Extrajudicial Killing as Risk Management," *Security Dialogue*, Vol.39, No. 2-3(April 2008), pp.289-308

(15) Stephanie Carvin, "The Trouble with Targeted Killing," *Security Studies*, Vol.21, No.3 (August ,2012), p.531

（16）特に国家殺害の側面を強調しているのが、Tom Ruys, *License to kill? State-sponsored assassination under international Law*, Working Paper No 76, Institute for International Law (May 2005)
（17）この点は国際人権法からアプローチする学者に多い。刑罰手続きを踏まない殺害という点を認めたうえで、米国政府に法的改善策を提言しているのが、Richard Murphy and John A. Radsan,"Due Process And Targeted Killing of Terrorists," *William Michell Studies Research Paper*, No. 114 (March 2009)
（18）Jeffrey Richelson, "When Kindness Fails: Assassination as a National Security Option." *International Journal of Intelligence and Counterintelligence*, Vol.15, No.2 (2002), pp.243-274参照。
（19）Michael L. Gross, *Moral Dilemmas of Modern War* (Cambridge : Cambridge University Press, 2010). 特に五章"Murder, Self-Defense, or Execution? The Dilemma of Assassination" を参照。Avishag Gordon, "'Purity of Arms,' 'Preemptive War, and 'Selective Targeting' in the Context of Terrorism: General, Conceptual, and Legal Analyses," *Studies in Conflict & Terrorism*, Vol.29, No.5 (2006), pp.493-508
（20）非公然活動の主な概説書としては、William J. Daugherty, *Executive Secrets: Covert Action & Presidency* (Lexington: University Press of Kentucky, 2004) ; Roy Godson, *Dirty Tricks or Trump Cards: U.S. Covert Action & Counterintelligence*, Sixth ed. (New Jersey: Transaction Publishers, 2008) ; The Twentieth Century Fund Task Force on Covert Action and American Democracy, *The Need to Know* (New York: The Twentieth Century Fund Press, 1992) ; John Jacob Nutter, *The CIA's Black Ops: Covert Action, Foreign Policy, and Democracy* (New York: Prometheus Books, 2000) などがある。
（21）National Security Act of 1947 (Public Law 80-253, 61 STAT 495), Section 102(d)(5). Enrolled Acts and Resolutions of Congress, compiled 1789-2011, U.S. National Archives and Records Administration, July 26, 1947
（22）50 U.S.Code, Section 3093 (e). 米国法典五〇編の一五章（国家安全保障）は再編纂され、現在は四四章（三〇一節から始まる）に編入されている。
（23）Ibid.
（24）マーク・M・ローエンタール『インテリジェンス——機密から政策へ』茂田宏監訳、（慶應義塾大学出版会、二〇一一年五月）、二一一頁。
（25）Gregory F. Treverton, *Intelligence for an Age of Terror* (Cambridge: Cambridge University Press,2009), pp.208-209,

pp.226-231

(26) 50 U.S.C. Section 3093 (a)

(27) 50 U.S.C. 3093 (c)

(28) E.O. 12333. Part 1, 1.8(e)

(29) Ibid.

(30) Joint Explanatory Statement of the Committee of Conference, Conference Report on H.R. 1455 (H. Rept. 102-166), July 25, 1991, p. H5905
https://fas.org/irp/congress/1991_cr/h910725-ia.htm

(31) 10 U.S. Code, Chapter 47

(32) Ibid., Section 113

(33) Ibid., Section 164

(34) Joint Chief of Staff, Joint Publication 3-60, *Joint Targeting*, January 31, 2013

(35) Ibid., p.II-4

(36) Joint Chief of Staff, *DOD Dictionary of Military and Associated Terms*, As of March 2017, p.176

(37) Joshua Kuyers, "Operational Preparation of the Environment, Intelligence Activity or Covert Action by Any Other Name?" ***American University National Security Law Brief***, Vol.4, No.1 (2013) pp.23-26

(38) JCS, DOD Dictionary, p.58

(39) U.S. Senate Armed Services Committee, Nominee for the Position of Under Secretary of Defense for Intelligence, *Nominations before the Senate Armed Services Committee, First Session, 110th Congress*, March 27, 2007, pp. 419–420

(40) Joint Chief of Staff, *Capstone Concept for Joint Operations*, version 3.0 January 15, 2009, p.32

(41) Marshall Curtis Erwin, *Covert Action: legislative Background and Possible Policy Questions*, Congressional Research Service, April 10, 2013, pp.3-6, pp.8-9.

(42) 政権側と議会との調整過程については、主に、Robert Chesney, "Military-Intelligence Convergence and the Law of the Title 10/Title 50 Debate," *Journal of National Security Law & Policy*, Vol.5, No.2 (January 2012), pp.592-601 ; Andru

E. Wall, "Demystifying the Title10-Title50 Debate: Distinguishing Military Operations, Intelligence Activities & Covert Action," *Harvard National Security Journal*, Vol.3, No.1(2011), pp.85-142の分析に依った。当時の上下両院情報特別委員会の解釈が示されている委員会報告書は、上院情報特別委員会のサイトからアクセスできる。特に、H. Report 101-928, pp.27-30; S. Report 101-358, pp.54-55; S. Report 102-85, pp.42-48を参照した。

（43）H. Report 111-186, June 26, 2009

（44）10 U.S.C. Chapter 3, Section 130 f

（45）Jennifer D. Kibbe, "The Military, the CIA, and America's Shadow Wars," in Gordon Adams and Shoon Murray(ed), *Mission Creep : The Militarization of U S Foreign Policy?* (Washington, D.C.: Georgetown University Press), pp. 210-231

（46）Eric Schmitt and Thom Shanker, *Counterstrike :The Untold Story of America's Secret Campaign Against Al Qaeda* (New York: Times Books, 2011), pp.245-246 ゲーツ氏は、共著者のインタビューに答えている。

（47）この手法は、俗に"sheep-dipping"と呼ばれている。

（48）Joseph B. Berger III, "Covert Action Title10, Title50, and the Chain of Command," *Joint Force Quarterly (JFQ)*, No.67, 4th Quarter (October 2012), pp.32-39

（49）10 U.S.C. Section 162, 3b

（50）Ashton Carter, *Answers to Advance Policy Questions for the Honorable Ashton Carter, Nominee to be Secretary of Defense*, Senate Armed Service Committee, February 4, 2015, p.3

（51）*Journal of National Security Law & Policy*, Vol.5, No.2 (January 2012)は、"Covert war and the Constitution" をテーマに特集を組んでいる。

（52）Samuel P. Huntington, *Political Order in Changing Societies* (New Haven: Yale University Press, 1968), pp.93-139.; 非公然活動と米国の政治制度の親和性の低さについては、メイの見解を参照。Earnest May, "Comment : Earnest May," in Roy Godson, Ernest R. May, and Gary Schmitt, ed. *U.S. Intelligence at the Crossroads: Agendas for Reform* (Washington: Brassey's, 1995), pp.173-177.

（53）Loch K. Johnson, "A shock theory of congressional accountability for intelligence," in Loch K. Johnson, ed. *Handbook of Intelligence Studies*, (London: Routledge, 2009), pp.343-360

(54) Gallup, Confidence in Institutions (2016)のデータを基に作成。
http://www.gallup.com/poll/1597/confidence-institutions.aspxww.gallup.com/poll/1597/
(55) Amy B. Zegart, *Eyes on Spies: Congress and the United States Intelligence Community* (Stanford, CA.: Hoover Institution Press, 2011)

第3章

(1) Select Committee to Study Governmental Operations with Respect to Intelligences Activities, United States Senate (the Church Committee), *Alleged Assassination Plots Involving Foreign Leaders, Interim Report*, 94th Congress, 1st Session, Senate Report No. 94-465 (Washington D.C., Governmental Printing Office, 1975), p.259
(2) George Stephanopoulos, "Why we should kill Saddam: the Iraqi leader isn't going away. That means assassination may be Clinton's best option-if only he'd talk about it," *Newsweek*, December 1, 1997, p.34
(3) National Commission on Terrorist Attacks upon the United States, *The 9/11 Commission Report, Final Report of the National Commission on Terrorist Attacks upon the United States* (New York: W. W. Norton & Company, 2004), p.139
(4) John Rizzo, *Company Man: Thirty Years of Controversy and Crisis in the CIA* (New York: Scribner, 2014), p.297
(5) 国家安全保障法の制定とＣＩＡ創設の過程については、David M. Barrett, *The CIA and Congress: The Untold Story from Truman to Kennedy* (Lawrence, KS: University Press of Kansas, 2005) を参照。特に、Part 1, No "American Gestapo," But "No More Pearl Harbors," pp.9-24
(6) U.S. Department of State, Office of the Historian, *Foreign Relations of the United States,1945-1950, Emergence of the Intelligence Establishment (hereinafter FRUS)*, Document 257, "Memorandum from the Executive Secretary of the National Security Council (Souers) to Director of Central Intelligence Hillenkoetter," December 17, 1947, pp.649-651
(7) FRUS, Document 292, "National Security Council Directive on Office of Special Projects," June 18, 1948, pp.714-715
(8) John Lewis Gaddis, *George F. Kennan: An American Life* (New York: Penguin Books, 2011), pp.295-297
(9) FRUS, Document 278, "Memorandum from Director of Central Intelligence Hillenkoetter to the National Security Council," May 24, 1948, pp.688-689

(10) National Security Archive が情報公開法に基づいて公開を請求、ＣＩＡが一九九七年に公開した以下の文書に依る。Gerald K. Haines, "CIA and Guatemala Assassination Proposals 1952-1954," CIA History Staff Analysis, June 1995, P.3
http://www.gwu.edu/~nsarchiv/NSAEBB/NSAEBB4/cia-guatemala1_1.html
(11) Ibid., p.9
(12) Ibid.
(13) ＣＩＡが一九九七年五月二三日に公開したOperation PBSUCSESS 関連文書のなかにあったマニュアルで、日付も署名もない。 CIA, "A Study of Assassination,"
http://nsarchive.gwu.edu/NSAEBB/NSAEBB4/ciaguat2.html
(14) Britt Snider, *The Agency & The Hill: CIA's Relationship with Congress, 1946-2004* (Center for the Study of Intelligence, CIA, 2004), p264
(15) The Church Committee, *Interim Report*, p.1
(16) Ibid., p.255-279
(17) Snider, *The Agency & The Hill*, pp.11-14
(18) 当時のボス同士の「慣れ合いシステム」については、Gregory F. Treverton, "Intelligence：Welcome to the American Government," in Loch K. Johnson and James J. Wirtz,eds., *Intelligence and National Security: The Secret World of Spies An Anthology*, 2nd Edition (Oxford: Oxford University Press, 2008), pp.347-365
(19) Kathryn Olmsted, "Lapdog or Rogue Elephant? CIA Controversies from 1947 to 2004," in Athan Theoharis with Richard Immerman et al., eds., *The Central Intelligence Agency: Security under Scrutiny* (Westpoint: Greenwood Press, 2006), p203-206
(20) 46 Fed. Registry. 599541, Executive Order 12333 of December 4, 1981, Part 2, 2.11
(21) W. Hays Parks, "Memorandum on Executive Order 12333 and Assassination," Department of the Army Pamphlet 27-50-204, from *Army Law.*4 (December 1989),pp.4-9
(22) Michael N. Schmitt, "State-Sponsored Assassination in International and Domestic Law,"*Yale Journal of International*

Law, Vol. 17, No,2 (1992), pp.660-666
http://digitalcommons.law.yale.edu/yjil/vol17/iss2/5 ; Nathan Canestaro, "American Law and Policy on Assassination of Foreign Leaders: The Practicality of Maintaining the Status Quo," *Boston College International and Comparative Law Review*, Vol.26, No.1 (2003), pp.1-14,
http://lawdigitalcommons.bc.edu/iclr/vol26/iss1/2

(23) Abraham D. Sofaer, "Terrorism, the Law, and the National Defense," *Military Law Review*, Vol.126 (Fall 1989), P.117

(24) 対リビア空爆については、以下を参照。Schmitt, "State-Sponsored Assassination," pp.666-669 ; Seymour M. Hersh, "Targeted Qadhafi," *New York Times*, February 22, 1987

(25) Micah Zenko, *Between Threats and Wars: U.S. Discrete Military Operations in the Post-Cold War World* (Stanford; Stanford University Press, 2010), pp.52-68 ; *The 9/11 Commission Report*, pp.115-119

(26) Steve Coll, *Ghost Wars : The Secret History of the CIA, Afghanistan, and Bin Laden, from the Soviet Invasion to September 10, 2001* (New York: Penguin Books, 2004), p.421 ; *The 9/11 Commission Report*, pp.134-141

(27) Canestaro, "American Law and Policy on Assassination of Foreign Leaders," pp.27-30

(28) White House, NSDD138, Combating terrorism, April 3, 1984, p.4
https://reaganlibrary.archives.gov/archives/reference/Scanned%20NSDDS/NSDD138.pd

(29) William J. Daugherty, *Executive Secrets: Covert Action & the Presidency*, paperback edition (Lexington: University of Kentucky Press, 2006), p.208 : なお、ここでの中和（neutralization）とは、殺害（暗殺）による脅威の除去を指す隠語。

(30) Timothy Naftali, *Blind Spot: The Secret History of American Counterterrorism* (New York: Basic Books, 2005), p148

(31) Ibid., p.150

(32) Ibid., p.151

(33) Ibid., p.152

(34) Coll, *Ghost Wars*, pp.136-137

(35) Duane R. Clarridge with Digby Diehl, *A Spy For All Seasons: My Life in the CIA* (New York: Scribner, 1997), pp.324

(36) Coll, *Ghost Wars*, pp.140-141

（37）Clarridge, *A Spy for All Seasons*, p.325
（38）*The 9/11 Commission Report*, pp.112-113; Rizzo, *Company Man*, p.161
（39）*The 9/11 Commission Report*, pp.126-127; Rizzo, *Company Man*, pp.161-162 ; Coll, *Ghost Wars*, pp.424-427
（40）CIA, Talking Points: [Excised] Options for Attacking the Usama Bin Ladin Problem, 24 November, 1988, p.1
https://assets.documentcloud.org/documents/368935/1998-11-24-excised-options-for-attacking-the.pdf
（41）*The 9/11 Commission Report*, pp.131-132 ; Rizzo, *Company Man*, pp162-163
（42）*The 9/11 Commission Report*, pp.133-134; Rizzo, *Company Man*, pp.163-164
（43）The 9/11 Commission, *Staff Statement No.7, Intelligence Policy*, p.9
http://govinfo.library.unt.edu/911/staff_statements/staff_statement_7.pdf
（44）*The 9/11 Commission report*, pp.210-214
（45）Ibid., p.123
（46）Coll, *Ghost Wars*, p.494
（47）George Tenet with Bill Harlow, *At the Center of the Storm: My Years at the CIA* (New York: Harper Collins Publishers, 2007), p.112
（48）Richard A. Clarke, *Against All Enemies: Inside America's War on Terror* (N.Y.: Free Press, 2004), p.204
（49）CIA, "DCI Report: The Rise of UBL, and Al-Qaida and the Intelligence Community Response," Draft, CIA Analytic Report, March 19, 2004, p58-60
（50）Ibid., p.48
（51）マスード将軍の北部同盟の能力についてのＣＩＡの評価は変化する。一九九九年九月時点で五%以下だったが、一二月初めまでには一五%以下に上がっている。*The 9/11 Commission Report* の四章注１９３を参照。P.488
（52）Office of Inspector General, CIA, *OIG Report on CIA Accountability With Respect to the 9/11 Attacks*, June 2005, p. xxi-xxii
（53）*The 9/11 Commission Report*, p.132；クリントン政権の大統領補佐官だったバーガー（Sandy Berger）氏が米議会合同調査委員会において、当時の司法省の見解を述べている。Joint Inquiry into Intelligence Community Activities Before and After the Terrorist Attacks of September 11, 2001, 107th Congress, 2nd Session. S. Report. No.107-351,

H. Report. No.107-792, *Report on the U.S. Senate Select Committee on Intelligence and U.S. House Permanent Select Committee on Intelligence*, December 2002, pp. 283-284

（54）The Church Committee, *Interim Report*, p.1, pp.257-259

（55）Tenet, *At the Center of the Storm*, p.109-110

（56）行政命令１２３３３と代理勢力に対する準軍事作戦の依頼の問題については、二〇一二年七月に機密指定が解除された以下のＣＩＡ内部の研究論文を参照。An Attorney in the CIA's Office of General Counsel, "Covert Action, Loss of Life, and the Prohibition on Assassination, 1976-96(U)," *Studies in Intelligence*, Vol.40, No.2, 1996, pp.15-25, http://nsarchive.gwu.edu/NSAEBB/NSAEBB431/docs/intell_ebb_001.PDF

（57）E.O.12333, Part2, 2.12

（58）ＣＩＡによるマニュアルの英訳を参照。Tayacan, *Psychological Operations in Guerilla Warfare*, October 18, 1984, a sanitized copy approved for release 2010/5/28
https://www.cia.gov/library/readingroom/docs/CIA-RDP86M00886R001300010029-9.pdf

（59）Schmitt, *State-Sponsored Assassination*, pp.664-665

（60）議会による監視強化の流れについては、以下の論文が簡明である。Joshua A. Bobich, "Note: Who Authorized this?: An Assessment of the Process for Approving U.S. Covert Action," *William Mitchell Law Review*. Vol. 33 : No.3 (2007), http://open.mitchellhamline.edu/wmlr/vol33/iss3/7

（61）Coll, *Ghost Wars*, p.141

（62）Public Law 107-40, 107th Congress, September 18, 2001, Section 2

（63）Ibid,

（64）Congressional Research Service, Memorandum, *The 2001 Authorization for Use of Military Force: Background in Brief*, July 10, 2013, p.1

（65）ＡＵＭＦの起草過程と議会側の意図、その後の展開については、Shoon Kathleen Murray, "Stretching the 2001 AUMF: A History of Two Presidencies," *Presidential Studies Quarterly*, Vo.45, No.1(March 2015), pp.175-198が要点を簡潔にまとめている。

(66) John C. Yoo, "The President's Constitutional Authority to Conduct Military Operations against Terrorists and Nations Supporting Them," Memorandum Opinion for the Deputy Counsel to the President, Office of Legal Counsel, U.S. Department of Justice, September 25, 2001

(67) Rizzo, *Company Man*, p.173

(68) George W. Bush, *Decision Points* (New York: Crown Publishers, 2010), p.186

(69) Rizzo, *Company Man*, p.173

(70) アフガン戦突入の際のＣＩＡ要員の活動、米軍特殊部隊との連携作戦については、Gary C. Schroen. *First In: An Insider's Account of How the CIA Spearheaded the War on Terror in Afghanistan* (New York: Ballantine Books, 2005)と、Gary Berntsen and Ralph Pezzullo, *Jawbreaker* (New York: Crown Publishers, 2005)を参照。

(71) Tenet, *At the Center of the Storm*, pp.215-216

(72) Ibid, p.225

(73) この歴史的変遷を描いた論文として、以下がある。Robert Chesney, "Military-Intelligence Convergence and the Law of the Title 10 / Title 50 Debate," *journal of National Security Law & Policy*, Vol.5, No.2 (January 2012) 特にPart 1, pp.544-580を参照。

(74) New America FoundationのInternational Security Data Siteの推定値から算出（パキスタン、イエメン、ソマリアでの無人機攻撃の総計）。
http://securitydata.newamerica.net/

(75) Gregg Miller and Julie Tate, "CIA shifts focus to killing targets," *Washington Post*, September 1, 2011

(76) John Yoo, *War by Other Means: An Insider's Account of the War on terror* (New York: Atlantic Monthly Press, 2006) p.50

(77) Jo Becker and Scott Shane, "Secret 'Kill List' Proves a Test of Obama's Principles and Will," *New York Times*, May 29, 2012

(78) マイケル・モレル『秘録ＣＩＡの対テロ戦争　アルカイダからイスラム圏まで』月沢李歌子訳（朝日新聞出版、二〇一六年）、八〇～八一頁。

(79) Office of the Secretary of Defense, Donald Rumsfeld to General Myers, Working Paper "Afghanistan," October 17,

2001, 11:25AM, Secret, p.1
http://nsarchive.gwu.edu/NSAEBB/NSAEBB358a/doc19.pdf

（80）米軍特殊部部隊の任務や組織形態については、以下を参照。David S. Maxwell, “Thoughts on the Future of Special Operations,” *Small Wars Journal*, October 31, 2013,
http://smallwarsjournal.com/jrnl/art/thoughts-on-the-future-of-special-operations?page=1 ; U.S. Government Accountability Office(GAO) Report, “Special Operations Forces: Opportunities Exist to Improve transparency of Funding and Assess Potential to Lesson Some Deployments,” GAO-15-571, July 2-15, p6, p.9, p.11, p.15, pp23- 24; Linda Robinson, “The Future of U.S. Special Operations Forces,” Council Special Report No.66, Council on Foreign Relations, April 2013, pp.5-12

（81）Dana Priest and William M. Arkin, *Top Secret America: The Rise of The New American Security State* (New York: Little, Brown and Company, 2011), pp.222-255 ; Jennifer D. Kibbe,“The Military, The CIA, and America's Shadow Wars,” in Gordon Adams and Shoon Murray, eds., *Mission Creep: The Militarization of US Foreign Policy?* (Washington D.C.: Georgetown University Press,2014), pp.213-217

（82）Mark Mazzetti, *The Way of the Knife: The CIA, a Secret Army, and a War at the ends of the Earth* (New York: The Penguin Press, 2013), pp.133-134

（83）Office of the Secretary Defense, From General Wayne Downing, US Army (Retired) to Secretary of Defense, Chairman, Joint Chiefs of Staff, Memorandum, “Special Operations Forces Assessment,” November 9,2005, P.5

（84）Statement of General Wayne Downing (Ret.), “Assessing U.S. Special operations Command's Missions and Roles,” Hearing before the Terrorism, Unconventional Threats and Capabilities Subcommittee, the Armed Services Committee, House of Representatives (H.A.S.C.No.100-129), 109th Congress, Second Session, June 29, 2006, P.4

（85）Prepared Statement of Michael G. Vickers, Director of Strategic Studies, Center for Strategic and Budgetary Assessments, H.A.S.C. No.100-129, p.40

（86）コンドリーザ・ライス『ライス回顧録　ホワイトハウス　激動の２９２０日』福井昌子、波多野理彩子、宮崎真紀、三谷武司訳（集英社、二〇一三年）、九六頁。

(87) Prepared Statement of Dennis C. Blair, "Ten years After 9/11: Is Intelligence Reform Working? Part II," Hearing before the Senate Committee on Homeland Security and Governmental Affairs,112th Congress, May 19, 2011, pp.10-12

(88) このPDBは、議会の9・11調査報告書に掲載されている。*The 9/11 Commission Report*, pp.261-262

(89) Transcript of Condoleeza Rice before the 9/11 Commission as recorded by *the New York Times*, April 8, 2004
http://www.nytimes.com/2004/04/08/politics/testimony-of-condoleezza-rice-before-911-commission.html

(90) *The 9/11 Commission Report*, p.260, pp.262-263

(91) Ibid., pp.56-259

(92) モレル『秘録CIAの対テロ戦争』七〇頁。

(93) ライス『ライス回顧録』七〇頁。

(94) "President of the Russian Federation Vladimir Putin interview with Bureau Chiefs of Leading American Media," *Federal News Service*, Leaders Special transcripts, June 18, 2001

(95) Clark, *Against All Enemies*, p.232

(96) Transcript of Condoleeza Rice before the 9/11 Commission as recorded by *the New York Times*, April 8, 2004

(97) The U.S. Commision on National Security/21st Century (USCNS/21),*New World Coming: American Security in the 21st Century* (September 1999), p.4
http://www.au.af.mil/au/awc/awcgate/nssg/nwc.pdf

(98) ニューヨークタイムズ紙が掲載したオルブライト元国務長官ら四人が9・11調査委員会の公聴会で行った証言の速記録を参照。The transcript of public testimony from four high-ranking officials from the Bush and Clinton administrations before the 9/11 commission, March 23, 2004
http://www.nytimes.com/2004/03/23/politics/public-testimony-before-911-panel.html

(99) Karlyn Bowman, "America and the War on Terrorism," AEI Studies in Public Opinion, July 24, 2008, pp.67-69,
http://www.aei.org/publicopinion3

(100) Pew Research Center, "Public Supports Targeting Al Qaeda Leaders, Wants Congress in the Loop," . August 7, 2009

http://www.pewresearch.org/2009/08/07/public-supports-targeting-al-qaeda-leaders-wants-congress-in-the-loop/

(101) White House, *National Security Strategy*, September 20, 2002

(102) Department of Defense, *Sustaining U.S. Global leadership: Priorities for 21st Century of Defense*, January 2012, p.7

第4章

(1) 古谷修一「国際テロリズムと武力紛争法の射程――9・11テロ事件が提起する問題」村瀬信也、真山全編『武力紛争の国際法』(東信堂、二〇〇四年)、一八〇頁。

(2) 古谷修一「自衛と域外法執行措置」村瀬信也編『自衛権の現代的展開』(東信堂、二〇〇七年)一六七～一六九頁。および、田中誠「戦争犯罪概念の歴史的変容」『防衛法研究』第35号(二〇一一年)五～六頁。

(3) W・マイケル・リースマン、ジェームス・E・ベーカー『国家の非公然活動と国際法』宮野洋一、奥脇直也訳、日本比較法研究所翻訳叢書44(中央大学出版部、二〇〇一年六月)三六～四〇頁。

(4) Remarks of Harold Hongju Koh, Legal Adviser, U.S. Department of State, "The Obama Administration and International Law," (hereinafter Koh speech) March 25, 2010, https://www.state.gov/documents/organization/179305.pdf

(5) Remarks of Stephen W. Preston, CIA General Counsel, "CIA and the Rule of Law," (hereinafter Preston Speech), April 10, 2012,
https://www.cia.gov/news-information/speeches-testimony/2012-speeches-testimony/cia-general-counsel-harvard.html

(6) Justice Department White Paper, "Lawfulness of a Lethal Operation Directed Against a U.S. Citizen Who is a Senior Operational Leader of Al-Qa'ida or an Associated Force," (hereinafter White Paper), November 8, 2011, in Jameel Jaffer, *The Drone Memos: Targeted killings, Secrecy and the Law* (New York: The New Press, 2016), pp.167-190　Jafferの著書は、オバマ政権幹部の対テロ標的殺害に関する演説と、米法曹団体が情報公開法によって入手した司法省の法文書等を編纂している。

(7) David Barron, "Memorandum for the Attorney General, Re: Applicability of Federal Criminal Laws and The

Constitution to Contemplated Lethal Operation against Shaykh Anwar Aulaki," (hereinafter Barron Memo), Office of Legal Counsel, Department of Justice, July 16, 2010, in Jaffer, *The Drone Memos*, pp.73-118

(8) Philip Alston, *Report of the Special Rapporteur on Extrajudicial, Summary or Arbitrary Executions, Study on Targeted Killings* (hereinafter Alston Report), A/HRC/14/24/Add.6, May 28 2010, pp.1-29

(9) Christof Heyns, *Report of the Special Rapporteur on Extrajudicial, Summary or Arbitrary Executions (hereinafter Heyns Report)*, A /68/382, September 13, 2013, pp.1-24

(10) Ben Emmerson, *Report of the Special Rapporteur on the Promotion and Protrection of Human Rights and Fundamental Freedoms while Countering Terrorism* (hereinafter *Emmerson Report*), A/68/389, September 18, 2013, pp.1-24

(11) 対テロ標的殺害を国際法の観点から評価する際の方法論については、シュミットの以下の二つの論文を参照した。ヘインズ、エマーソン両報告やアムネスティ・インターナショナルの報告書などと米側のホワイトペーパーを比較検討している。Michael N. Schmitt, "Narrowing the International Law Divide: The Drone Debate Matures," *Yale journal of international Law Online*, Vol.39 (Spring 2014), pp1-14
https://papers.ssrn.com/sol3/papers.cfm?abstract_id=2353907;
"Extraterritorial Lethal Targeting: Deconstructing the Logic of International Law," *Columbia Journal of Transnational Law*, Vol.52 No.1(2013), pp.80-114

(12) Ambassador Stephen A. Seche, "General Petraeus'Meeting with Saleh on Security Assistance, AQAP Strikes," January 4, 2010, Public Library of US Diplomacy, Wikileaks
https://wikileaks.org/plusd/cables/10SANAA4_a.html

(13) Scott Shane, "Yemen's Leader Praises U.S. Drone Strikes," *New York Times*, September 29, 2012

(14) Emmerson, *Emmerson Report*, pars.52-54.

(15) Ibid.,

(16) 9・11後の自衛権発動に関する国家実行については、レイノルドの論文が簡明だ。Theresa Reinold, "State Weakness, Irregular Warfare, and the Right to Self-Defense Post-9/11," *American Journal of International Law*, Vol.105, No.2 (April 2011), pp.244-286

(17) Alston, *Alston Report*, par.40 ; Heyns, *Heyns* Report, par.88
(18) Reinold, "State Weakness," pp.244-286
(19) 例えば、Koh, Koh Speech; White Paper p.170を参照。
(20) 低水準紛争の蓄（集）積論は、９・11以前は論議を呼んだ法理だが、最近は受け入れられるようになってきたという。Christian J. Tams, "The Use of Force against Terrorists," *European Journal of International Law*, Vol.20, No.2 (2009), p.388 を参照。
(21) White Paper, p.172
(22) Heyns, *Heyns Report*, par.89; Alston, *Alston Report*, par.41
(23) *Heyns Report*, par.90
(24) White Paper pp.176-178
(25) Alston, *Alston Report*, par.45; Heyns, *Heyns Report*, par.87
(26) 領域国の対テロ掃討「能力と意思の不足ないし欠如」については、Ashley S. Deeks, "Unwilling or Unable: Toward a Normative Framework for Extraterritorial Self-Defense," *Virginia Journal of International Law*, Vol.52, No.3 (March 2012), pp.483-549を参照。
(27) Abraham D. Sofaer, "Terrorism, the Law, and the National Defense," *Military Law Review*, Vol.126 (Fall 1989), pp.106-113
(28) White paper p.174
(29) Emmerson, *Emmerson Report*,par.56
(30) Heyns, Heyns Report, par.91
(31) 国際人道法上の「武力紛争」の概念については、樋口一彦「国際人道法の適用における『武力紛争の存在』——国際的武力紛争と内戦（非国際的武力紛争）の区別の意味——」村瀬信也、真山全編『武力紛争の国際法』（東信堂、二〇〇四年）一一一～一三六頁を参照。簡明で示唆に富む論文である。
(32) 真山全「自衛権行使と武力紛争法」村瀬編『自衛権の現代的展開』二〇九～二一〇頁。
(33) White Paper. p.168, p.170
(34) Ibid., p.171

（35）Ibid., p.172
（36）Ibid., pp.172-174
（37）Barron Memo, pp.91-96
（38）*Heyns Report*, par.55
（39）*Alston Report*, par.53
（40）*Emmerson Report*, par.63
（41）Ibid., par.63
（42）Ibid., par.59
（43）Ibid., par.67
（44）*Alston Report*, par.54
（45）Koh Speech; White Paper, in Jaffer, *Drone Memos*, p.178; Barron Memo, p.98
（46）例えば、Marry Ellen O'Connell, "Unlawful Killing with Combat Drones: A Case Study of Pakistan, 2004-2009," *Notre Dame Law School Legal Studies Research Paper* No. 09-43(November 2009), pp.2-26; "Lawful Use of Combat Drones," O'Connell Testimony Submitted to U.S. House of Representatives Subcommittee on National Security and Foreign Affairs Hearing: Rise of the Drone II: Examining the Legality of Unmanned Targeting, April 28, 2010
（47）Baron Memo, Jaffer, *Drone Memos*, p.105 特に、注44（p.118）で見解を表明している。; *Alston Report*, pars. 70-71
（48）Andrew Burt and Alex Wagner, "Blurred Lines: An Argument for a More Robust Legal Framework Governing the CIA Drone Program," *Yale Journal of International Law Online*, Vol. 38(Fall 2012), pp.8-12, https:/+/campuspress.yale.edu/yjil/files/2017/01/o-38-burt-wagner-blurred-lines-1b2apdr.pdf
（49）Baron Memo, Jaffer, *Drone Memos*, p.118
（50）戦闘員は、国際武力紛争に特有の法的地位であり、非国際武力紛争には存在しないため、国際武力紛争を念頭に置いた戦闘員資格に関する議論は無意味であるという批判はあると思う。しかし、アルカイダとの非国際武力紛争は、内戦というよりも国境を越えるトランスナショナルな紛争の色彩が濃く、状況次第では、国際武力紛争のルールを適用する余地はある。また、少なくとも政府軍は、ジュネーブ捕虜条約四条の要件（上官の指揮権限下、特殊勲章の着用、武器の公然携行、武力紛争法の遵守）を満たす限り、非国際武力紛争でも戦闘員資格を持つと解釈することもできる。なお、政府軍がＣＩＡ要員か軍人のいずれから構成されているかにかかわらず、非公然活動を行えば、武器の公然携行と抵触するため、戦闘員資格を失うという説もある。Jens David Ohlin, "The Combatant's Privilege in Asymmetric & Covert Conflicts," *Yale Journal of International Law*, Vol.40, No.2(2005), pp.337-392を参照。

（51）ニルス・メルツァー『国際人道法上の敵対行為への直接参加の概念に関する解釈指針』黒崎将広訳（赤十字国際委員会駐日事務所、二〇一二年六月）、六七頁。

（52）Baron Memo, Jaffer, *Drone Memos*, p. 105

（53）*Alston Report*, par.73

（54）Ibid., par.73

（55）Heyns Report, par.112

（56）メルツァー『解釈指針』の注71を参照。三一頁。

（57）Preston, Preston Speech

（58）Caroline D. Krass, Additional Prehearing Questions upon her nomination to be the General Counsel of the CIA, Select Committee on Intelligence, U.S. Senate,
https://www.intelligence.senate.gov/sites/default/files/hearings/krassprehearing.pdf
公開の指名公聴会は、二〇一三年一二月一七日に行われた。

（59）武力紛争の地理的範囲の分析については、Jennifer C. Daskal, "The Geography of the Battlefield: A Framework for Detention and Targeting Outside the Hot Conflict Zone," *University of Pennsylvania Law Review*, Vol.161, No.5 (April 2013), pp.1165-1234 を参照。

（60）Kenneth Anderson, "Targeted Killing in U.S. Counterterrorism Strategy and Law,"
A Working Paper of the Series on Counterterrorism and American Statutory Law, a joint project of the Brookings Institution, the Georgetown University Law Center, and the Hoover Institution, May 11, 2009, pp1-44,
https://www.brookings.edu/wp-content/uploads/2016/06/0511_counterterrorism_anderson.pdf;
"Predators over Pakistan," *Weekly Standard*, Vol.15, No.24, March 8, 2010, pp.26~34 ; "Targeted Killing and Drone

Warfare: How We Came to Debate Whether There is a 'Legal Geography of War,'" Peter Berkowitz, ed., *Future Challenges in National Security and Law*, http://futurechallengesessays.com.

（61）Schmitt, "Extraterritorial Lethal Targeting," p.111　オバマ政権も米国の管轄権が及ぶキューバのグアンタナモ収容所については、国際人権法は適用されないとの立場である。

（62）Koh Speech

（63）Preston Speech

（64）Ian Henderson, "Civilian Intelligence Agencies and the Use of Armed Drones," Michael N. Schmitt, et al. (eds.), *Yearbook of Humanitarian Law*, Vol.13 (January 2010), pp.165-166, https://ssrn.com/abstract=2215182

（65）*Alston Report*, pars.42-44

（66）リースマン、ベーカー『国家の非公然活動と国際法』、二六九頁。および、Alexandra H. Perina, "Black Holes and Open Secrets: The Impact of Covert Action on International Law," *Columbia Journal of Transnational Law*, Vol.53, No.3 (2015), pp. 520-521, pp.527-528

（67）Michael Jefferson Adams, "*Jus Extra Bellum*: Reconstructing the Ordinary, Realistic Conditions of Peace," *Harvard National Security Journal*, Vol.5, No.2 (2014), p.401

（68）Perina, "Black Holes and Open Secrets," pp.522-524

（69）Ibid., pp.525-527

（70）Adams, "*Jus Extra Bellum*," p.402

（71）リースマン、ベーカー『国家の非公然活動と国際法』、二二二～二二三頁。

（72）古谷修一「国際テロリズムと武力紛争法の射程——9・11テロ事件が提起する問題」村瀬信也、真山全編『武力紛争の国際法』（東信堂、二〇〇四年）、一八〇頁。

（73）Gabriella Blum and Philip B. Heymann, *Laws, Outlaws, and Terrorists Lessons from the War on Terrorism* (Cambridge: MIT Press, 2010), p.86

（74）テロリズムに適用する法の間隙については、古谷修一「国際テロリズムと武力紛争法の射程」一七八～一八〇頁。

(75) Adams, "*Jus Extra Bellum*," p.402-405
(76) Ben Emmerson, *Report of the Special Rapporteur on the Promotion and protecting of human rights and fundamental freedoms while countering terrorism*, A/HRC/25/59, par.70

第5章

(1) White House, "Remarks by the President at the National Defense University" (hereinafter Obama Speech at the N.D.U.), May 23, 2013,
https://obamawhitehouse.archives.gov/the-press-office/2013/05/23/remarks-president-national-defense-university
(2) Hans J. Morgenthau, *Politics Among Nations: The Struggle for Power and Peace*, fifth edition (New York: Alfred A. Knopf, 1973), p231
(3) 正確に言えば、地表地図情報をあらかじめプログラミングした巡航ミサイルもオペレーターのリスクは皆無である。しかし、無人戦闘機は帰還を前提としているが、巡航ミサイルは「片道切符」しか持っていない。しかも、無人戦闘機は、標的の上空で長時間、監視・偵察したり、攻撃したりするなど多様な任務を遂行することができる。
(4) 岩本誠吾「国際法から見た無人戦闘機（ＵＣＡＶ）の合法性に関する覚書」『産大法学』45巻、３・４号（二〇一二年一月）一三八～一三九頁。
https://ksurep.kyoto-su.ac.jp/dspace/bitstream/10965/823/1/SLR_45_3-4_685.pdf
(5) 無人航空機の開発と軍事利用の歴史については、John F. Keane and Stephen S. Carr, "A Brief History of Early Unmanned Aircraft," *Johns Hopkins APL Technical Digest*, Vol.32, No.3 (December 2013), pp558-571を参照。
(6) Frank Stickland, "The Early Evolution of the Predator Drone," *Studies in Intelligence*, Vol.57, No.1 (Extracts, March 2013), pp.1-6　ウーズリーＣＩＡ長官時代、筆者はＣＩＡの科学技術本部でプレデターの開発計画に携わっていた。
(7) National Commission on Terrorist Attacks Upon the United States, *The 9/11 Commission Report, Final Report of the National Commission on Terrorist Attacks upon the United States* (New York: W. W. Norton & Company, 2004), p.189
(8) Ibid., p.190; Steve Coll, *Ghost Wars : The Secret History of the CIA, Afghanistan, and Bin Laden, from the Soviet Invasion to September 10, 2001* (New York: Penguin Books, 2004), pp.532-533; Richard A. Clarke, *Against All Enemies: Inside America's War on Terror*

(New York: Free Press, 2004), p.221

（9）無人機の武装化の歴史については、リチャード・ウィッテル『無人暗殺機ドローンの誕生』赤根洋子訳（二〇一五年二月、文藝春秋）が詳しい。特に、一九九〜二九三頁を参照。

（10）*The 9/11 Commission Report*, p.211

（11）Ibid., p.214

（12）ウィッテル『無人暗殺機ドローンの誕生』、三二二〜三三四頁。

（13）同右、三五一〜三六六頁。

（14）Jeremiah Gertler, *U.S. Unmanned Aerial Systems*, Congressional Research Service(CRS) Report, January 3, 2012, p.1; Department of Defense, *Unmanned Aircraft Systems Roadmap 2005-2030*,（August 2015), p.15

（15）Congressional Budget Office(CBO), *Policy Options for Unmanned Aircraft Systems*, June 2011, p.4

（16）国防総省が全米科学者連盟（ＦＡＳ）の情報公開請求を受けて作成した回答書、Department of Defense, UAS inventory, February 19, 2014, p.1
https://fas.org/irp/program/collect/uas-inventory.pdf

（17）Richard C. Eichenberg, "Victory Has Many Friends: U.S. Public Opinion and the Use of Military Force, 1981-2005," *International Security*, Vol.30, No.1 (Summer 2005), pp.167-168

（18）Christopher Gelpi, Peter D. Feaver and Jason Reifler, "Success Matters: Casualty Sensitivity and the War in Iraq," *International Security*, Vol.30, No.3 (Winter 2005/2006), pp.8-9

（19）Pew Research Center, "Public Continues to Back U.S. Drone Attacks," Complete Report, May 28, 2015, p.12

（20）Micah Zenko, "U.S. Public Opinion on Drone Strikes," Council on Foreign Relations Blog, March 18, 2013
https://www.cfr.org/blog/us-public-opinion-drone-strikes

（21）U.S. Air Force, *United States Air Force Unmanned Aircraft Systems Flight Plan 2009-2047*, May 18, 2009, p.15

（22）Alan W. Dowd, "Drone Wars: Risks and Warnings", Parameters, Vol.42(4)/Vol.43(1), (Winter/Spring 2013), p.9

（23）無人機攻撃が実効性のあるカウンターテロリズムであるという主張の根拠については、Daniel Byman, "Why Drones Work," *Foreign Affairs*, Vol.92, No.4 (July/August 2013), pp.32-43が簡明だ。

(24) Patrick B. Johnston, Anoop K. Sarbahi, "The Impact of U.S. Drone Strikes on Terrorism in Pakistan: The Case for Washington's Weapon of Choice," *International studies Quarterly*, Vo.60, Issue 2 (June 2016), pp.203-219; 次の論文も同様の見方をしている。David A. Jaeger and Zahra Siddique, "Are Drone Strikes Effective in Afghanistan and Pakistan? On the Dynamics of Violence between the United States and the Taliban," IZA Discussion Paper, No.6262 (November 2011). 無人機攻撃にはテロを抑止する機能があると説く。

(25) Javier Jordan, "The Effectiveness of the Drone Campaign against Al Qaeda Central: A Case Study, " *Journal of Strategic Studies*, Vol.37, No.1 (2014), pp22-26

(26) 無人機攻撃はカウンターテロリズムとして機能していないという見方については、Audrey Kurth Cronin, "Why Drones Fail: When Tactics Drive Strategy," *Foreign Affairs*, Vol.92, No.4 (July/August 2013), pp.44-54を参照。

(27) Peter Bergen and Katherine Tiedemann, "Washington's Phantom War: The Effects of the U.S. Drone Program in Pakistan," *Foreign Affairs*, Vol.90, No.4 (July/August 2011), p.14

(28) Megan Smith and James Igoe Walsh, "Do Drone Strikes Degrade Al Qaeda? Evidence From Propaganda Output," *Terrorism and Political Violence*, Vo.25, No.2 (2013), pp311-327; 同様の見方をする論文としては、Jenna Jordan, "Attacking the Leader, Missing the Mark: Why Terrorist Groups Survive Decapitation Strikes," *International Security*, Vol.38, No.4 (Spring 2014), pp.7-38 がある。

(29) New America Foundation, Drone Strikes: Pakistan,
https://www.newamerica.org/in-depth/americas-counterterrorism-wars/pakistan/

(30) The Bureau of Investigative Journalism, U.S. Strikes in Yemen, 2002 to Present,
https://docs.google.com/spreadsheets/d/1lb1hEYJ_omI8lSe33izwS2a2lbiygs0hTp2Al_Kz5KQ/edit#gid=323032473

(31) The Bureau of Investigative Journalism, U.S. Strikes in Somalia, 2007 to Present
https://docs.google.com/spreadsheets/d/1-LT5TVBMy1Rj2WH30xQG9nqr8-RXFVvzJE_47NlpeSY/edit#gid=0

(32) David Rohde, "A Drone Strike and Dwindling Hope," *New York Times*, October 21, 2009; "My Guards Absolutely Feared Drones: Reflections on Being Held Captive for Seven Months by the Taliban," in Peter Bergen and Daniel Rothenberg, eds., *Drone Wars: Transforming Conflict, Law, and Policy* (Cambridge: Cambridge University Press, 2015), pp.9-10

（33）Amnesty International, *"Will I Be Next?" US Drone Strikes In Pakistan* (London: Amnesty International Publication, 2013), pp.33-34. 以下からも利用可能。https://www.amnestyusa.org/files/asa330132013en.pdf

（34）Stanford International Human Rights and Conflict Resolution Clinic (HRCRC) and Global Justice Clinic (GJC) at NYU School of Law, *Living Under Drones: Death, Injury, and Trauma to Civilians From US Drone Practices in Pakistan,*
http://chrgj.org/wp-content/uploads/2012/10/Living-Under-Drones.pdf
pp. 74-76

（35）Human Rights Watch, *"Between A Drone and Al-Qaeda" The Civilian Cost of US Targeted Killings in Yemen,* (October 2013), pp.53-60
http://chrgj.org/wp-content/uploads/2012/10/Living-Under-Drones.pdf

（36）White House, "Remarks by President Obama and Prime Minister Abe of Japan at Hiroshima Peace Memorial," May 27, 2016,
https://obamawhitehouse.archives.gov/the-press-office/2016/05/27/remarks-president-obama-and-prime-minister-abe-japan-hiroshima-peace

（37）White House, "Remarks by the President at the Acceptance of Nobel Peace Prize," December 10, 2009,
https://obamawhitehouse.archives.gov/the-press-office/remarks-president-acceptance- nobel-peace-prize

（38）正戦の伝統、正戦論を扱った倫理学の入門書は数多くある。平易な入門書として、リチャード・シャプコット『国際倫理学』松井康浩、白川俊介、千知岩正継訳（岩波書店、二〇一二年）を挙げておく。特に第六章「危害の倫理——暴力と正戦」、一七七〜二一八頁を参照。現実主義、平和主義と正戦論との違いについては、松元雅和『平和主義とは何か　政治哲学で考える戦争と平和』中公新書（中央公論新社、二〇一四年、第四版）の洞察が深い。戦争と平和の現代的な問題への正戦論の適用については、Mark Evans, ed., *Just War Theory: A Reappraisal,* (New York: Palgrave MacMillan, 2005)が示唆に富む。

（39）White House, "Obama Speech at the N.D.U."

（40）Jo Becker and Scott Shane, "Secret 'Kill List' Proves a Test of Obama's Principles and Will," *New York Times,* May 29, 2012

（41）以下のブレナンとのインタビュー記事を参照。Reid Cherlin, "Obama's Drone Master," *GQ*, June 17, 2013, https://www.gq.com/story/john-brennan-cia-director-interview-drone-program

（42）正戦論の観点から無人機攻撃の是非を論じた英語文献は数多い。ここでは、一連の争点を網羅した平易な論文として、Daniel Brunstetter and Megan Braun, "The Implications of drones on the just war tradition," *Ethics & International Affairs*, Vol.25, No.3 (Fall 2011), pp.337-358を挙げておく。多角的な見方を提示している編書としては、Bradley Jay Strawser ed., *Killing by Remote Control: The Ethics of an Unmanned Military* (New York: Oxford university Press, 2013)を参照。

（43）John O. Brennan, "The Ethics and Efficacy of the President's Counterterrorism Strategy (hereinafter Brennan Speech), April 30, 2012, transcribed by the Wilson Center.
https://www.wilsoncenter.org/event/the-efficacy-and-ethics-us-counterterrorism-strategy

（44）Sarah Kreps, John K Kreps, "The Use of Unmanned Aerial Vehicles in Contemporary Conflict: A Legal and Ethical Analysis," *Polity*, Vol.44, No.2 (April 2012), pp.260-285 は、オバマ政権のテクノロジー至上主義を正戦論の立場から鋭く批判している。特に、pp.269-276を参照。

（45）均衡性の概念の曖昧性については、Kateri Carmora、" The Concept of Proportionality: Old Questions and New Ambiguities," in Evans, ed., *Just War Theory*, pp.92-113が詳しい。

（46）均衡性の計算は、Avery Plaw, "Counting the Dead: The Proportionality of Predation in Pakistan," in Strawser, *Killing by Remote Control*, pp.132-152を参考にした。プローは、二〇〇四～二〇一一年の間にパキスタンで起きた無人機攻撃の均衡について、ＮＡＦやＴＢＩＪのデータベースを使って分析している。

（47）Ibid., p.149

（48）Gareth Porter, "ISAF Data Show Night Raids Killed over 1,500 Afghan Civilians," *Inter Press Service(IPS)*, November 2, 2011
http://www.ipsnews.net/2011/11/isaf-data-show-night-raids-killed-over-1500-afghan-civilians/

（49）Sabrina Tavernise and Andrew W. Lehren, "A Grim Portait of Civilian Deaths in Iraq, *New York Times*, October 22, 2010

（50）Michael Walzer, "Just & Unjust Targeted killing & Drone Warfare," *Daedalus*, Vol.145, No.4 (Fall 2016), pp.12-24; "Targeted Killing and Drone Warfare ," (hereinafter TK), *Dissent*, January 11, 2013, ttps://www.dissentmagazine.org/online_articles/targeted-killing-and-drone-warfare

（51）Asa Kasher and Amos Yadlin, "Assassination and preventive Killing," *SAIS Review*, Vol.25, No.1 (Winter-Spring 2005), pp.41-56. カシャーらは、標的殺害と暗殺を同義語として使っている。カシャーはプローとの対談で、自身の無人機攻撃についての考え方を明らかにしている。Asa Kasher and Avery Plaw, "Distinguishing Drones: An Exchange." Strawser, ed., *Killing by Remote Control*, pp.47-65

（52）ウォルツァーとカシャーは、イスラエルの対テロ戦について雑誌で論戦を展開し、同様の見方を示している。Avishai Margalit and Michael Walzer, "Israel: Civilians & Comabatants," *The New York Review of Books*, Vol.56, No.8 (May 14, 2009) ; Asa Kasher and Major General Amos Yadlin, "Islael & The Rules of War: An Exchange," *The New York Review of Books* (June 11, 2009),
http://w+ww.nybooks.com/articles/2009/06/11/israel-the-rules-of-war-an-exchange/

（53）プローのシナリオを参考にした。Kasher and Plaw, "Distinguishing Drones," pp.56

（54）このウォルツァーの考えは、彼の代表的な著書において鮮明である。Michael Walzer, *Just and Unjust Wars : A Moral Argument with Historical Illustrations* (New York: B asic Books, 1977), p156; 彼の民間人保護に対する考えを体系的に理解するうえで極めて有益な論文として、濱井潤也「マイケル・ウォルツァーの正戦論における道徳性について」『応用倫理』二巻（二〇〇九年一一月）、二四～三七頁がある。特に、三二～三四頁を参照。

（55）Walzer, *Unjust and Unjust Wars*, p.156

（56）Walzer, "TK"

（57）Ibid.

（58）Kasher and Plaw, "Distinguishing Drones," p.59

（59）Kasher and Yadlin, "Assassination and preventive Killing," pp.50-51

（60）Kasher and Plaw, "Distinguishing Drones," pp.59-60

（61）Bradley Jay Strawser, "Moral Predators: The Duty to Employ Uninhabited Aerial Vehicles," *Journal of Military*

Ethics, Vol.9, No.4 (December 2010), pp.342-368 ; Strawser , *Killing by Remote Control*, pp.17-20

（62）リスクの「つけ回し」については、Martin Shaw, "Risk-Transfer Militarism, Small Massacres and the Historic Legitimacy of War," *International Relations*, Vol.16, No.3 (December 2002), pp.343-359を参照。

（63）FM 3-24/ MCWP3-33.5, *Counterinsurgency* (December 2006)
http://usacac.army.mil/cac2/Repository/Materials/COIN-FM3-24.pdf

（64）Ibid., p.7-5

（65）Ibid., p.7-6

（66)Ibid., p.7-3

（67）民間人の犠牲を減らす代わりに米軍の犠牲が増えたＣＯＩＮについては、千知岩正嗣、大庭弘継「対テロ戦争――終わりが遠ざかる戦争」高橋良輔、大庭弘嗣編著『国際政治のモラル・アポリア　戦争／平和と揺らぐ倫理』（ナカニシヤ出版、二〇一四年）、七六～八〇頁を参照した。

（68）Department of Defense, Defense Casualty System, U.S. Military Casualties-Operation Enduring Freedom(OEF) Casualty Summary by Month and Service, As of August 18, 2017
https://www.dmdc.osd.mil/dcas/pages/report_oef_month.xhtml

（69）Christian Enemark, "Drones, Risk, and Perpetual Force," *Ethics & International Affairs*, Vol.28, No.3 (Fall 2014), pp.365-381

（70）White House, "Obama Speech"

（71）White House, "President Issues Military Order," November 13, 2001
https://georgewbush-whitehouse.archives. gov/news/releases/2001/11/20011113-27.html

（72）White House, "Obama Administration Efforts to Close the Guantanamo Bay Detention Facility," January 19, 2017, https://obamawhitehouse.archives.gov/sites/whitehouse.gov/files/images/Obama_Administration_Efforts_to_Close_Guantanamo.pdf

（73）以下は、この手法でオバマ大統領の対応を分析した次の報告書の第三章に主に依拠した。梅川健「米国の対外政策における制度的機能不全：大統領権限、議会と行政のねじれ」『国際秩序動揺期における米中の動静と米中関係　米国の対外政策に影響を与える国内的諸要因』（国際問題研究所、二〇一七年三月）、三一～三七頁。

（74）Daniel Klaidman, *Kill or Capture: The war on terror and The Soul of The Obama Presidency* (Boston: Houghton Mifflin Harcourt, 2012), p.126

（75）U.S. Government Accountability Office(GAO), *Nonproliferation: Agencies Could Improve information Sharing and End-Use Monitoring on Unmanned Aerial Vehicle Exports*, GAO-12-536 (July 2012), p.9

（76）Ibid., p.13

（77）Thomas Gibbons-Neff, "ISIS drones are attacking U.S. troops and disrupting airstrikes in Raqqa, officials say," *Washington Post*, June 14, 2017

（78）Department of Defense, *Unmanned Systems Integrated Roadmap FY2011-2036*, p.13

（79）Department of Defense, DOD Directive 3000.09, November 2012, p.2, p.4

（80）オートノミーを第三次オフセット（offset）戦略の中核に据えている。森聡「技術と安全保障　米国の国防イノベーションにおけるオートノミー導入構想」『国際問題』６５８号（二〇一七年一、二月）、二四～三六頁を参照。

（81）Human Right Watch and Harvard Law School's International Human Rights Clinic, *Losing humanity*: The Case against killer Robots, November 2012

（82）CCW/MSP/2014/3, Report of the 2014 Informal Meeting of expert on Lethal Autonomous Weapons Systems (LAWS), June 11, 2014

（83）ＬＡＷｓの現状と道義的問題についての最新のレビューでは、Michael C. Horowitz, "The Ethics & Morality of Robotic Warfare: Assessing the Debate over Autonomous Weapons, *Daedalus*, Vol.145, No.4 (Fall 2016), pp.25-36が簡明だ。

（84）Ronald C. Arkin, Patrick Ulam, and Brittany Duncan, *An Ethical Governor for Constraining Lethal Action in an Autonomous System*, Technical Report GIT-GVU-09-02, Georgia Institute of Technology, Mobile Robot Laboratory (2009); Arkin, *Final Report: An Ethical Basis of Autonomous System Deployment Proposal 50397-CI*, 2009

（85）Ronald C. Arkin, "The Case for Ethical Autonomy in Unmanned Systems," *Journal of Military Ethics*, Vol.9, No.4 (2010) pp.332-341

（86）Robert Sparrow, "Killer Robots," *Journal of Applied Philosophy*, Vol.24, No.1 (February 2007), pp.62-77

第6章

（1）ハンナ・アーレント『エルサレムのアイヒマン――悪の陳腐さについての報告』大久保和郎訳（新版、みすず書房、二〇一七年）

（2）White House, Barack Obama, "Remarks by the President on Osama Bin Laden (hereinafter RPOBA), May 2, 2011, https://obamawhitehouse.archives.gov/blog/2011/05/02/osama-bin-laden-dead

（3）Ibid.

（4）Associated Press, "The AP-GFK Poll," May 2011, http://surveys.ap.org/data/GfK/AP-GfK%20Poll%20May%20FULL%20Topline%20051111%20with%20high-low.pdf

（5）ピュー・リサーチ・センターとワシントンポスト紙の共同調査では、大統領の評価は9ポイント上がった。Pew Research Center, "Public 'Relieved' by Bin Laden's Death, Obama's Job Approval Rises," May 3, 2011, http://www.people-press.org/2011/05/03/public-relieved-by-bin-ladens-death-obamas-job-approval-rises/

（6）Secretary General, United Nations, Press Release: "Secretary-General, Calling Osama Bin Laden's Death 'Watershed Moment', Pledges Continuing United Nations Leadership in Global Anti-Terrorism Campaign," May 2, 2011

（7）Leon Panetta, *Worthy Fights: A Memoir of leadership in War and Peace* [Kindle version], Retrieved from Amazon.com (New York: Penguin Press, 2014), Chapter 13, Section7, para.27-30　キンドル版のため、頁数がついていないので、段落数で示した。

（8）バーゲンによると、オバマ大統領の副補佐官でスピーチライターのベン・ローズ（Ben Rhodes）は、事前にオバマと打ち合わせをして予定稿を練っていたが、未完成だった。当日は作戦終了直後から大統領演説の直前まで、オバマと膝詰めで書き上げ、オバマ自身も推敲を重ねた。ローズとのインタビューから得た情報だという。Peter L. Bergen, *Manhunt: The Ten-Year Search for Bin Laden from 9/11 to Abbottabad* (New York: Crown Publishers, 2012), p.238

（9）Office of the Press Secretary, White House, "Press Briefing by Senior Administration Officials on the Killing of Osama bin Laden," May 2, 2011 ; Leon Panetta, "Message from the Director: Justice Done," Press Releases &

Statements, CIA, May 2 2011; Eric Holder, "Statement of Attorney General Before the House Judiciary Committee, May 3, 2011, U.S. Department of Justice, *Justice News*; Donna Miles, "Gates: Bin Laden Mission Reflects Perseverance, Determination," *DOD News*, U.S. Department of Defense, May 27, 2011

（10）Panetta, *Worthy Fights*, Chapter 13, Section7, para.40

（11）White House, Barack Obama, "Remarks of President Barack Obama-State of the Union Address as Delivered," January 13, 2016,
https://obamawhitehouse.archives.gov/the-press-office/2016/01/12/remarks-president-barack-obama-%E2%80%93-prepared-delivery-state-union-address

（12）この区分については、以下を参照した。井上達夫『世界正義論』（筑摩選書、二〇一二年）四三～四四頁。宇佐美誠「移行期正義——解明・評価・展望」『国際政治』一七一号（二〇一三年一月）四五～四六頁。

（13）Obama, RPOBA

（14）White House, George W. Bush, "President Bush Addresses Nation on the Capture of Saddam Hussein," December 14, 2003
https://georgewbush-whitehouse.archives.gov/news/releases/2003/12/20031214-3.html

（15）Kyle Smith, "What Obama's Bin Laden Speech Tells Us About His Economic Policies," *Forbes*, May 4, 2011
https://www.forbes.com/sites/kylesmith/2011/05/04/what-obamas-bin-laden-speech-tells-us-about-his-economic-policies/#3c362e1d75e4

（16）マーガレット・ミード『火薬をしめらせるな　文化人類学者のアメリカ論』国弘正雄、日野信行訳（南雲堂、一九八六年）二〇六～二〇七頁、三一四～三一六頁。

（17）White House, Barack Obama, "Remarks by the President at 'Pride of Midtown' Firehouse, Engine 54, Ladder 4, Battalion 9," May 5, 2011,
https://obamawhitehouse.archives.gov/the-press-office/2011/05/05/remarks-president-pride-midtown-firehouse-engine-54-ladder-4-battalion-9

（18）Nicole Gaouette, "Obama on bin Laden's death: 'the American people hadn't forgotten,'" CNN.com, May 2 2016 http://edition.cnn.com/2016/05/01/politics/obama-osama-bin-laden-raid-last-moments/index.html

（19）標的殺害を律する法執行モデルと戦争モデルについては、多くの論者が論じている（2章表1参照）。ここでは、両モデルを簡潔にまとめた以下の論文に主に依拠した。Larry May, "Targeted Killings and Proportionality in Law," *Journal of International Criminal Justice*, Vol.11, No.1 (March 2013), pp.47-59

（20）例えば、以下を参照。Luis E. Chiesa, Alexander K.A. Greenawalt, "Beyond War: Bin Laden, Escobar, and the Justification of Targeted Killing," *Washington and Lee Law Review*, Vo..69, No.3 (June 2011), p.1377

（21）現代における正戦論の正統派の代表として、ウォルツァーを挙げておく。Michael Walzer, *Just and Unjust Wars: A Moral Argument with Historical Illustrations* (New York: Basic Books, 1977) を参照。

（22）Jeff McMahan, "Aggression and Punishment," in Larry May (ed.), *War: Essays in Political Philosophy* (Cambridge University Press, 2008), p.69

（23）以下の議論では、グローチウス『戦争と平和の法』一又正雄訳（復刻版、酒井書店、一九九六年）全三巻に依拠した。Hugo Grotius, *The Rights of War and Peace*, edited and with an Introduction by Richard Tuck, from the Edition by Jean Barbeyrac (Indianapolis: Liberty Fund, 2005), 3 Vols.のOnline版も適宜参照した。
http://oll.libertyfund.org/titles/grotius-the-rights-of-war-and-peace-2005-ed-3-vols

（24）David Luban, "War as Punishment," Georgetown Public Law and Legal Theory Research Paper, No.11-71 (2011), p.23

（25）Samuel Issacharoff and Richard Pildes, "Drone and the Dilemma of Modern Warfare," in Peter Bergen and Daniel Rothenberg, eds., *Drone Wars: Transforming Conflict, Law, And Policy* (New York: Cambridge University Press, 2015), pp.388-420

（26）日本では、田中明彦『新しい「中世」21世紀の世界システム』（日本経済新聞社、一九九六年）の議論がよく知られる。

（27）グロティウスの現代性については、以下を参照。山内進「グロティウスと二〇世紀における国際法思想の変容」『変動期における法と国際関係』（有斐閣、二〇〇一）、三〜三〇頁。および、西平等「国際秩序の法的構想」小田川大典、五野井郁夫、高橋良輔編『国際政治哲学』二六二〜二八二頁。

（28）Hedley Bull, "The Grotian Conception of International Society", in Herbert Butterfield and Martin Wight, eds.,

Diplomatic Investigation (London: George Allen & Unwin, 1966), pp.51-73：彼の主著 *The Anarchical Society: A Study of Order in World Politics* (New York, Columbia University Press, 1977) も参照して欲しい。ワイトについては、大中真「マーティン・ワイトとグロティウス主義」佐藤誠、大中真、池田丈佑編『英国学派の国際関係論』（日本評論社、二〇一二年）、二六～三九頁を参照した。

（29）中世の激しい暴力については、山内進「暴力とその規制　西洋文明」山内進、加藤博、新田一郎編『暴力　比較文明史的考察』（東京大学出版会、二〇〇五年）、一三～二二頁。

（30）以下の引用は、次に拠る。Gratian, Decretum, Part II, Causa 23, Question II, Canons 1, 2, from Gregory M. Reichberg, Henrik Syse,eds., Religion, *War, And Ethics: A Sourcebook of Textual Traditions* (New York: Cambridge University Press, 2014) p.88 グラティニアスの邦語文献としては、伊藤不二男「グラティニアス『教会法』における正当戦争論の特色――国際法学説史研究――」『法政研究』二六巻二号（一九五九年）、一二三～一四五頁、と山内進『文明は暴力を超えられるか』（筑摩書房、二〇一二年）、九九～一〇四頁を参照。

（31）James Turner Johnson, "The Idea of Defense in Historical and Contemporary Thinking about Just war," *Justice, International Law and Global Security: Ethics and the Use of Force: Just war in Historical Perspective* (Abingdon, GB: Ashgate, 2013), pp.129-132

（32）Ibid., pp.129-130

（33）Gregory M. Reichberg, Henrik Syse, and Endre Begby, *The Ethics of War* [Kindle version]. Retrieved from Amazon.com (Malden, MA: Blackwell Publishing, 2006), Chapter 13, Innocent Ⅳ, "On the Restitution of Spoils," No.8

（34）Ibid.

（35）Ibid.

（36）グローチウス『戦争と平和の法』、一巻一章一〇節、五二頁。

（37）同右、二巻一章二節、二四五頁。

（38）同右、二巻一章一節、二四四頁。

（39）同右、二巻一章二節、二四五頁。

（40）同右、一巻三章一節、一三〇頁。

（41）グロティウスによれば、国家が行う公戦の一形態である正式戦では、主権者の権威が必要である。同右、一巻三章四節、一三七頁。

（42）例えば、同右、二巻二〇章四〇節、七四四頁を参照。もともと個人の手中にあった自由は、国家と裁判所の設立に伴って主権者に一任することが合意されたと記されている。同右、二巻二一章三節、七九四頁でも、同様の見解を示している。ただし、グロティウスは、人民主権普遍論を否定している。主権の共同体的主体は国家にあると考えた。太田義器『グロティウスの国際政治思想――主権国家秩序の形成』（ミネルヴァ書房、二〇〇三年）、一七二頁、一七九頁を参照。彼の主権論については、太田が詳しい。特に第五章。

（43）グロティウスの世俗性の程度については、以下を参照した。柳原正治『グロティウス　人と思想１７８』（清水書院、二〇〇〇年）、一六四～一七三頁。

（44）Stephen C. Neff, *War and the Law of Nations: A General History* (New York: Cambridge University Press, 2005), p.57

（45）山内進「グロティウスははたして近代的か」『法学研究』八二巻一号（二〇〇九年一月）九八六～九八七 頁。

（46）同右、九八二～九八三頁。

（47）グローチウス『戦争と平和の法』、二巻二〇章三節、七〇〇～七〇一頁

（48）同右、二巻二〇章七節、七〇七頁。

（49）当時の防衛戦争論については、ネフが詳しい。Neff, *War and the Law of Nations*, pp.126-130; Jeremy Seth Geddert, "Beyond Strict Justice: Hugo Grotius on Punishment and Natural Right(s)," *The Review of Politics*, Vol.76, No.4 (Fall 2014), pp.559~588も示唆に富む。

（50）グローチウス『戦争と平和の法』、二巻一章三節、二四七頁。

（51）同右、二巻一章三節、二四七頁。

（52）同右、二巻一章一六節、二六〇頁。

（53）同右、二巻二〇章八節、七〇九頁。

（54）同右、二巻一章一六節、二六〇頁。

（55）同右、二巻一章一七節、二六一頁。

（56）同右、二巻二二章五節、八二六頁。

（57）同右、二巻二三章一～四節、八四一～八四四頁。

（58）同右、二巻二〇章四〇節、七四五頁。害獣防除については、次の論文が示唆に富む。Megan Wachspress, "Pirates, Highwaymen, and the Origins of Criminal in Seventeenth-century England Thought," *Yale Journal of Law & the Humanities*, Vol.26, No.2 (2015), pp.309-335

（59）グローチウス『戦争と平和の法』、二巻一三章一五節、五五五頁。

（60）同右、二巻一一章二節、七九三頁。

（61）同右、一巻二章七節、九三頁。

（62）同右、三巻一章四節、九〇五頁。

（63）同右、二巻一章一六節、二六〇頁。

（64）同右、二巻二三章六～一〇節、八四五～八四九頁。

（65）海神の槍作戦に関するオバマ政権の事務方による当初の説明については、以下を参照。Office of the Press Secretary, White House, "Press Briefing by Senior Administration Officials on the Killing of Osama bin Laden," May 2, 2011; OPS, W.H., "Press Briefing by Press Secretary Jay Carney and Assistant to the President for Homeland Security and Counterterrorism John Brennan," May 2, 2011; Office of the Assistant Secretary of Defense(Public Affairs), Department of Defense, "DOD Background Briefing with Senior Defense Officials from the Pentagon and Senior Intelligence Officials by Telephon on U.S. Operations involving Osama Bin Laden," May 2, 2011

（66）作戦の政策決定過程については、米ジャーナリストらによる著書がいくつかある。いずれもオバマ政権の幹部らとのインタビューに基づいて書かれたものだ。例えば、以下を参照。Peter L. Bergen, *Manhunt: The Ten-Year Search For Bin Laden From 9/11 to Abbottabad* (New York: Crown Publishers, 2012),（Chapter11~14. Mark Mazzetti, *The Way of The Knife: The CIA, a Secret Army, and a War at the Ends of the Earth* (New York: The Penguin Press (2013),Chapter15. Daniel Klaidman, *Kill or Capture: The War on Terror And The Soul of The Obama Presidency* (New York: Houghton Mifflin Harcourt, 2012), Chapter10 : David E. Sanger, *Confront And Conceal: Obama's Secret Wars And Surprising Use of American Power* (New York: Crown Publishers, 2012), Chapter4. 邦語の著書としては、黒井文太郎『ビンラディン抹殺指令』（洋泉社、二〇一一年）がある。注はないが、米側情報を基に作戦から二カ月で書き上げた良書である。

（67）Obama, RPOBA；オバマは作戦から三日後、ＣＢＳのニュース番組「60 Minutes」のインタビューに応じた。そのインタビューの速記録も参照。CBS, "Obama on Bin Laden: The full 60 Minutes interview," May 8, 2011,
https://www.cbsnews.com/news/obama-on-bin-laden-the-full-60-minutes-interview/

（68）大統領の命を受け、パネッタＣＩＡ長官は当初、五つの選択肢（course of action）を用意した。①ビンラーディンが隠れているとみられた邸宅を空爆する、②特殊部隊によるヘリコプターでの強襲、③ＣＩＡ準軍事班による襲撃、④パキスタンとの共同作戦、⑤パキスタン政府に捕捉・殺害作戦を依頼する。二〇一一年三月一四日、ホワイトハウスで開かれた会議において、オバマの判断で④と⑤のオプションは排斥された。③は、ＣＩＡの顔を立てるために提案されたが、その後の会議で排斥された。①も大統領によって排除された。最終的には、新しく追加提案された無人機攻撃か②の選択となった。Panetta, *Worthy Fights*, Chapter 13, Section 6, para.1-7,16-17, 30

（69）Robert M. Gates, *Duty: Memoirs of A Secretary At War* (New York; Alfred A. Knopf, 2014), p.539; Hillary R. Clinton, *Hard Choices* (New York: First Simon & Schuster edition, 2014), pp.191-192

（70）ＣＮＮの番組でのオバマ大統領の発言。CNN Live Event Special, "We Got Him, Bin Laden And The War On Terror," May 2, 2016
http://transcripts.cnn.com/TRANSCRIPTS/1605/02/se.01.html

（71）NBC, Transcript of Brian Williams' Interview with CIA Director Leon Panetta, May 3, 2011
http://www.nbcnews.com/id/42887700/ns/world_news-death_of_bin_laden/t/transcript-interview-cia-director-panetta/

（72）Gates, *Duty*, pp.541-542

（73）Ibid. p.542

（74）Joseph B. Berger III, "Covert Action Title 10, Title 50, and the Chain of Command," *Joint Force Quarterly*, No.67 (4th Quarter, October 2012), pp.32-39

（75）起訴状は、U.S. District of Court Southern District of New York, "Text: U.S. Grand Jury Indictment Against Usama Bin Ladenを参照。
https://fas.org/irp/news/1998/11/98110602_nlt.html

(76) Office of the Director of National Intelligence, "Report on External Operations," Bin Laden's Bookshelf, Declassified Material, May 20, 2015,
https://www.dni.gov/files/documents/ubl/english/Report%20on%20External%20Operations.pdf
(77) John Arquilla and David Ronfeldt, *Networks and Netwars: The Future of Terror, Crime, and Militancy*(Santa Monica CA: Rand Corporation, 2001), pp.33-34, pp.363-369
(78) ピーター・バーゲン『聖戦ネットワーク』上野元美訳（小学館、二〇〇二年）、第一章参照。
(79) ＳＴＡＲＴのGlobal Terrorism Database(GTD)によれば、この期間内に世界中で発生したアルカイダ系によるテロは計五六件。
(80) CNN Live Event Special, "We Got Him, Bin Laden And The War On Terror," May 2, 2016
(81) こうした懸念を唱える論文として、クレイグ・マーティン「中世への逆行——標的殺害、そして自衛とjus ad bellumの体制」三宅裕一郎訳『地研年報』第二〇号（二〇一五年一一月）
(82) Neff, *War and the Law of Nations*, pp.327
(83) OPS, W.H., "Press Briefing by Press Secretary Jay Carney and Assistant to the President for Homeland Security and Counterterrorism John Brennan," May 2, 2011
(84) White House, Office of the Press Secretary, "Press Briefing by Press Secretary Jay Carney," May 3, 2011,
https://obamawhitehouse.archives.gov/the-press-office/2011/05/03/press-briefing-press-secretary-jay-carney-532011
(85) Mark Owen with Kevin Maurer, *No Easy Day* (New York: Dutton, 2012), p.235-247; Joby Warrick, "Ex-Seal Robert O'Neill reveals himself as shooter who killed Osama bin Laden," *Washington Post*, November 6, 2014 ; Peter Bergen, "Did Robert O' Neill really kill bin laden?," CNN.com, November 4, 2014,
http://edition.com/2014/11/04/opinion/bergen-seals-bin-kaden-killing. バーゲンは、複数の隊員の証言を精査している。
(86) Mark Bowden, *The Finish: The Killing of Osama bin laden* (New York: Atlantic Monthly Press, 2012), pp.190-191
(87) NBC, Transcript of Brian Williams' Interview with CIA Director Leon Panetta
(88) Charlie Savage, *Power Wars: Inside Obama's Post-9/11 Presidency* (New York: Little, Brown and Company, 2015), p.268
(89) Sean Naylor, *Relentless Strike: The Secret History of Joint Special operations Command* (New York: St. Martin's Press,

2015) , p.397
(90) Ibid., p.267
(91) Ibid., p.260
(92) Andrew Buncambe, "How another terror suspect turned up in Abbotabad," *Independence*, May 5, 2011
(93) グローチウス『戦争と平和の法』、二巻二〇章八節、七一一頁。
(94) human rights first, Fact Sheet, "Trying Terror Suspects in Federal Courts," May 30,2017
(95) Department of Justice, Justice News, "Attorney General Eric Holder Speaks at the American Constitution Society Convention," June 16, 2011
(96) Chiesa and Greenawalt, "Beyond War: Bin Laden, Escobar, and the Justification of Targeted Killing," pp.1434-1457
(97) Bradley Jay Strawser, *Killing bin Laden: A Moral Analysis* (New York: Palgrave Macmillan, 2014), pp.28-31
(98) CNN.com, "Replay of Interviews with Mark Bowden and Peter Bergen," aired December 27, 2012, http://edition.cnn.com/TRANSCRIPTS/1212/27/ampr.01.html
(99) ハンナ・アーレント『エルサレムのアイヒマン——悪の陳腐さについての報告』大久保和郎訳（新版、みすず書房、二〇一七年）
(100) 同右、四一〇頁。
(101) 同右、四〇四～四〇五頁。
(102) アーレントの思想については、以下も参考にした。矢野久美子『ハンナ・アーレント「戦争の世紀」を生きた政治哲学者』（中公新書、二〇一四年）。E・ヤング＝ブルーエル『なぜアーレントが重要なのか』矢野久美子訳（みすず書房、二〇〇八年）。杉浦敏子『ハンナ・アーレント』FOR BEGINNERSシリーズ（日本オリジナル版）101（現代書館、二〇〇六年）。アーレントの国際刑法に対する考え方については、David Luban, "Hannah Arendt as a Theorist of International Criminal Law," *Georgetown Public Law and Legal Theory Research Paper* No.11-30 (2011)
(103) この点を考察した論文として、以下がある。Roger Berkowitz, "Assassinating Justly: Reflections on Justice and Revenge in the Osama Bin Laden Killing," *Law, Culture and the Humanities,* Vol.7, No.3 (October 2011), pp.346-351
(104) アーレント『エルサレムのアイヒマン』、三八二頁。

(105) 同右、三六六頁。

(106) 同右、三六六頁。

(107) 同右、三六七～三六九頁。

(108) 同右、三六七～三六八頁。

(109) 村瀬信也「国際法における国家管轄権の域外執行——国際テロリズムへの対応——」『上智法学論集』第四九巻三・四号（二〇〇六年）、一二四～一二六頁。W・マイケル・リースマン、ジェームズ・E・ベーカー著『国家の非公然活動と国際法』宮野洋一、奥脇直也訳（中央大学出版部、二〇〇一年）八一～八三頁。

(110) Pew Research Center, Global Attitudes Project, "U.S. Image in Pakistan Falls No Further Following bin laden killing," June 21, 2011

(111) Gallup International Poll, Press Release, "American Action against Osama bin Laden: What Does The World Think?," June 10, 2011

(112) 例えば、ジャーナリストのハーシュ氏の記事は、ビンラーディン殺害に関するオバマ政権の説明とそれに依拠する通説を否定し、論議を呼んだ。ハーシュ氏は、ベトナム戦争時代の米軍によるソンミ村虐殺事件やイラク・アブグレブ刑務所の収容者虐待事件などのスクープで知られるジャーナリストである。ビンラーディン殺害についても、オバマ政権側の説明を全面否定、ピーター・バーゲン氏らの批判にもかかわらず、自分の情報源を基に書いたとし、記事に自信を示している。Seymour M. Hersh, "The Killing of Osama bin Laden," *London Review of Books*, Vol.37, No.10 (May 21, 2015), pp.3-12

終章

(1) Nasser al Awlaki, "The Drone That Killed My Grandson," *New York Times*, Op-Ed, July 17, 2013

(2) 池上彰「大統領とは殺人を命じる職でもある」『ニューズウィーク日本版』（二〇一一年五月一一日）http://www.newsweekjapan.jp/column/ikegami/2011/05/post-322.php

(3) 渡辺靖「オバマとは何だったのか」『朝日新聞』二〇一六年一〇月二九日（朝刊）。

(4) Office of the Director of National Intelligence(DNI), "Summary of Information regarding U.S. Counterterrorism

Strikes Outside Area of Active Hostilities," July 1, 2016 ; ODNI, "Summary of 2016 Information Regarding United States Counterterrorism Strikes Outside Area of Active Hostilities," January 19, 2017

(5) New America Foundation, America's Counterterrorism Wars (Drone Strikes: Pakistan and Yemen), https://www.newamerica.org/in-depth/americas-counterterrorism-wars/pakistan/ ;
Drone Wars Somalia: Analysis,
http://securitydata.newamerica.net/drones/somalia-analysis.html

(6) White House, "Remarks by the President at the National Defense University," May 23, 2013

(7) White House, "U.S. Policy Standards and Procedures for the Use of Force in counterterrorism Operations Outside the United States and Area of Active Hostilities," May 23 2013

(8) White House, *Procedures For Approving Direct Action Against Terrorist Targets Located Outside The United States And Area of Active Hostilities*, May 22 2013, released at August 5, 2016

(9) White House, "Remarks by the President at the National Defense University," May 23, 2013

(10)「避難回避の政治」については、以下を主に参照。Christopher Hood, *The Blame Game: Spin, Bureaucracy, And Self-Preservation In Government* (Princeton, New Jersey: Princeton University Press, 2011)

(11) Ibid., p.76

(12) Ibid., p.73

(13) 例えば、以下を参照。James P. Pfiffner, "Magna Carta and the Contemporary Presidency," *Presidential Studies Quarterly*, Vol.46, No.1 (March, 2016), pp.140-157, 特に、pp.153-154において批判を展開している。

(14) Department of Justice, Justice News, "Attorney General Eric Holder Speaks at Northwestern University School of Law," March 5, 2012
http://www.justice.gov/iso/opa/ag/speeches/2012/ag-speech-1203051.html

(15) Aulaqui v. Obama, Memorandum Opinion, United States District of Court For The District of Columbia (Civil Action No.10-1469), Case1:10-cv-01469-JDB Document31, December 7, 2010

(16) Ibid., p.2

（17）Ibid. pp.18-19

（18）Ibid. p.19

（19）Jane Y. Chong, "Targeting the Twenty-First-Century Outlaw," *Yale Law Journal*, Vol.122, No.3 (December 2012), pp.724-780

（20）Ibid. Chongの論文は、アメリカにおけるマグナカルタや法外放逐の伝統、逃亡者の扱いなどを勘案し、法政策的観点から標的殺害に「法の適正手続き」を組み込むことを提案している。筆者は、この論文から多くの示唆を得た。

（21）こうした見方をする論文として、Ward Thomas, "The New Age of Assassination," *SAIS Review*, Vol.25, No.1 (Winter-Spring 2005), pp.27-36；Jason W. Fisher, "Targeted Killing, Norms, and International Law," *Columbia Transnational Law*, Vol.45, No.3 (2007), pp.711-758

（22）New America Foundation, America's Counterterrorism Wars, and Drone Wars

（23）例えば、Charlie Savage and Eric Schmitt, "Trump Poised to Drop Some Limits on Drone Strikes and Command Raids," *New York Times*, September 21, 2017

（24）White House, "Remarks by President Trump on the Strategy in Afghanistan and South Asia," August 21, 2017

（25）White House, George W. Bush, "President Rallies Troops at Fort Hood," January 3, 2003

（26）White House, *National Strategy for Combating Terrorism*, February 2003, pp.8-13

（27）Lorenzo Vidino, Francesco Marone, and Eva Entenmann, *Fear Thy Neighbor: Radicalization and Jihadist attacks in the West*, International Centre for Counter-Terrorism, June 2017, pp.15-16, pp.44-62

（28）伊豆見元『北朝鮮で何か起きているのか――金正恩体制の実相』（筑摩書房、二〇一三年）は、金正恩指導部の重要性を指摘する。伊豆見氏の最近の見解は、「朝鮮半島『危機』の実相」『東亜』No.603（二〇一七年九月）、七二～七七頁を参照。

（29）張作霖爆殺事件については、家近亮子「北伐から張作霖爆殺事件へ」筒井清忠編『昭和史講義――最新研究で見る戦争への道』（ちくま新書、二〇一五年）などを参照。

（30）戸部良一「張作霖爆殺事件　軍人の政治化の原点」筒井清忠編『解明・昭和史　東京裁判までの道』（朝日新聞出版、二〇一〇年）、四〇頁。

（31）加藤陽子『それでも、日本人は「戦争」を選んだ』（朝日出版社、二〇〇九年）、二一頁。
（32）毎日新聞社編『金大中事件全貌』（毎日新聞社、一九七八年）、一五七頁。
（33）Donald P. Gregg, *Pot Shards: Fragments of a life lived in CIA, the White House, and the Two Koreas* (Washington D.C.: New Academia Publishing, 2014), p134-140
（34）例えば、CNNとのインタビューで当時を振り返っている。"Kim Dae-jung Talkasia Transcript," CNN.com., November 20, 2006, http://edition.cnn.com/2006/WORLD/asiapcf/11/20/talkasia.kim.script/index.html
（35）例えば、岸田文雄外相の国会答弁。一八九回国会、参議院外交防衛委員会会議録第五号（二〇一五年四月二日）、一三頁。
（36）ピーター・バーゲン『聖戦ネットワーク』上野元美訳（小学館、二〇〇二年）、三五頁。ビンラーディンは、一九九七年、当時、CNNの仕事をしていたバーゲン氏とのインタビューで語った。
（37）Peter L. Bergen, *The Osama bin Laden I Know: An Oral History of al Qaeda's Leader* (New York: Free Press, 2006), p.216　ABCの記者との一九九八年のインタビューで語った。
（38）ジュディス・シュクラー「恐怖のリベラリズム」大川正彦尾訳『現代思想』29巻7号二〇〇一年六月）、一二〇〜一三九頁。
（39）Richard K. Betts, *American Force: Dangers, Delusions, and Dilemmas in National Security* (New York: Columbia university Press, 2012), pp.115-121
（40）偉大な政治指導者の資質の一つは、戦術など軍事的細部を熟知していることといわれる。以下を参照。エリオット・コーエン『戦争と政治とリーダーシップ』中谷和男訳（アスペクト、二〇〇三年）、三一八〜三二〇頁。
（41）自衛隊の法的位置づけについては、奥平譲治「軍の行動に関する法規の規定のあり方」『防衛研究所紀要』一〇巻二号（二〇〇七年一二月）を参照。
（42）大森義夫『日本のインテリジェンス機関』（文春新書、二〇〇五年）。特に、第七章参照。
（43）核セキュリティについては、以下を参照。野呂尚子「各セキュリティ・サミットの成果と残された課題」『国際安全保障』四四巻二号（二〇一六年九月）および永末昭一「保障措置の手法・技術を活用した核セキュリティの強

化」『国際安全保障』四三巻一号（二〇一五年六月）；Kenneth C. Brill and John H. Berhard, "Preventing Nuclear Terrorism: Next Steps in Building a Better Nuclear Security Regime," Arms Control Today, Vol.47, October 2017 issue

（44）こうした見方をする論者としてネフを挙げておく。Stephen C. Neff, *War and the Law of Nations: A General History* (Cambridge: Cambridge University Press, 2005), pp.314-356　を参照。

あとがき

ようやく本書を公刊することができた。公刊してはどうか、というお話をいただいてから四年近くが過ぎてしまった。本書のタイトルであるターゲテッド（標的）・キリング（殺害）の研究を志すようになってからだと、ここにたどり着くまでに、実に十年以上の歳月を費やしたことになる。

振り返れば、ターゲテッド・キリングという言葉は、ワシントンで9・11同時多発テロに見舞われ、ブッシュ政権の対応を取材していた頃から米紙などで使われていた。ブッシュ大統領も、当時から対テロ戦争では「目には見えない非公然作戦」も辞さないと公言していた。しかし、オバマ政権が無人機攻撃を多用するようになり、対テロのターゲテッド・キリングが周知の事実となっても、日本では馴染みのない非公然攻撃の本質を理解するのには困難が伴った。

そもそも、ＣＩＡなど情（諜）報機関絡みの公開資料は限られている。しかも、同時代の進行中の論争的な現象を扱うため、さまざまな解釈、仮説が存在し、どれが正しいとも言えない場合が少なくない。ターゲテッド・キリングに関連する国際政治学や国際法、西洋法制史、アメリカ政治社会論等についての理論と解釈に特に精通しているわけでもない。私の非力は自明である。しかし、すべての可能性を考慮した書物は一生かけても書けない。そこで、本書では、思い切った判断をしながら筆を進めた。

このテーマを私なりに得心するに至るまでに、さまざまな方々のお世話になった。

まず、橋爪大三郎・東工大名誉教授に深く感謝したい。先生が主宰する私的研究会に参加する機会を得たことは幸運だった。そこに集う異分野の研究仲間から鋭い批判と貴重な助言をいただいた。先生には、拙書の帯にご推薦のお言葉までいただいた。学者だけでなく、官僚や自衛官、ジャーナリストら実務家も温かく迎い入れる国際安全保障学会の会員の方々からも知的刺激を受けた。

研究環境について言えば、アメリカンセンター・レファレンス資料室のデータベースが情報を迅速に提供してくれた。昨年夏までは国務省のEライブラリーにお世話になった。日本では入手困難な論文でも瞬時に無料でアクセスすることができた。最近は余裕がなくなったといわれるが、自国の政策に批判的な著作でも排除しないアメリカの懐は依然として広い。やや大げさかもしれないが、そこにアメリカの闘う民主主義の一端を垣間見た思いがする。

北朝鮮問題の専門家である伊豆見元氏（東京国際大学教授）は、会うたびに、「サラッとでもいいから本を書け」と励ましてくれた。その他、名前は記さないが、たくさんの人からエールをいただいた。至らぬ点は多々あると思う。すべての誤りの責任は、もちろん、すべて筆者ひとりにある。

本書が、日本とアメリカの将来、平和な世界を構想するきっかけになれば望外のよろこびである。

最後に、現代書館の吉田秀登さんの忍耐に深く感謝する。各章ごとに最初の読者として適切なコメントもいただいた。

二〇一八年二月二六日

杉本　宏

杉本 宏（すぎもと　ひろし）
慶應義塾大大学院修士課程修了後、米ＭＩＴ政治学部博士課程に留学、防衛大学校非常勤講師、一九八四年に朝日新聞社入社。政治部、外報部などを経て、ロサンゼルス、アトランタ、ワシントンに赴任。二〇一二年定年後もシニアスタッフとして働く。現在は、教育企画部コーディネーター。昭和女子大現代ビジネス研究所の研究員も兼ねる。
共著に『アメリカ解体全書』（ＫＫベストセラーズ）など。

ターゲテッド・キリング
——標的殺害《ひょうてきさつがい》とアメリカの苦悩《くのう》

二〇一八年三月二十五日　第一版第一刷発行

著　者　杉本　宏
発行者　菊地泰博
発行所　株式会社 現代書館
東京都千代田区飯田橋三—二—五
郵便番号　102-0072
電　話　03（3221）1321
ＦＡＸ　03（3262）5906
振　替　00120-3-83725
組　版　デザイン・編集室エディット
印刷所　平河工業社（本文）
東光印刷所（カバー）
製本所　積信堂
装　幀　奥冨佳津枝

校正協力／迎田睦子

ISBN978-4-7684-5826-6
定価はカバーに表示してあります。乱丁・落丁本はおとりかえいたします。
http://www.gendaishokan.co.jp/